U0872501

职业院校校企“双元”合作电气类专业立体化教材

PLC技术应用(S7-200 SMART)

主　编　胡绪志　王振峰

副主编　钟　菊　张秀华　杨　昆　侯嘉怡　施　雯

参　编　潘柯柯　李　忠　王景玉　任娜娜

张　瞻　董　微　尹　月　宁国平　裴宜萱

机械工业出版社

本书以西门子 S7-200 SMART PLC 为主体，以昆仑通态触摸屏为辅助控制设备，采用活页式结构，结合知识的递进和技能的进阶，通过简单的 PLC 控制系统的安装和调试，使学生或学员掌握 PLC 的软硬件知识，能够完成简单任务的 PLC 控制，为后期的学习和工作做好准备。

本书共分为 3 个项目 10 个任务，3 个项目分别为基本位逻辑指令及其应用、顺序功能图和顺序控制指令及其应用、功能指令及其应用，10 个任务根据任务需要设计了任务页、信息页、实施页、拓展页、评价页、知识页等工作页，便于教师组织教学和学生学习使用。

本书建议采用“理实一体”或“工学结合”的方式开展学习和训练，适合职业学校、技工学校的电气、机电等自动化类专业学生和企业电气工程技术人员入门学习使用。

为方便学习和技能训练，本书配有电子课件、软件安装包、参考程序、触摸屏组态及视频资源（以二维码形式穿插于书中），选用本书作为授课教材的教师可登录 www.cmpedu.com 注册后免费下载。

图书在版编目（CIP）数据

PLC 技术应用 ： S7-200 SMART / 胡绪志，王振峰主编 . -- 北京 ： 机械工业出版社，2024. 10（2026.1 重印）. --（职业院校校企“双元”合作电气类专业立体化教材）. -- ISBN 978-7-111-76955-2

Ⅰ. TM571.6

中国国家版本馆 CIP 数据核字第 2024PL7483 号

机械工业出版社（北京市百万庄大街 22 号　邮政编码 100037）

策划编辑：赵红梅　　责任编辑：赵红梅　章承林

责任校对：潘　蕊　李小宝　　封面设计：马精明

责任印制：郜　敏

河北虎彩印刷有限公司印刷

2026 年 1 月第 1 版第 2 次印刷

184mm × 260mm · 16 印张 · 367 千字

标准书号：ISBN 978-7-111-76955-2

定价：49.00 元

电话服务　　网络服务

客服电话：010-88361066　机　工　官　网：www.cmpbook.com

010-88379833　机　工　官　博：weibo.com/cmp1952

010-68326294　金　书　网：www.golden-book.com

封底无防伪标均为盗版　机工教育服务网：www.cmpedu.com

前 言

人类社会的发展经历了渔猎社会、农业社会、工业社会和信息社会四个阶段。尤其是进入以智能化为标志的第四次工业革命后，科学技术飞速发展，物质极大丰富，也给我们的生产生活带来很多便利。随着科技的进步，“黑灯工厂”越来越多，工业现场的自动化程度越来越高。可编程逻辑控制器（Programmable Logic Controller，PLC）是一种具有微处理器的数字电子设备，又被称为工业计算机，广泛应用于几乎所有的工业场景，能够实现逻辑控制、数据运算、顺序控制、运动控制、多机通信等多种控制功能，成为自动控制系统的核心。

PLC 技术的广泛应用，需要大量能够对 PLC 系统进行安装、调试、维修、维护的工程技术人员。在《国家职业技能标准　电工》（2018 年版）中，从中级工到高级技师都有对 PLC 的相关知识和技能的要求。目前自动化类相关专业中都开设了 PLC 的相关课程，大多数职业院校和技工院校也都配备了相应的实训室，为学校学生或企业职工培训提供了学习基础。

本书参考学时 108 学时，建议采用一体化教学模式，教学组织以学生为主体，学生组成工作小组，根据任务页下发的工作任务熟悉控制要求，明确学习目标，学生根据任务分工表认领工作任务，根据引导问题完成知识的获取和预习，尝试完成工作任务。学生在教师指导下按照实施步骤和流程完成工作任务，并尝试独立完成拓展任务。教师组织每个小组成员代表组成评价小组对每组工作任务的完成情况进行评价，然后每个小组进行总结、分析、汇报，最后从自评、互评、师评三个角度对整个任务的实施情况进行评价。

本书由冀南技师学院牵头，联合中国船舶集团河北汉光重工有限责任公司、邯钢集团邯宝钢铁有限公司、河北普阳钢铁有限公司、河北华丰能源科技发展有限公司、邯郸市中恩智能科技有限公司等企业工程师共同编写。编者中有长期从事职业教育的专家、一线教师，他们熟悉职业院校、技工院校的学生特点和教学规律，也有企业一线的技术专家和业务骨干，他们对科学技术发展和岗位要求有深刻的体会，使书中内容和实例贴近生产生活实际。

由于编者能力和水平有限，书中难免有错误或不妥之处，恳请广大读者批评指正，若发现问题请发送至邮箱 jnjsxyhxz@163.com，不胜感激。

编　者

二维码索引

目　录

项目一

基本位逻辑指令及其应用

任务一　简单 PLC 控制系统的认知与操作

任务二　液体搅拌机控制

任务三　三节传送带控制

任务四　自动送料小车运行控制

任务五　抢答器控制

任务一 简单 PLC 控制系统的认知与操作

——任务页、信息页、实施页、评价页、知识页

任务一 简单 PLC 控制系统的认知与操作		日期：	任务页
班级：	姓名：	学号：	

学习任务描述

随着社会的发展和科技的进步，如今已进入了自动控制时代。不管是生活中的交通灯、电梯、旋转门，还是工业生产中的电动机、车床系统、自动化工厂系统，都可以用具有相应功能的控制器来实现。可编程逻辑控制器（Programmable Logic Controller，PLC）是以微处理器为基础，综合了计算机技术、自动控制技术和通信技术发展起来的一种通用工业自动控制装置，目前广泛应用于生产生活自动控制的各个领域。本任务根据实训室的不同条件，采用不同品牌、不同型号的 PLC，搭建不同功能的简单 PLC 控制系统，通过观察和简单操作控制系统，使学生认识 PLC，了解其产生、发展、特点及应用，掌握 PLC 的硬件结构、工作原理和简单操作。PLC 的“模样”如图 1-1 所示，应用场景如图 1-2 所示。

图 1-1　PLC 的“模样”

图 1-2　PLC 的应用场景

任务一 简单 PLC 控制系统的认知与操作		日期：	任务页
班级：	姓名：	学号：	

学习目标

1）通过观察及简单操作了解 PLC 的功能、特点及应用场合，熟悉 STEP 7-MicroWIN SMART 编程软件的主界面，掌握编程软件和 PLC 建立通信联系的方法，能够输入 PLC 梯形图，并编译、下载及调试 PLC 控制程序。

2）通过查阅资料，掌握 PLC 的基本概念，了解 PLC 的产生、发展，熟悉 PLC 的分类，了解当前世界 PLC 产品的几大流派及知名品牌，能识别常用 PLC 品牌。

3）通过本任务的学习，掌握 PLC 的内部结构及工作原理，了解 PLC 的面板组成，熟悉 PLC 的接线规则并能够进行简单安装、接线。

4）通过观察及实际操作简单的控制系统，激发学生对 PLC 的学习兴趣，培养学生分析问题、解决问题的能力。通过学习和训练，培养学生严谨认真、精益求精的学习态度，提高学生创新思维和开拓能力。

5）通过了解 PLC 的产生和发展，结合中国突飞猛进的科技发展，思考国家安全稳定对社会经济发展的重要性，激发学生的爱国情怀。

任务一　简单 PLC 控制系统的认知与操作		日期：	信息页
班级：	姓名：	学号：	

获取信息

引导问题 1：PLC 的主要功能是取代________，执行逻辑、计时和计数等顺序控制功能，建立一种柔性的________。

引导问题 2：现代工业控制的三大支柱是什么？

引导问题 3：PLC 是________、________与________相结合的产物。

引导问题 4：GM 十条是什么？

引导问题 5：PLC 的两大发展方向是什么？

引导问题 6：________年，________研制出了世界上第一台 PLC。

引导问题 7：PLC 最常用的编程语言是________。

引导问题 8：PLC 的主要性能指标包括________、________、________、________和________。

引导问题 9：输入 / 输出（Input/Output，I/O）点数是指________的个数，包括主机和扩展模块最多能扩展的点数。

引导问题 10：________是指 PLC 执行程序的速度，是衡量 PLC 性能的重要指标。

引导问题 11：PLC 的应用大致有哪几个方面？

引导问题 12：PLC 硬件由哪几部分组成？

引导问题 13：什么是循环扫描工作方式？一次完整的扫描工作过程包括哪几部分？

任务一　简单 PLC 控制系统的认知与操作		日期：	实施页
班级：	姓名：	学号：	

搭建简单 PLC 控制系统

课前教师根据实训室的不同条件，采用不同品牌、不同型号的 PLC，搭建不同功能的简单 PLC 控制系统，一般搭建 8 ～ 10 组为宜，最好涵盖国产、欧洲、日本、美国等不同国家和地区的 PLC。

学生分组

根据班级人数、设备台套数将全班同学分为若干组，每三名同学为一个小组，分组见表 1-1。每个小组的同学按成绩及平时表现分成三种不同层次，分别为优秀、良好和合格，优秀层次的同学任组长。

表 1-1　分组

班级		组号		指导教师	
成员	学号	姓名			备注
组长					
组员					
组员					

观察控制系统，完成以下任务

各小组轮流观察所有已搭建好的控制系统，小组讨论完成以下任务。

1）该控制系统中所用 PLC 是什么品牌？世界 PLC 产品的三大流派是什么？各有哪些知名品牌？

2）该控制系统中所用 PLC 是什么型号？型号中各部分的含义是什么？

3）观察 PLC 的面板由几部分组成，并分析各部分的作用。

4）PLC 的输入端子如何表示？有多少个输入端子？输入端子上所连接的输入设备有哪些？

5）观察 PLC 输入设备的连接方法，画出 PLC 外部输入接线图。

6）PLC 的输出端子如何表示？有多少个输出端子？输出端子上所连接的输出设备有哪些？

7）观察 PLC 输出设备的连接方法，画出 PLC 外部输出接线图。

简单操作 PLC 控制系统

1. 硬件操作

1）教师操作并进行讲解，使学生了解控制系统的功能。

任务一　简单 PLC 控制系统的认知与操作		日期：	实施页
班级：	姓名：	学号：	

2）通过教师的讲解，学生自己通过按动启动、停止等按钮，观察 PLC 面板上各指示灯的亮灭情况，写出 PLC 面板上各指示灯的含义。

2. 软件操作

1）教师演示 STEP 7-MicroWIN SMART 编程软件的安装、打开、新建项目、保存项目、简单输入程序、通信、下载、运行程序。

2）学生进行安装软件、打开软件、新建项目、保存项目、简单输入程序、通信、下载、运行程序。

3）通过以上简单操作，完成以下任务和问题。

① 了解安装此软件需要哪些软、硬件条件，并写出其安装步骤。

② STEP 7-MicroWIN SMART 编程软件支持哪三种编程模式？

③ 如何打开 STEP 7-MicroWIN SMART 编程软件？

④ STEP 7-MicroWIN SMART 编程软件主界面的菜单栏包括哪些选项？

⑤ 使用“文件”“编辑”“视图”菜单项可完成哪些操作？

⑥ 标准工具栏中的按钮包括哪些选项？项目树窗口可以完成哪些操作？

任务一　简单 PLC 控制系统的认知与操作		日期：	评价页
班级：	姓名：	学号：	

检查验收

任务完成后，由教师组织代表对小组任务完成情况进行验收和评分。评分为小组成绩，组长的成绩为小组成绩 ×1.1，组员的成绩为小组成绩 ×0.9。验收标准及评分见表 1-2，将验收过程中出现的问题和整改措施记录到附表 7 中。

表 1-2　验收标准及评分

序号	验收项目	验收标准	分值	评分
1	区分输入 / 输出设备	1. 能正确找到哪些为输入设备，每错一个或漏一个扣 1 分 2. 能正确找到哪些为输出设备，每错一个或漏一个扣 1 分	15	
2	I/O 地址分配表	1. 会正确绘制地址分配表，每错一处扣 1 分 2. 地址分配标注不清晰、不整洁、表述不正确，每个扣 1 分	10	
3	PLC 外部接线图	1. 接线图中绘制的图形符号或文字符号不正确，每处扣 1 分 2. 接线图绘制与分配表不一致，每处扣 1 分 3. 接线图绘制不规范、不美观，扣 4 分	15	
4	安装、卸载 STEP 7-MicroWIN SMART 软件	1. 掌握 STEP 7-MicroWIN SMART 软件的安装条件 2. 安装步骤不正确，每错一处扣 1 分 3. 正确卸载软件，每错一处扣 1 分	10	
5	使用 STEP 7-MicroWIN SMART 软件	1. 正确使用三种方式打开软件，每错一处扣 1 分 2. 新建项目、保存项目、简单输入程序、通信、下载、运行程序，每错一处扣 1 分	25	
6	操作控制系统	1. 正确说出 PLC 面板上的各组成部分，每错一处扣 1 分 2. 按动启动、停止等各种按钮，观察 PLC 面板上各指示灯的亮灭情况，正确写出 PLC 面板上各指示灯的含义，每错一处扣 1 分	25	
7	职业素养	1. 任务实施过程中，不听从安排、大声喧哗、不尊敬教师，扣 10 分 2. 任务实施过程中，由于操作不当导致器材损坏，除原价赔偿外扣 10 分	职业素养不配分，违反从总分中扣除	
	合计		100	

总结提高

各组根据任务完成情况回答下面的引导问题。

引导问题 14：PLC 控制系统由哪几部分组成？

引导问题 15：在本次任务的实施中，你认为有哪些需要改进的地方？

引导问题 16：除了本任务中所用的 PLC，你还知道哪些品牌的 PLC？

引导问题 17：与传统的继电器控制系统相比，PLC 控制有哪些优点？

回答完引导问题，总结一下，介绍任务的完成过程并提交阐述材料，进行学生自评、学生组内互评、教师评价，完成考核评价表。考核评价表见附表 8。

任务一　简单 PLC 控制系统的认知与操作		日期：	知识页
班级：	姓名：	学号：	

相关知识点

一、PLC 的基础知识

1. PLC 的基本概念

PLC 是可编程逻辑控制器（Programmable Logic Controller）的英文缩写。PLC 的主要功能是取代传统继电器，执行逻辑、计时和计数等顺序控制功能，建立一种柔性的程序控制系统。作为工业控制计算机，PLC 的发展经历了从无到有、功能从弱到强、应用领域从单一到复杂的过程，继而成为现代工业控制的三大支柱（PLC、ROBOT 和 CAD/CAM）之一，如图 1-3 所示。

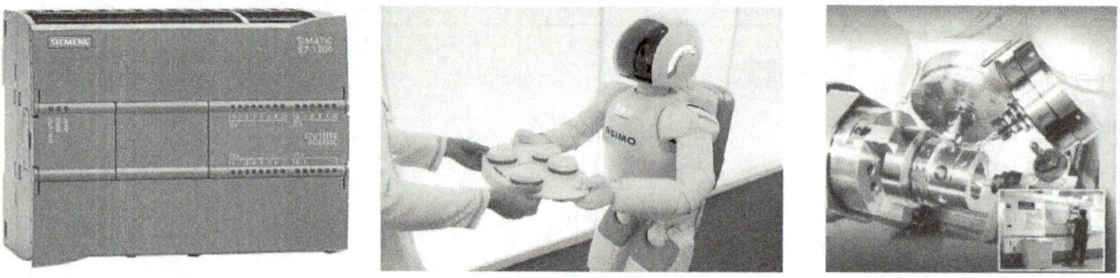

a) PLC　　b) ROBOT(机器人)　　c) CAD/CAM(计算机辅助设计与制造)

图 1-3　现代工业控制的三大支柱

PLC 是微电子技术、计算机技术与继电器控制系统相结合的产物，如图 1-4 和图 1-5 所示。PLC 最初主要用来取代继电器控制系统进行逻辑控制，但随着工业发展和技术进步，PLC 增加了运算、数据传送和处理等功能，逐渐由原来的开关量逻辑控制发展为具有条件控制、过程控制、模糊控制等高级功能的控制器，逻辑控制的功能越来越弱化，所以后来称为可编程控制器（Programmable Controller，PC）。由于 PC 容易和个人计算机（Personal Computer）混淆，故人们仍习惯用 PLC 作为可编程控制器的缩写。

图 1-4　微电子技术

图 1-5　计算机技术

任务一 简单 PLC 控制系统的认知与操作		日期：	知识页
班级：	姓名：	学号：	

2. PLC 的产生与发展

20 世纪 60 年代初，出现了利用二极管、晶体管和中小规模集成电路构成的逻辑顺序控制器。20 世纪 60 年代末，美国汽车制造工业竞争激烈，其生产技术要求的发展促进了 PLC 的产生。美国通用汽车公司（GM）在对工厂生产线进行调整时，发现继电器、接触器控制系统修改难、体积大、噪声大、维护不方便及可靠性差，于是在 1968 年通用汽车公司首次公开招标，寻求一种取代传统继电器控制系统的新设备，并提出以下 10 条要求：

1）编程简单，可在现场修改程序。

2）维修方便，采用插件式模块结构。

3）可靠性高于继电器控制系统。

4）体积小于继电器控制装置。

5）数据可直接输入管理计算机。

6）可直接用 115V 交流电压输入。

7）输出交流 115V 负载，电流要求 2A 以上，能直接驱动电磁阀、接触器等负载元件。

8）通用性强、易于扩展，扩展时原系统改变最小。

9）用户程序存储器容量大于 4kB。

10）成本可与继电器控制系统竞争。

这就是著名的 GM 十条。

1969 年，美国数字设备公司（DEC）根据上述要求研制出了世界上第一台 PLC，型号为 PDP-14，在通用汽车公司的生产线上首次应用成功。此后，日本、德国、法国等国相继研制了自己的 PLC。1971 年，日本从美国引进该技术，由日立公司研制出第一台 PLC，型号为 DCS-8。1973 年，德国研制出第一台 PLC。1974 年，我国开始研制 PLC，并于 1977 年在工业应用领域推广。

20 世纪 70 年代中期，美、日、德等国在 PLC 中开始更多地引入微机技术，核心部件采用微处理器及其他大规模集成电路芯片，极大地提高了 PLC 的性价比，PLC 进入了实用化发展阶段。

20 世纪 70 年代末 80 年代初，PLC 向多微处理器发展，其功能和处理速度大大增强，开始具有通信功能和远程 I/O 能力，增加了多种特殊功能，如复杂计算、查表、列表、脉宽调制变换等，PLC 进入了成熟发展阶段。

近年来，随着微电子技术、计算机技术和通信技术的不断发展，PLC 的发展更为迅速，结构更新换代周期大约为 3 年，功能日益增强，性价比越来越高。PLC 在规模和功能上向两大方向发展：一方面，大型 PLC 不断向高速、大容量、高功能、多层分布式工厂全自动网络化方向发展；另一方面，超小型 PLC 不断向体积更小、速度更快、功能更强的微型化发展，以适应单机控制、小型自动化的需要。

任务一　简单 PLC 控制系统的认知与操作		日期：	知识页
班级：	姓名：	学号：	

3. 世界知名的 PLC 产品

世界上的 PLC 产品有美国、欧洲、日本和中国四大流派之分，美国和欧洲的 PLC 技术是在互相隔离的情况下独立研究开发的，因此二者的 PLC 产品有明显的差异性，而日本则是引进了美国的 PLC 技术，因此对美国的 PLC 产品有一定的继承性。美国和欧洲主要以中、大型 PLC 著称，而日本则以小型机见长。我国的 PLC 技术起步较晚，但发展迅速。

（1）欧洲的 PLC 产品

德国西门子（SIEMENS）公司、德国 AEG 公司和法国施耐德（Schneider）公司旗下的 TE 公司是欧洲著名的 PLC 制造商。

西门子 PLC 以性能优良久负盛名，其产品范围涵盖微型到大型各种 PLC，尤其是中、大型 PLC，因其突出的高可靠性被广泛应用于自动控制领域中。西门子主要产品有 S5 和 S7 系列，由于 S7 系列性价比较高，近年来在我国的市场份额不断攀升。其中，S7-200、S7-300、S7-400 分别为小、中、大型控制器，其外形如图 1-6 所示。近几年，西门子公司为提高产品竞争力和市场占有率，推出了 S7-200 SMART 小型 PLC，在 CPU 模块上集成了一个以太网接口和一个 RS485 通信接口，可以实现用普通网线进行编程、监控和组网，大大提高了数据传输效率，应用更加方便。

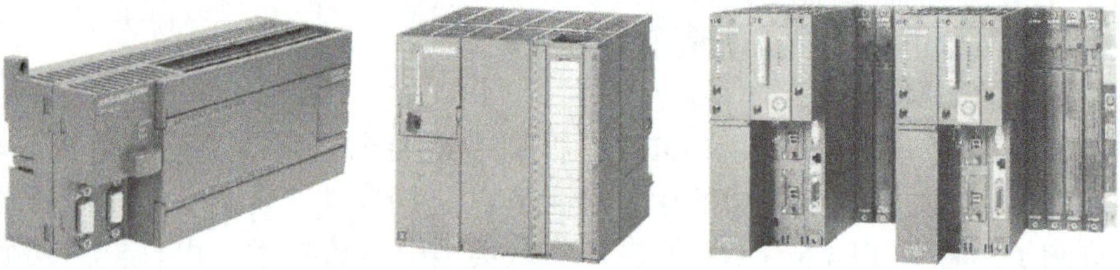

a) S7-200 PLC　　b) S7-300 PLC　　c) S7-400 PLC

图 1-6　常用西门子 PLC 外形

（2）日本的 PLC 产品

日本主要的 PLC 品牌有三菱、欧姆龙、松下、东芝等。日本 PLC 产品在小型机领域颇负盛名，在世界小型机市场上，日本产品约占 70% 的份额。日本的常用 PLC 产品外形如图 1-7 所示。

a) 三菱PLC　　b) 欧姆龙PLC　　c) 松下PLC

图 1-7　日本的常用 PLC 产品外形

任务一　简单 PLC 控制系统的认知与操作		日期：	知识页
班级：	姓名：	学号：	

（3）美国的 PLC 产品

诞生了世界上第一台 PLC 的美国是 PLC 生产大国，有 100 多家 PLC 厂商，著名的有罗克韦尔公司（A-B）、通用电气公司（GE）、德州仪器公司（TI）等。其中，罗克韦尔公司是美国最大的 PLC 制造商，主要产品是中、大型机。美国的常用 PLC 产品外形如图 1-8 所示。

a) 罗克韦尔公司PLC　　b) 通用电气公司PLC

图 1-8　美国的常用 PLC 产品外形

（4）中国的 PLC 产品

我国 PLC 产品的研制与应用起步较晚，1974 年开始研制，1977 年应用于工业生产。我国早期独立研制 PLC 的单位有北京机械工业自动化研究所、上海工业自动化仪表研究所等 20 多家科研单位。但由于技术与资金的因素，早期没能投入实际应用和形成工业化生产规模。随着我国科技的快速发展，现已涌现了一大批 PLC 制造商（如深圳汇川、无锡信捷、浙大中控、南京冠德、中山易达、台湾台达、台湾永宏等），目前许多国产 PLC 性能稳定、性价比高，市场占有率逐年增加。

4. PLC 的特点

PLC 属于存储程序控制方式，其控制功能是通过存放在存储器内的程序来实现的，若要对控制功能做必要的修改，只需改变软件指令即可，实现了硬件控制的软件化。

与传统的继电器控制系统相比，PLC 具有以下优点。

（1）软件简单易学

PLC 最常用的编程语言是梯形图，这种图形化的编程语言形象、直观，其表达方式和继电器控制电路图比较接近，对于不熟悉计算机编程语言的工程技术人员也能很快上手，易学易用。图 1-9 所示为 PLC 梯形图与传统继电器控制电路图的对比。

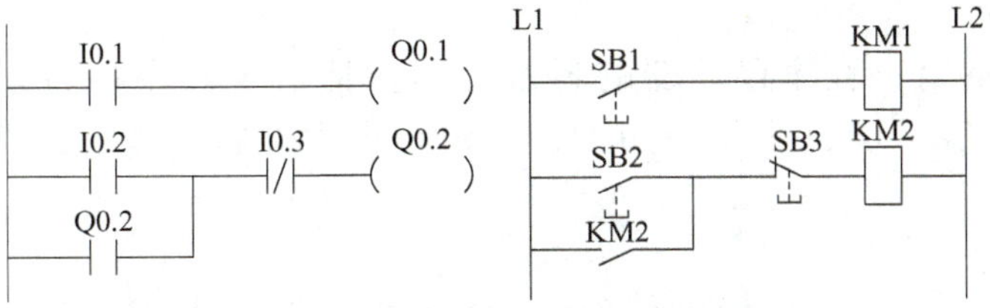

图 1-9　PLC 梯形图与传统继电器控制电路图的对比

任务一　简单 PLC 控制系统的认知与操作		日期：	知识页
班级：	姓名：	学号：	

（2）使用和维护方便

PLC 的发展已经标准化、系列化、模块化，大、中、小各种规模的系列化产品应有尽有，并且配备了品种齐全的各种硬件装置供用户选用，用户能灵活方便地进行系统配置，组成不同功能、不同规模的系统。

PLC 的安装接线也很方便，一般可直接用接线端子连接外部接线。PLC 有较强的带负载能力，可直接驱动一般的电磁阀和交流接触器，可用于各种规模的工业控制场合。

（3）运行稳定可靠

PLC 用软件代替大量的中间继电器和时间继电器，仅剩下与输入和输出有关的少量硬件，电气接线及开关触点可减少到继电器控制系统的数十分之一甚至数千分之一，因触点接触不良造成的故障大为减少。

除此之外，PLC 采用现代大规模集成电路技术，通过采用严格的生产工艺制造技术和先进的抗干扰技术，大大提高了 PLC 内部电路的可靠性。有数据表明，PLC 的平均无故障工作时间一般都在 10 万 h 以上。

（4）设计施工周期短

PLC 用控制程序代替大量的中间继电器、时间继电器等器件，大大减少了控制设备外部的设计、安装和接线，使控制系统设计及建造的周期大为缩短，同时更加易于维护。

PLC 的梯形图一般采用顺序控制设计法。这种编程方法很有规律，很容易掌握。对于复杂的控制系统，梯形图的设计时间比设计继电器控制系统电路图的时间要少得多，而且硬件安装和程序调试可以同时进行，大大缩短了施工周期。

（5）体积小、功耗低

PLC 采用微电子技术制造，结构紧凑坚固、体积小、质量小、功耗低。

5. PLC 的主要性能指标

PLC 的主要性能指标是进行 PLC 选型的重要依据。

（1）输入 / 输出点数

输入 / 输出（Input/Output，I/O）点数是指 PLC 外部输入 / 输出端子的总个数，是衡量 PLC 性能的重要指标。I/O 点数越多，外部可接的输入设备和输出设备就越多，控制规模就越大。

（2）存储容量

存储容量是指用户程序存储器的容量，不包括系统程序存储器，一般以“字节（B）”为单位来计算，1024 个字节为 1KB。PLC 的存储容量越大，可以容纳的用户程序的长度越长。

（3）扫描速度

扫描速度是指 PLC 执行程序的速度，是衡量 PLC 性能的重要指标。一般以扫描

任务一　简单 PLC 控制系统的认知与操作		日期：	知识页
班级：	姓名：	学号：	

1KB 用户程序所需的时间来衡量扫描速度，通常以 ms/KB 为单位。PLC 用户手册一般给出执行各条指令所用的时间，可以通过比较各种 PLC 执行相同的操作所用的时间，来衡量扫描速度的快慢。扫描的速度越快，说明 PLC 对信号的响应速度越快、延迟越小。

（4）编程指令的种类和条数

PLC 编程指令的种类和条数越多，其处理能力和控制能力越强。例如，西门子 S7-200 SMART 系列 PLC 有 16 大类指令，合计约有 160 条。

（5）扩展能力和功能模块种类

为了完成复杂的控制功能，除了主机外，PLC 还可以配接各种功能模块来实现一些特殊的专门功能。PLC 的扩展能力取决于 CPU 的寻址能力和电源容量。因此，PLC 可扩展模块种类的多少也反映了 PLC 功能的强弱，是衡量 PLC 产品档次高低的一个重要指标。

6. PLC 的应用

经过 50 年的发展，PLC 在工业自动化中起着举足轻重的作用，在国内外广泛应用于机械、钢铁、冶金、石油、化工、汽车、交通、电力、轻纺、建材、军工、家电、食品、环保及文化娱乐等各个领域。PLC 的应用情况大致可归纳为以下几个方面。

（1）开关量的逻辑控制

这是 PLC 最基本、最广泛的应用领域之一，它取代传统的继电器控制系统实现逻辑控制，既可用于单台设备的控制，也可用于多机群控及自动化流水线，如机床电气控制、汽车配装线、包装生产线及电镀流水线等。图 1-10 所示为 PLC 用于汽车装配生产线。

图 1-10　PLC 用于汽车装配生产线

（2）模拟量控制

在工业控制过程中，有许多连续变化的量，如温度、压力、流量、液位和速度等都是模拟量。为了实现模拟量和数字量之间的 A/D 转换及 D/A 转换，PLC 厂家生产了配套的 A/D 和 D/A 转换模块，使 PLC 可用于模拟量控制。图 1-11 所示为 PLC 用于液位控制系统。

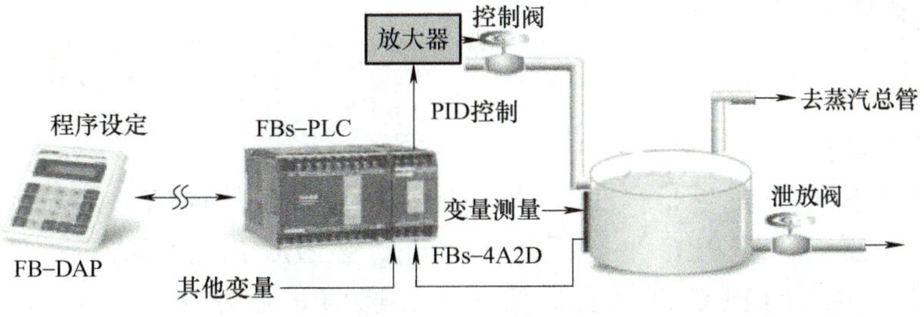

图 1-11　PLC 用于液位控制系统

任务一　简单 PLC 控制系统的认知与操作		日期：	知识页
班级：	姓名：	学号：	

（3）运动控制

PLC 可以通过高速输入和高速输出功能控制圆周运动或直线运动。从控制机构配置来说，早期直接用开关量 I/O 模块连接位置传感器和执行机构，现在一般使用专用的运动控制模块，可驱动步进电动机或伺服电动机的单轴或多轴位置控制模块。世界上各主要 PLC 生产厂家的产品几乎都具有运动控制功能，广泛用于各种机械、机床、机器人、电梯等场合。图 1-12 所示为用 PLC 控制工业机器人实现搬运功能。

（4）过程控制

过程控制是指对温度、压力、流量等模拟量的闭环控制，在冶金、化工、热处理、锅炉控制等场合具有非常广泛的应用。PID（Proportional Integral Differential，比例 - 积分 - 微分）调节是一般闭环控制系统中用得较多的调节方法，利用 PLC 可实现对模拟量的 PID 闭环控制，具有性价比高、用户使用方便、可靠性高、抗干扰能力强等特点。大中型 PLC 都有 PID 模块，目前许多小型 PLC 也具有此功能模块。

（5）数据处理

现代 PLC 具有数学运算（含矩阵运算、函数运算、逻辑运算）、数据传送、数据转换、排序、查表及位操作等功能，可以完成数据的采集、分析及处理。数据处理一般用于大型控制系统，如无人控制的柔性制造系统；也可用于过程控制系统，如造纸、冶金、食品工业中的一些大型控制系统。图 1-13 所示为变频器控制恒压供水系统。

图 1-12　用 PLC 控制工业机器人实现搬运功能

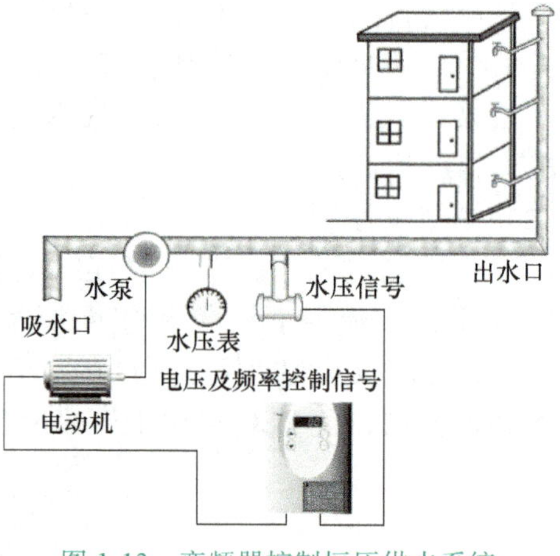

图 1-13　变频器控制恒压供水系统

（6）通信及联网

PLC 通信含 PLC 间的通信及 PLC 与其他智能设备间的通信。随着计算机控制和工厂自动化网络的发展，各 PLC 生产厂商都十分重视 PLC 的通信功能，纷纷推出各自的网络系统。最近生产的 PLC 都具有通信接口，通信非常方便。图 1-14 所示为 PLC 与 PLC 之间、PLC 与其他智能设备之间的通信功能。

任务一 简单 PLC 控制系统的认知与操作		日期：	知识页
班级：	姓名：	学号：	

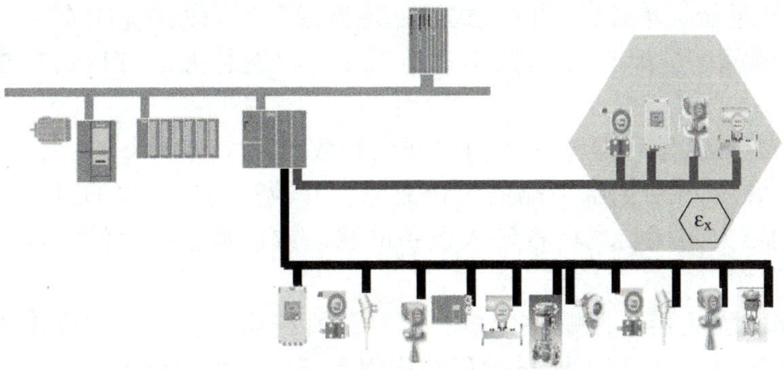

图 1-14 PLC 的通信功能

二、PLC 的内部结构、工作原理及分类

1. PLC 的内部结构

目前主流的 PLC 品牌有西门子（德国）、三菱（日本）、欧姆龙（日本）、施耐德（法国）等。不同的品牌，其使用的编程软件也有所不同，甚至同一品牌不同型号的 PLC 使用的软件也不相同。例如，西门子 PLC 就有四款编程软件，分别为 STEP 7 Micro WIN（S7–200）、STEP 7–MicroWIN SMART（是专门为 S7–200 SMART PLC 开发的编程软件）、STEP7 V5.5（S7–300、S7–400、ET200）、TIA Portal（S7–300、S7–400、S7–1500、S7–1200）。

虽然 PLC 种类繁多，性能各异，但在其组成和工作原理上，几乎所有的 PLC 都是相同或相似的。PLC 实质上是一种工业控制计算机，与通用计算机一样，PLC 也是由硬件和软件两大部分组成的。现在针对 PLC 硬件进行介绍。

PLC 有整体式和模块式两种结构类型，无论是哪种结构类型，其基本组成及功能都是一样的。PLC 硬件的基本组成包括中央处理器（CPU）、存储器、输入 / 输出接口（I/O 接口）、I/O 扩展接口、通信接口及电源等，如图 1-15 所示。如果对 PLC 的组成比较陌生，不如让我们来对比一下我们的手机，手机进行运算、控制闪光灯的亮灭等操作，需要手机的 CPU 进行工作，这就相当于 PLC 的 CPU 的作用；手机有内存，有可以存储图片视频等的存储空间，这就相当于 PLC 的存储器的作用；还有 PLC 的 I/O 接口、通信接口和电源，这些部分都可以对应手机、计算机找到相应的组成部分。

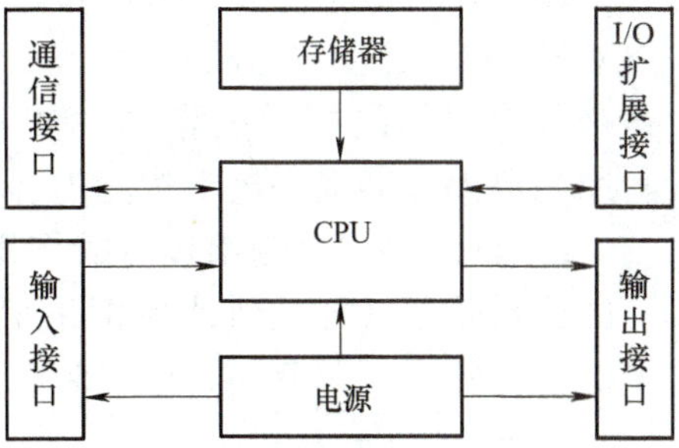

图 1-15 PLC 硬件的基本组成

（1）CPU

CPU 是 PLC 的运算和控制中心，一般由控制电路、运算器和寄存器组成，它通过控制总线、地址总线和数据总线与存储器、I/O 接口、通信接口等联系。常用的 CPU

任务一　简单 PLC 控制系统的认知与操作		日期：	知识页
班级：	姓名：	学号：	

类型有通用微处理器、单片机、位片式微处理器或专用微处理芯片等。

CPU 按系统程序指挥 PLC 有条不紊地工作。归纳起来，CPU 的功能主要包括以下几个方面：

1）接收并存储从编程器输入的用户程序和数据。

2）诊断电源及 PLC 内部电路的工作故障，并检查用户程序的语法错误。

3）采用扫描方式接收现场各输入设备的状态或数据，并存储到输入过程映像寄存器和数据存储器中。

4）进入运行方式后，按顺序读取、解释、执行用户程序，完成用户程序所规定的各种操作，并将运算结果存入输出过程映像寄存器或数据存储器内。

5）根据运算结果更新有关标志位的状态，刷新输出过程映像寄存器的内容，再经输出设备实现输出控制、打印制表或数据通信等功能。

（2）存储器

PLC 具有随机存储器（RAM）、只读存储器（ROM）和电擦除可编程只读存储器（EEPROM）。根据用途的不同，PLC 中的存储器可分为系统程序存储器和用户程序存储器。系统程序存储器用来存放系统程序，用户不能更改，一般为 ROM；用户程序存储器用来存放用户程序及工作数据，因为需要经常改动，所以用户程序存储器多为可随时读写的 RAM 或 EEPROM。由于 RAM 掉电会丢失数据，因此需要使用后备电池（锂电池）保护。较先进的 PLC 采用快闪存储器（Flash Memory）作为用户程序存储器，因而不需要后备电池。

（3）输入 / 输出接口

输入 / 输出接口也称为输入 / 输出单元，是 PLC 与工业生产现场之间的连接部件。

1）输入接口。输入接口的作用是将用户输入设备（如按钮、行程开关、接近开关、传感器及其相应的变送器等）向 PLC 发出的信号（开关量或模拟量信号）转换成 CPU 能够接收和处理的信号，并送给输入过程映像寄存器。

输入接口电路主要用来将接收的外界输入信号转化为 PLC 内部 CPU 能接收的信号，由 CPU 进行处理。为防止由于触点抖动或干扰脉冲引起错误的输入信号，输入接口电路必须有很强的抗干扰能力。输入接口电路提高抗干扰能力的方法主要有两种，一是利用光电耦合器提高抗干扰能力；二是利用阻容滤波电路提高抗干扰能力。

2）输出接口。输出接口的作用是将经过 CPU 处理的信号转换成外部输出设备所需要的驱动信号（开关量或模拟量信号），以驱动各种执行机构（如继电器、接触器、报警器、电磁阀、调节阀、调速装置等）。

2. PLC 的工作原理

PLC 通电后，需要对硬件和软件做一些初始化工作。为了使 PLC 的输出能及时地响应各种输入信号，初始化后 PLC 要反复不停地分阶段处理各种不同的任务，这种周而复始的循环工作方式称为循环扫描工作方式。

任务一　简单 PLC 控制系统的认知与操作		日期：	知识页
班级：	姓名：	学号：	

S7-200 SMART PLC 一次完整的扫描工作过程一般包括输入采样、执行用户程序、处理通信请求、执行 CPU 自诊断、输出刷新五个阶段，如图 1-16 所示。其中，输入采样、执行用户程序和输出刷新这三个阶段都分别采取了集中批处理的方法。

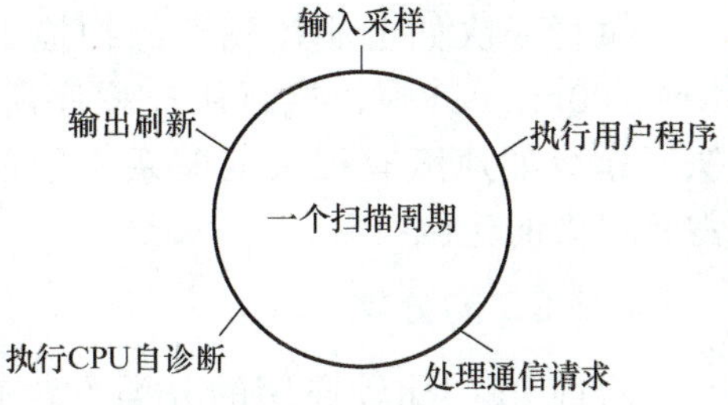

图 1-16　PLC 循环扫描工作方式

（1）输入采样

输入采样也称为读输入，这是第一个集中批处理过程。在每次扫描周期开始时，CPU 集中采样所有输入端的当前输入值，并将其存入内存中各自对应的输入过程映像寄存器。此时，输入过程映像寄存器被刷新，那些没有使用的输入过程映像寄存器位被清零。此后，输入过程映像寄存器与外界隔离，无论输入信号如何变化，都不会再影响输入过程映像寄存器，其内容将一直保持到下一扫描周期的输入采样阶段才会被重新刷新。

（2）执行用户程序

执行用户程序阶段是第二个集中批处理过程。PLC 的用户程序由若干条指令组成，指令在存储器中按照顺序排列。CPU 执行用户程序是从第一条指令开始逐条顺序执行的，直到最后一条指令（结束指令）结束（遇到程序中断或跳转除外）。对于梯形图则是按照先上后下、先左后右的顺序进行扫描运算的。

执行指令时，CPU 从 I/O 映像寄存器或别的位元件映像寄存器读出其“0”或“1”状态，并根据指令的要求执行相应的逻辑运算，运算的结果写入相应的映像寄存器中。因此，各映像寄存器（只读的输入过程映像寄存器除外）的内容随着程序的执行结果而变化。

（3）处理通信请求

CPU 处理从通信端口接收到的任何信息，完成数据通信任务，即检查是否有计算机、编程器的通信请求，若有，则进行相应处理。

（4）执行 CPU 自诊断

在此阶段，CPU 检查其硬件和所有 I/O 模块的状态。在 RUN 模式下，还要检查用户程序存储器。若发现故障，将点亮故障指示灯并判断故障性质；若未发现故障，则继续下一步骤。

（5）输出刷新

输出刷新也称为写输出，这是第三个集中批处理过程。在本扫描周期内，CPU 执行完用户程序后，将各个输出过程映像寄存器的“0”或“1”状态集中输出到输出锁存器锁存起来（在一个扫描周期中，锁存器中的数据是不会变的）。梯形图中某一输出继电器的线圈“通电”时，对应的输出过程映像寄存器为“1”状态，此信号经输出接口隔离和功率放大后，继电器型输出接口中对应的硬件继电器（确实存在的物理器件）线圈通电，其常开触点闭合，使外部负载（如指示灯、接触器、电磁阀等）通电工作，这才是 PLC 的实际输出。若梯形图中某一输出继电器线圈“断电”，则对应的输出过程

任务一　简单 PLC 控制系统的认知与操作		日期：	知识页
班级：	姓名：	学号：	

映像寄存器为“0”状态，此信号送到继电器型输出接口后，对应的硬件继电器线圈断电，其常开触点断开，外部负载断电，停止工作。

执行一次如上所述完整的扫描工作过程所需要的时间称为扫描周期，其典型值为 1 ～ 100ms。其中，执行用户程序所需的时间与用户程序的长短、指令的种类和 CPU 执行指令的速度有很大的关系。用户程序较长时，用户程序执行时间在扫描周期中将占相当大的比例。

3. PLC 的分类

目前 PLC 比较通用的分类方法有两种：按照结构形式分类和按照数字量 I/O 点数分类。

（1）按照结构形式分类

按结构形式的不同，PLC 可分为整体式和模块式两种类型。

1）整体式 PLC。整体式 PLC 的基本结构如图 1-17 所示，它将电源、CPU、存储器、I/O 接口、通信接口、I/O 扩展接口等各个功能集成在一个机壳内，形成一个整体，常被称为 PLC 主机或基本单元。用户通过按钮、开关或各种传感器及相应的变送器等输入设备就能够将开关量或模拟量（需要经过 A/D 转换）由输入接口输入并存入主机存储器的输入过程映像寄存器，再经过 CPU 运算或处理得到开关量或模拟量（需要经过 CPU 进行 D/A 转换得到）控制信号，由输出接口输出到用户的被控设备。PLC 主机与编程器配合组成最小的 PLC 控制系统。当输入或输出的路数较多时，就需要通过 I/O 扩展接口连接数字量 I/O 扩展模块，以扩展输入或输出的点数；当需要扩展 PLC 的功能时，也需要通过 I/O 扩展接口连接一些特殊功能模块。编程器、上位计算机或其他 PLC 等外围设备需要由通信接口与 PLC 主机连接。

整体式 PLC 的特点是结构紧凑、体积小、价格低。小型 PLC 多采用这种结构，如西门子 S7-200 系列 PLC。

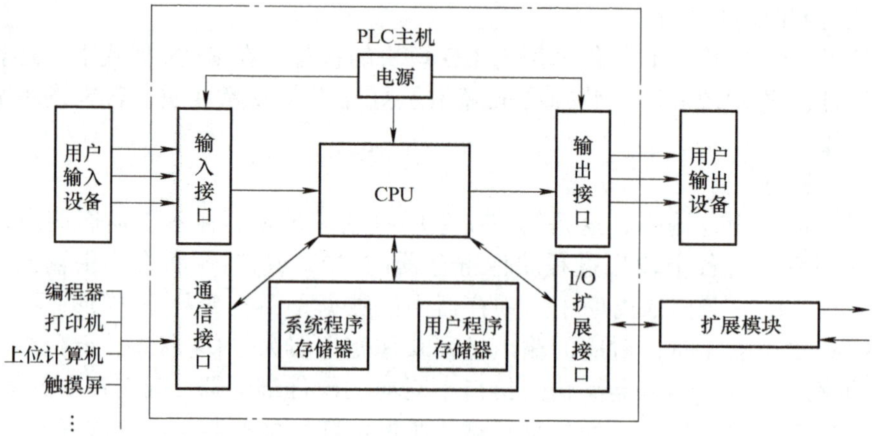

图 1-17　整体式 PLC 的基本结构

任务一　简单 PLC 控制系统的认知与操作		日期：	知识页
班级：	姓名：	学号：	

2）模块式 PLC。模块式 PLC 的基本结构如图 1-18 所示。它将整体式 PLC 主机内的各个部分制成单独的模块，如 CPU 模块、输入模块、输出模块、通信模块、各种智能 I/O 模块及电源模块等，这些模块通过总线连接，安装在机架或导轨上。

模块式 PLC 的特点是配置灵活、装配维护方便，一般中、大型 PLC 多采用这种结构，如西门子 S7-300 系列 PLC 和 S7-400 系列 PLC。

可见，模块式 PLC 比整体式 PLC 配置更加灵活，输入和输出的点数能够自由选择。整体式 PLC 虽然也能通过扩展接口连接其他模块，但能够扩展的模块数量毕竟有限。

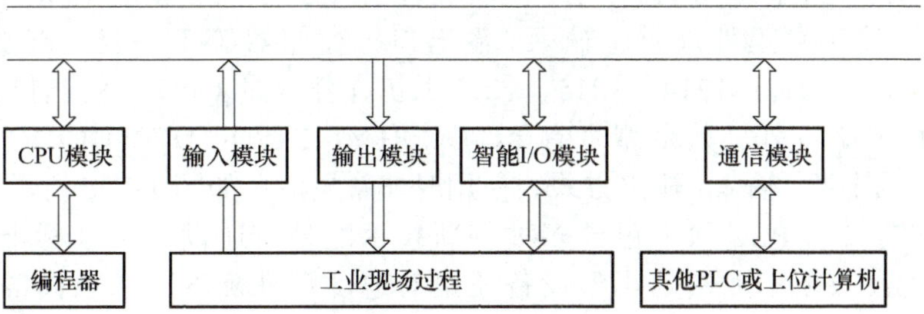

图 1-18　模块式 PLC 的基本结构

（2）按照数字量 I/O 点数分类

数字量 I/O 点数是 PLC 的性能指标之一，按数字量 I/O 点数的多少，可将 PLC 分成小型（低档）、中型（中档）和大型（高档）三种，具体见表 1-3。

表 1-3　PLC 数字量 I/O 点数分类

类型	数字量 I/O 点数	用户程序存储器容量	功能
小型	256 点以内	4KB 以下	功能单一，以开关量控制功能为主，体积小、价格低，可用于开关量控制、定时 / 计数控制、顺序控制及少量模拟量控制场合
中型	256 ～ 2048 点	4 ～ 16KB	功能比较丰富，除了具有小型机的功能外，还增加了模拟量输入 / 输出（AI/AO）、算术运算、数据传送、数据通信等功能，可完成既有开关量又有模拟量的复杂控制，如闭环过程控制等
大型	2048 点以上	16KB 以上	功能更加完善，除了具有小型、中型机的功能外，还具有数据运算、模拟量调节、联网通信、监视记录和打印等功能，用于大规模过程控制、集散式控制和工厂自动化网络

4. 西门子 PLC 的分类

西门子 S7 系列 PLC 是传统意义的 PLC 产品，S7-200 针对低性能要求的小型 PLC，属于一体化紧凑型 PLC，电源、CPU、I/O 接口都集成在一个机壳内，如图 1-19a 所示。

任务一　简单 PLC 控制系统的认知与操作		日期：	知识页
班级：	姓名：	学号：	

西门子 S7-300 是模块式中小型 PLC，最多可以扩展 32 个模块，属于标准模块式结构化 PLC，各种模块相互独立，并安装在固定的机架（导轨）上，构成一个完整的 PLC 应用系统，如图 1-19b 所示。

S7-400 是大型 PLC，可以扩展 300 多个模块。S7-300/400 可以组成 MPI、PROFIBUS 和工业以太网等，如图 1-19c 所示。

M7-300/400 采用与 S7-300/400 相同的结构，它可以作为 CPU 或功能模块使用，具有 AT 兼容计算机的功能，可以用 C、C++ 或 CFC 等语言来编程。

S7-1200 是西门子公司新一代的模块化小型 PLC，PLC 的主体是中间的 CPU，虽说是 CPU，其实它集处理器、输入 / 输出口、存储器等于一身，能够单独工作。S7-1200 有 1211、1212、1214、1215、1217 共五个型号的 CPU 可供选择，除 1217 只有 DC/DC/DC 的版本外，其余型号有 AC/DC/RLY、DC/DC/DC、DC/DC/RLY 三个版本，对应不同的电源 / 输入 / 输出方式，使用时非常灵活，如图 1-19d 所示。

新型的 S7-1500 PLC 除了包含多种创新技术之外，还设定了新标准，能够最大限度地提高生产效率。无论是小型设备还是对速度和准确度要求较高的复杂设备装置，都能适用。S7-1500 无缝集成到 TIA 博途中，极大地提高了工程组态的效率，如图 1-19e 所示。

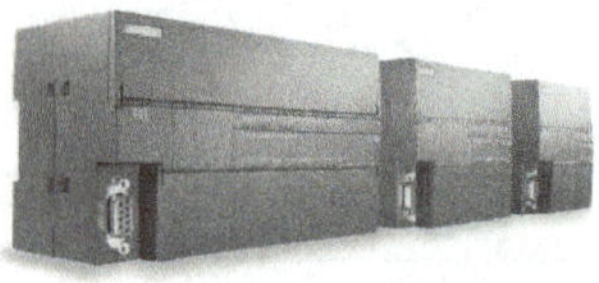
a) 西门子S7-200 PLC

b) 西门子S7-300 PLC

c) 西门子S7-400 PLC

d) 西门子S7-1200 PLC

e) 西门子S7-1500 PLC

图 1-19　西门子 S7 系列 PLC 产品

三、S7-200 SMART 系列 PLC 的硬件介绍

1. S7-200 SMART 系列 PLC 的产品特点

S7-200 SMART 系列 PLC 是在 S7-200 系列 PLC 的基础上发展而来的，标准型 CPU 模块包括 CPU SR20/SR30/SR40/SR60/ST20/ST30/ST40/ST60，经济型 CPU 模块

任务一　简单 PLC 控制系统的认知与操作		日期：	知识页
班级：	姓名：	学号：	

包括 CPU CR40/CR60。它具有一些新的优良特性，主要包含以下几方面。

（1）机型丰富、更多选择

提供不同类型、I/O 点数丰富的 CPU 模块，单体 I/O 点数最高可达 60 点，可满足大部分小型自动化设备的控制需求。另外，CPU 模块配备标准型和经济型供用户选择，对于不同的应用需求，产品配置更加灵活，最大限度地控制成本。

（2）选件扩展、精确定制

新颖的信号板设计可扩展通信端口、数字量通道、模拟量通道。在不额外占用电控柜空间的前提下，信号板扩展能更加贴合用户的实际配置、提升产品的利用率，同时降低用户的扩展成本。

（3）高速芯片、性能卓越

配备西门子专用高速处理器芯片，基本指令执行时间可达 0.15μs，在同级别小型 PLC 中遥遥领先。

（4）以太互联、经济便捷

CPU 模块本体配备以太网接口，集成了强大的以太网通信功能，通过一根普通的网线即可将程序下载到 PLC 中，方便快捷，省去了专用编程电缆。而且以太网接口还可与其他 CPU 模块、触摸屏、计算机进行通信，轻松组网。

（5）软件友好、编程高效

在继承西门子编程软件强大功能的基础上，STEP 7-MicroWIN SMART 编程软件融入了更多的人性化设计，如新颖的带状式菜单、全移动式界面窗口、方便的程序注释功能、强大的密码保护等。

（6）完美整合、无缝集成

S7-200 SMART PLC 和触摸屏、变频器完美整合，满足客户对人机交互、控制、驱动等功能的全方位需求。

2. S7-200 SMART 系列 PLC 的实物介绍

S7-200 SMART CPU 将微处理器、集成电源和多个数字量 I/O 点集成在一个紧凑的盒子中，形成功能比较强大的 S7-200 SMART 系列 PLC，图 1-20 所示为 PLC 的外部结构。

（1）I/O 的 LED

I/O 点接通或输出有效时，对应点位的指示灯会亮。

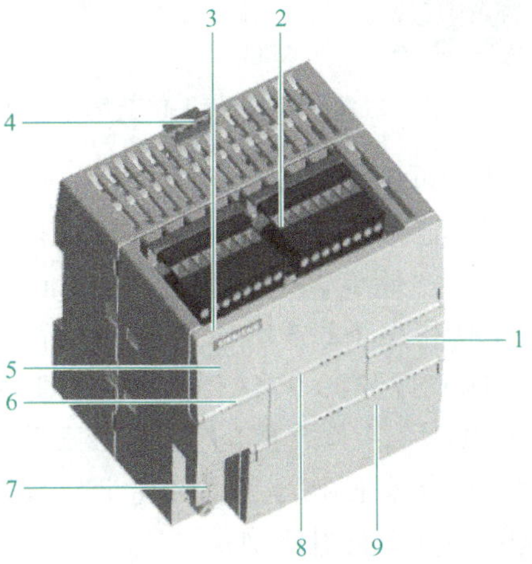

图 1-20　PLC 的外部结构

1—I/O 的 LED　2—端子连接器　3—以太网通信端口
4—用于在标准（DIN）导轨上安装的夹片
5—以太网状态 LED（保护盖下方）：LINK，RX/TX
6—状态 LED：RUN、STOP 和 ERROR
7—RS485 通信端口　8—可选信号板（仅限标准型）
9—存储卡读卡器（保护盖下方，仅限标准型）

任务一　简单 PLC 控制系统的认知与操作		日期：	知识页
班级：	姓名：	学号：	

（2）端子连接器

S7-200 SMART 所有模块的输入 / 输出端子均可拆卸，而 S7-200 PLC 没有这个优点。

（3）以太网通信端口

用于与上位机、交换机、编程设备等进行以太网通信连接，如图 1-21 所示。

（4）用于在标准导轨上安装的夹片

安装 PLC 模块时进行固定卡住，防止模块脱落。

（5）以太网状态 LED

用于指示以太网通信的状态，通信硬件连接正常时，LINK 灯常亮、RX/TX 灯闪烁。

（6）状态 LED

显示 PLC 的工作状态：RUN 为运行模式；STOP 为停止模式；ERROR 为报警错误。

（7）RS485 通信端口

用于串口通信，如自由口通信、USS 通信和 Modbus 通信等，如图 1-22 所示。

图 1-21　CPU 通过以太网通信端口与编程设备通信

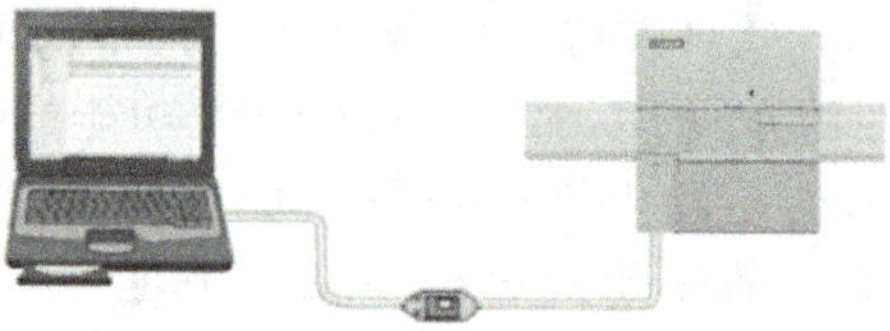

图 1-22　CPU 通过 RS485 通信端口与编程设备通信

（8）可选信号板

用于连接扩展模块，插针式连接使模块连接更加紧密。

（9）存储卡读卡器和通用 Micro-SD 卡

支持程序下载和 PLC 固件更新。

（10）S7-200 SMART CPU 的工作方式

CPU 存储卡插槽的上部有三盏指示灯显示当前的工作方式，指示灯为绿色时，表示运行状态；指示灯为红色时，表示停止状态；标有“ERROR”的灯亮时，表示系统故障，PLC 停止工作。

当 CPU 处于运行工作方式时，PLC 按照自己的工作方式运行用户程序；当 CPU 处于停止工作方式时，不执行程序。进行程序的上传和下载时，都应将 CPU 置于停止工作方式。工作方式可以在编译软件中设定。

3. S7-200 SMART CPU 模块的接线

（1）电源接线

图 1-23 所示为 S7-200 SMART CPU 模块的接线示意图。图 1-23a 所示为直流电源

任务一　简单 PLC 控制系统的认知与操作		日期：	知识页
班级：	姓名：	学号：	

供电，“L+”为 DC 24V 正极连接端子，“M”为 DC 24V 负极连接端子。图 1-23b 所示为交流电源供电，“L1”为交流相线（俗称火线）连接端子，“N”为中性线（俗称零线）连接端子，通常为 AC 120～240V，为 PLC 提供电源。在给 CPU 进行供电接线时，要注意电源的电压类型和电压等级，如果把 AC 220V 接到 DC 24V 供电的 CPU 上，或者不小心接到 DC 24V 传感器的输出电源上，都会造成 CPU 的损坏。

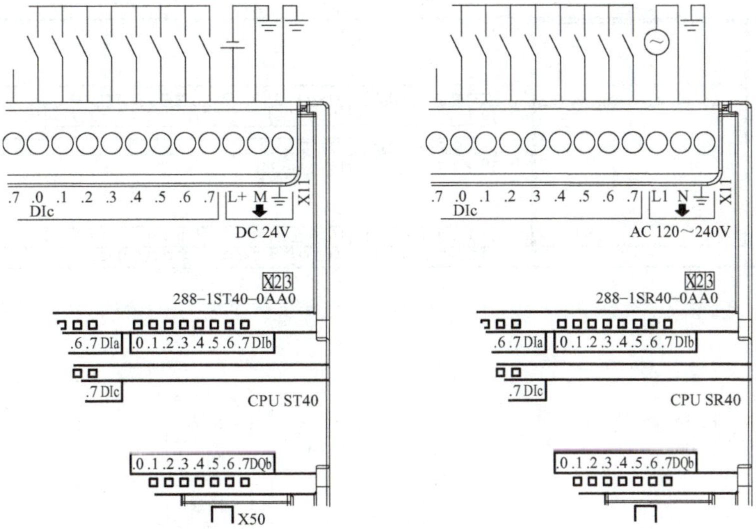

a) DC 24V供电型　　b) AC 220V供电型

图 1-23　S7-200 SMART CPU 模块的接线示意图

（2）输入端子的接线

S7-200 SMART CPU 的输入端接线与三菱的 FX2N 系列的输入端接线不同，后者不需要接入直流电源，其电源由系统内部提供，而 S7-200 SMART CPU 的输入端则必须接入直流电源。

下面以 CPU SR60 为例介绍输入端的接线。“1M”为输入端的公共端子，.0、.1、.2、…为 PLC 的输入端子。各种开关、按钮的常开 / 常闭触点、两线式磁性开关等输入信号与直流 24V 电源串联后接入公共端子和输入端子之间。公共端子 1M 接直流电源的正负均可，但当接入的是分极性两线式磁性开关等信号时，要注意电源极性与磁性开关极性保持一致，如图 1-24 所示。

在实际应用过程中经常遇到各种三线式接近开关、光电开关、光纤传感器等作为 PLC 的输入信号，这类信号如何连接呢？这种三线式接近开关、光电开关通常分为 NPN 型和 PNP 型，两种接法不同，极性不能接反，否则 PLC 无法接收信号。NPN 型传感器与 PLC 输入端的连接如图 1-25 所示，此时电流是从输入端子流出的，也称为源型输入电路。PNP 型传感器与 PLC 输入端的连接如图 1-26 所示，此时电流是向输入端子流入的，又称为漏型输入电路。

任务一　简单 PLC 控制系统的认知与操作		日期：	知识页
班级：	姓名：	学号：	

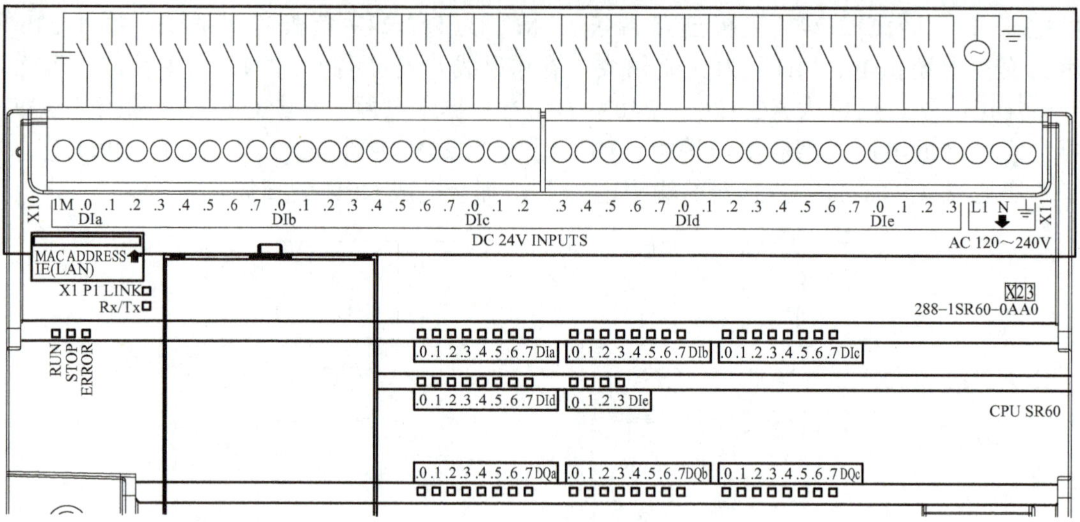

图 1-24　S7-200 SMART CPU 模块两线式磁性开关输入信号的接线示意图

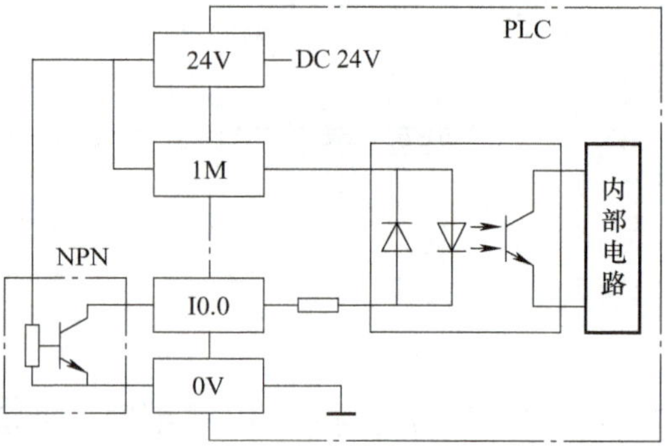

图 1-25　NPN 型传感器与 PLC 输入端的连接示意图

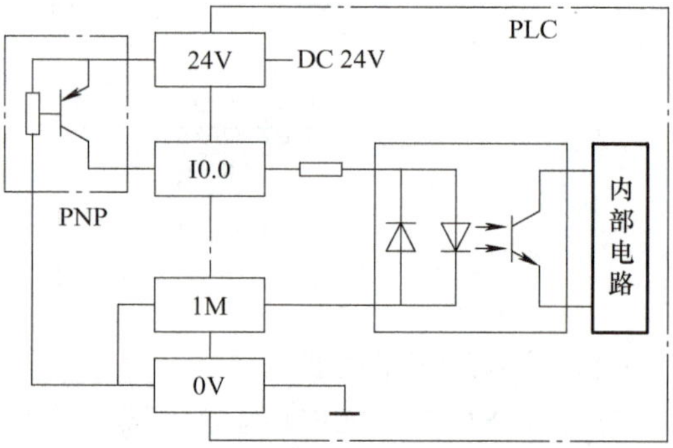

图 1-26　PNP 型传感器与 PLC 输入端的连接示意图

（3）输出端子的接线

S7-200 SMART CPU 的数字量输出有两种形式：一种是 24V 直流输出（即晶体管输出），另一种是继电器输出。标注为“CPU ST20（DC/DC/DC）”的含义是：第一个 DC 表示供电电源电压为 DC 24V；第二个 DC 表示输入端的电源电压为 DC 24V；第三个 DC 表示输出为 DC 24V；20 表示输入和输出端子总数为 20 点。标注为“CPU SR60（AC/DC/RELAY）”的含义是：AC 表示供电电源电压为 AC 120 ～ 240V，通常用 AC 220V；DC 表示输入端的电源电压为 DC 24V；“RELAY”表示输出为继电器输出。

目前 24V 直流输出只有一种形式，即 PNP 型输出，也就是常说的高电平输出，理解这一点十分重要，特别是利用 PLC 进行运动控制（如控制步进电动机）时，必须考虑这一点。

任务一 简单 PLC 控制系统的认知与操作		日期：	知识页
班级：	姓名：	学号：	

因晶体管的工作状态需要加相应极性的直流电源才能工作，所以晶体管输出型的 PLC 输出端只能驱动直流负载，晶体管输出型 PLC 的外部接线示意图如图 1-27 所示。

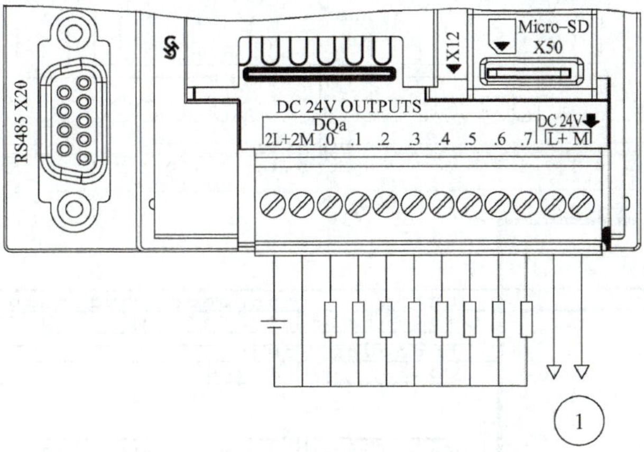

图 1-27 晶体管输出型 PLC 的外部接线示意图

继电器输出型与外部负载连接的是继电器的触点，没有电流方向和极性要求，因此可以带交流负载，也可以带直流负载，但要注意外部电源的电压范围为 DC 5 ～ 30V、AC 5 ～ 250V，超出电压范围将导致不能驱动负载或烧毁 PLC。继电器输出型 PLC 的外部接线示意图如图 1-28 所示。

从图 1-28 中可以看出，输出是分组安排的，每组既可以是直流，也可以是交流，还可以一组为直流、一组为交流，但是同组的输出负载的电压类型和等级必须一致，当各组之间的电压类型和电压等级完全相同时，组和组之间的电源可以共用。

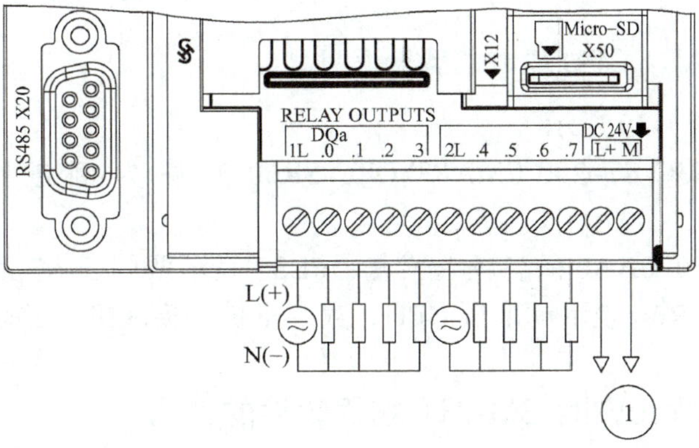

图 1-28 继电器输出型 PLC 的外部接线示意图

需要注意的是，“L+”“M”端子为 PLC 提供的 DC 24V 电源输出端子，不是电源输入端子，且带载能力很小，只能用于输入端传感器的电源，不能用于驱动输出端的负载，更不能接入直流电源。

任务一　简单 PLC 控制系统的认知与操作		日期：	知识页
班级：	姓名：	学号：	

（4）S7-200 SMART CPU 模块 CPU SR60 接线示意图（见图 1-29）

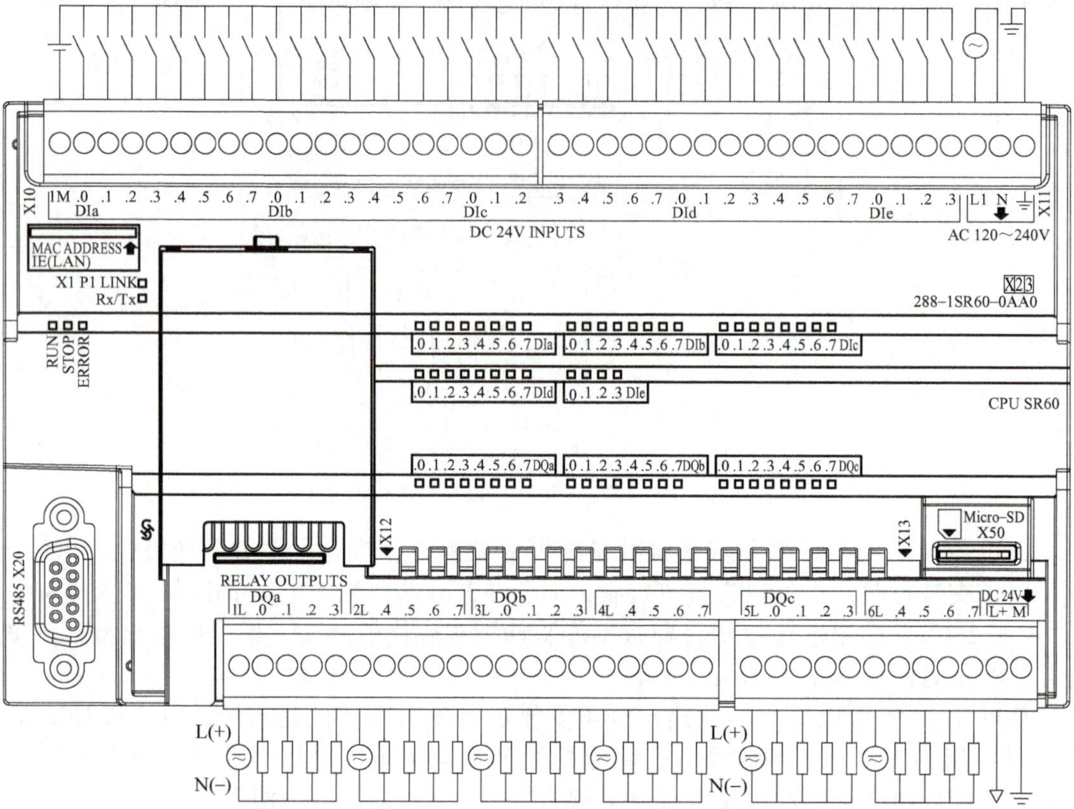

图 1-29　S7-200 SMART CPU 模块 CPU SR60 接线示意图

4. S7-200 SMART CPU 模块的型号说明

订货号说明如图 1-30 所示。

下面以 SIMATIC S7-200 SMART CPU SR60 模块为例进行型号说明，如图 1-31 所示。

6ES7 288-1SR60-0AA0 的各项含义是：6ES7 表示西门子 S7 系列 PLC；288 表示 S7-200 SMART；1SR60 表示标准型 CPU，数字量扩展模块继电器输出，输入 / 输出端口数为 60。

四、STEP 7-MicroWIN SMART 编程软件的使用

1. STEP 7-MicroWIN SMART 编程软件的介绍

STEP 7-MicroWIN SMART 编程软件是基于 Windows 操作系统的应用软件，由西门子公司专为 S7-200 系列 PLC 研制开发。该软件功能强大，界面友好，有联机帮助功能，既可用于开发用户程序，又可实时监控用户程序的执行状态。它支持三种模式：

任务一　简单 PLC 控制系统的认知与操作		日期：	知识页
班级：	姓名：	学号：	

LAD（梯形图）、FBD（功能块图）和 STL（语句表）。STEP 7–MicroWIN SMART 编程软件可提供程序的在线编辑、监控和调试。它可以打开大部分 S7–200 PLC 的程序。

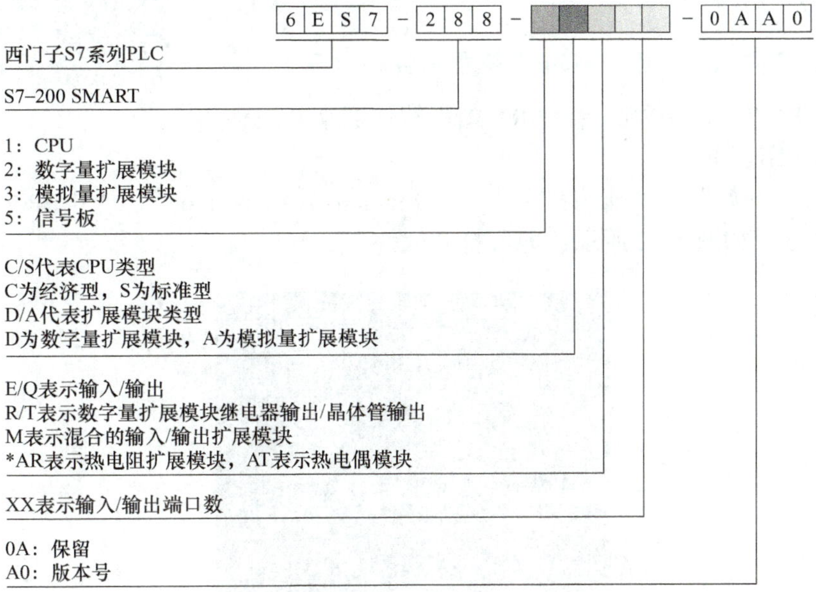

图 1-30　订货号说明

图 1-31　SIMATIC S7–200 SMART CPU SR60 模块

STEP 7–MicroWIN SMART 编程软件是免费软件，读者可在供货商处索要，或者在西门子（中国）自动化与驱动集团的网站上下载软件并安装使用。

安装此软件对计算机的要求有以下几方面：

1）Windows XP Professional SP3 操作系统，只支持 32 位；Windows 操作系统，支持 32 位和 64 位。

2）软件安装程序不足 80MB，但需要至少 350MB 的硬盘空间。

任务一　简单 PLC 控制系统的认知与操作		日期：	知识页
班级：	姓名：	学号：	

2. STEP 7-MicroWIN SMART 编程软件的安装

STEP 7-MicroWIN SMART 编程软件的安装请扫描二维码观看。

西门子 S7-200 SMART 编程软件的安装

3. STEP 7-MicroWIN SMART 编程软件的打开

打开 STEP 7-MicroWIN SMART 编程软件通常有三种方法，分别介绍如下。

1）执行“开始”→“所有应用”→“Siemens Automation”→“STEP 7-MicroWIN SMART”命令，如图 1-32 所示，即可打开软件。

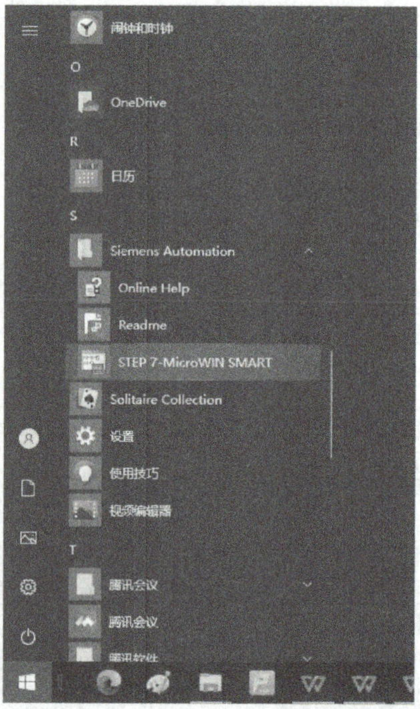

图 1-32　打开 STEP 7-MicroWIN SMART 软件界面

2）直接双击桌面上的 STEP 7-MicroWIN SMART 编程软件的快捷方式，也可以打开软件，这是较快捷的打开方法。

3）在计算机的任意位置双击以前保存的程序，即可打开软件。

4. STEP 7-MicroWIN SMART 编程软件的界面介绍

STEP 7-MicroWIN SMART 编程软件的主界面如图 1-33 所示。它包含快速访问工具栏、项目树、导航栏、菜单栏、程序编辑器、符号表、状态栏、输出窗口、状态图、变量表、数据块及交叉引用。STEP 7-MicroWIN SMART 的界面颜色为彩色，视觉效果好。

任务一 简单 PLC 控制系统的认知与操作		日期：	知识页
班级：	姓名：	学号：	

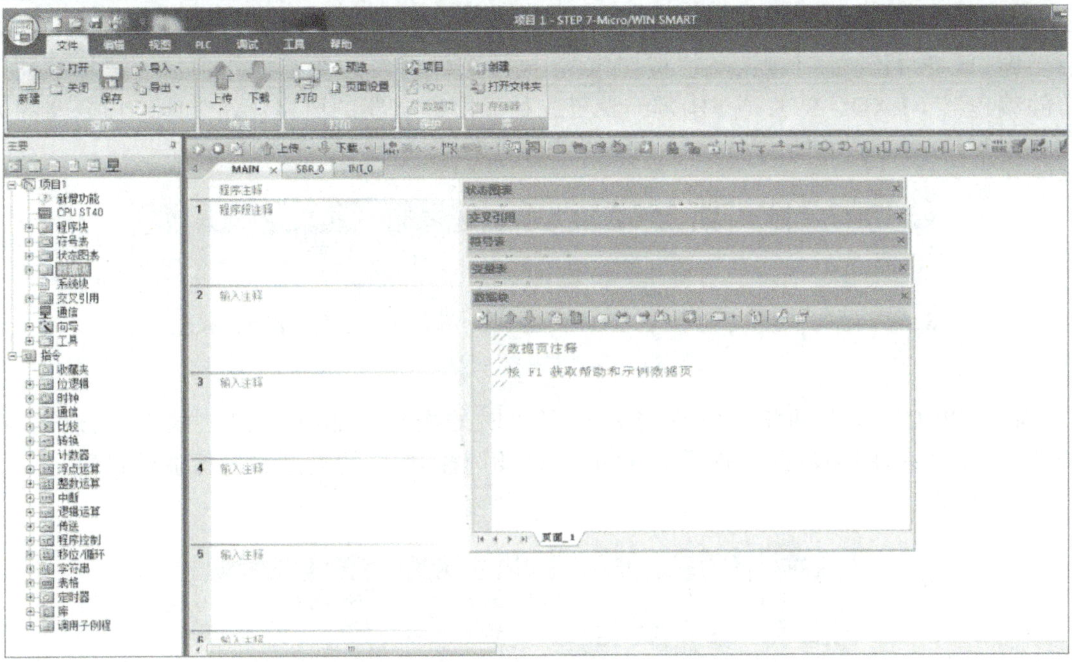

图 1-33 STEP 7-MicroWIN SMART 编程软件的主界面

（1）菜单栏

菜单栏共有文件、编辑、视图、PLC、调试、工具、帮助 7 个选项，其功能说明如下。

1）“文件”菜单项可完成新建、打开、关闭、保存、导入和导出文件，上传和下载程序，打印、预览和页面设置等操作，如图 1-34 所示。

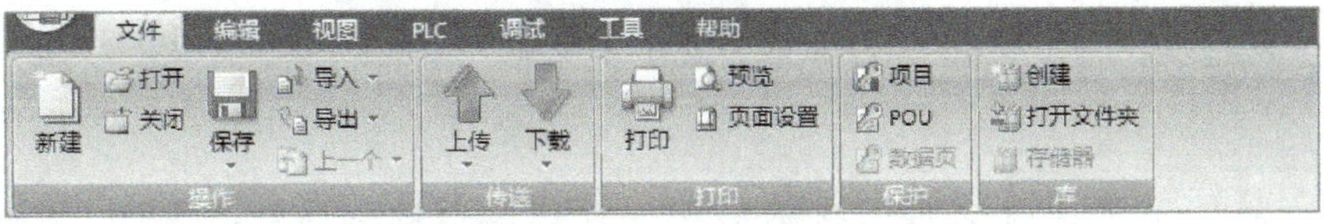

图 1-34 “文件”菜单项

2）“编辑”菜单项提供编辑程序用的各种工具，如剪切、复制、粘贴程序块或数据块的操作，以及查找、替换、插入、删除和快速光标定位等功能，如图 1-35 所示。

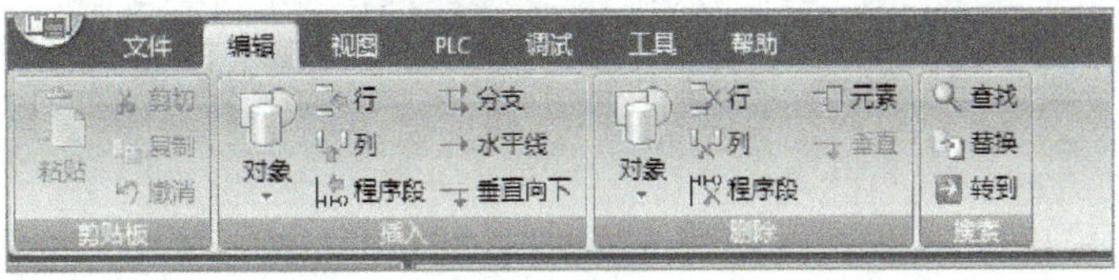

图 1-35 “编辑”菜单项

任务一　简单 PLC 控制系统的认知与操作		日期：	知识页
班级：	姓名：	学号：	

3）“视图”菜单项可以设置编程软件的开发环境，如打开和关闭其他辅助窗口（如引导窗口、项目树窗口、工具栏按钮区）、执行引导窗口的所有操作项目、选择不同语言的编程器（LAD、STL 或 FBD）、设置三种程序编辑器的风格（如字体、指令盒的大小等）等，如图 1-36 所示。

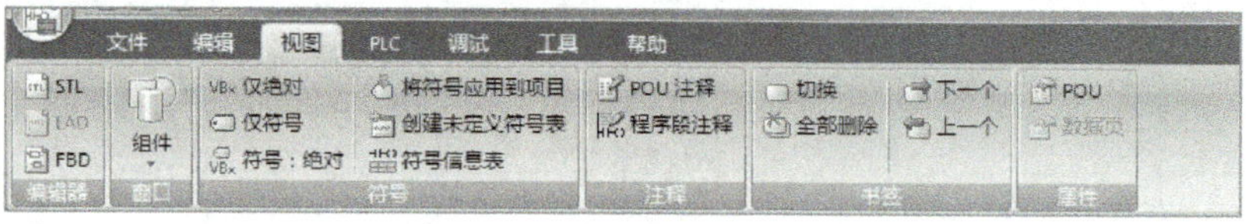

图 1-36　“视图”菜单项

4）“PLC”菜单项用于实现与 PLC 联机时的操作，如改变 PLC 的工作方式、在线编译、清除程序和数据、查看 PLC 的信息及选择 PLC 的类型和进行通信设置等，如图 1-37 所示。

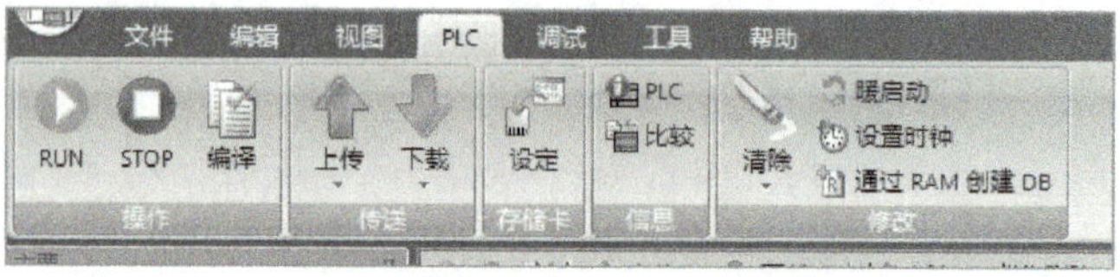

图 1-37　“PLC”菜单项

5）“调试”菜单项用于联机调试，如图 1-38 所示。

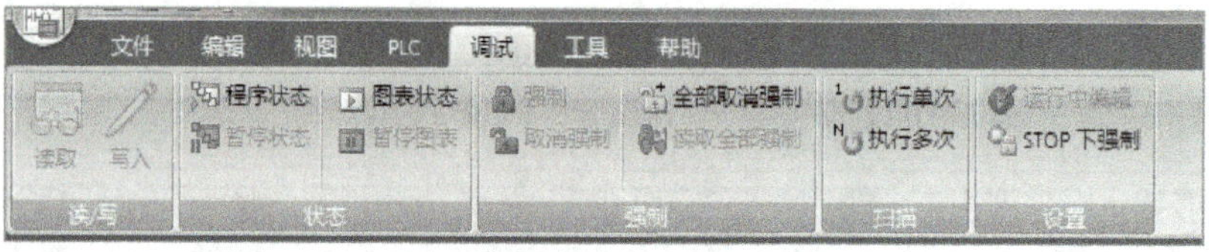

图 1-38　“调试”菜单项

6）“工具”菜单项可以调用复杂指令、安装文本显示器、改变用户界面风格等，如图 1-39 所示。

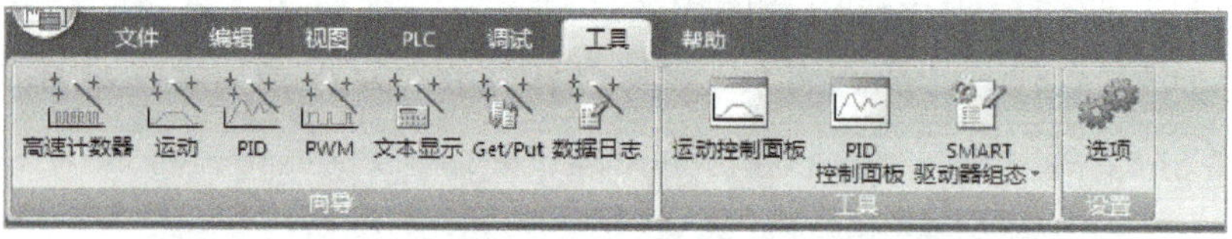

图 1-39　“工具”菜单项

7）“帮助”菜单项可以方便地检索各种帮助信息，还提供网上查询功能。在软件操作过程中可随时按 <F1> 键显示在线帮助，如图 1-40 所示。

任务一　简单 PLC 控制系统的认知与操作		日期：	知识页
班级：	姓名：	学号：	

图 1-40　“帮助”菜单项

（2）工具栏

工具栏是一种代替命令或下拉菜单的便利工具，如图 1-41 所示，它将 STEP 7-MicroWIN SMART 编程软件最常用的操作以按钮的形式设定到工具栏中，以提供简便的鼠标操作。利用“查看”菜单中的“工具栏”选项可以设置显示或隐藏“标准”“调试”“公用”“指令”4 个工具栏。

图 1-41　工具栏

标准工具栏中的按钮包括：新建项目、打开项目、保存项目、打印、打印预览、剪切、复制、粘贴、撤销、编译、全部编译、上传、下载、升序排列、降序排列和选项。

调试工具栏中的按钮包括：运行、停止、程序状态监控、暂停程序状态监控、状态表监控、趋势图、暂停趋势图、单次读取、全部写入、强制、取消强制、取消全部强制和读取全部强制。

公用工具栏中的按钮包括：插入网络、删除网络、切换 POU 注释、切换网络注释、切换符号信息表、切换书签、下一个书签、上一个书签、清除全部书签、应用项目中所带符号和建立未定义符号表。

指令工具栏中的按钮包括：向下连线、向上连线、向左连线、向右连线、触点、线圈和指令盒。

（3）项目树

用项目树窗口或菜单栏中“视图”下的“组件”选项可以浏览各组件窗口。如图 1-42 所示，项目树提供编程所用到的所有命令和 PLC 指令的快捷操作。可以用菜单栏中的“视图”→“组件”→“项目树”选项控制是否打开项目树。

在编程过程中，项目树提供窗口快速切换的功能，组件框含有以下九种组件。

1）程序块。程序块由可执行的程序代码和注释组成，如图 1-43 所示。可执行的程序代码由主程序、可选的子程序和中断程序组成。代码被编译并下载到 PLC 中时，程序注释被自动忽略。

任务一　简单 PLC 控制系统的认知与操作		日期：	知识页
班级：	姓名：	学号：	

图 1-42　项目树

图 1-43　程序块

2）符号表。符号表用来建立自定义符号与绝对地址之间的对应关系，并可附加注释，使得用户可以使用具有实际含义的符号作为编程元件，增加程序的可读性，如图 1-44 所示。当程序被编译后下载到 PLC 中时，所有的自定义符号都将被转换成绝对地址，而自定义符号则被自动忽略。

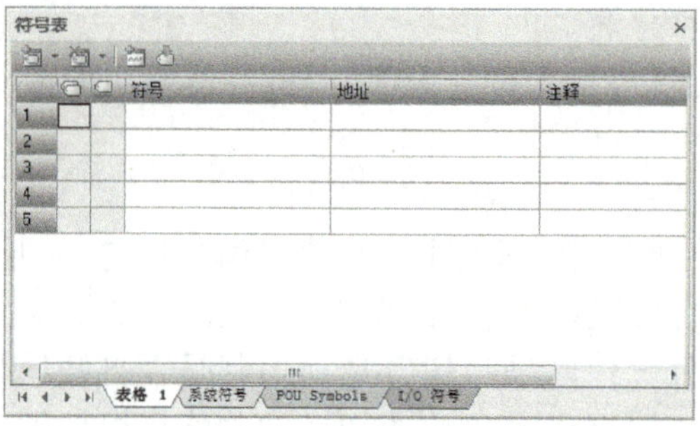

图 1-44　“符号表”对话框

3）状态图表。状态图表用于联机调试时监视指定的内部变量的状态和当前值，状态表并不下载到 PLC，仅仅是监控用户程序运行状态的一种工具，如图 1-45 所示。监

任务一　简单 PLC 控制系统的认知与操作		日期：	知识页
班级：	姓名：	学号：	

控用户程序的运行情况时，只需要在“地址”栏中写入变量地址，在数据“格式”栏中标明变量的类型，就可以在运行时监视这些变量的状态和当前值。

4）数据块。数据块由数据和注释组成，可以对变量寄存器 V 进行初始数据的赋值或修改，并可附加必要的注释，如图 1-46 所示。数据被编译并下载到 PLC 时，注释被自动忽略。对于数字量控制系统，一般只有主程序，不使用子程序、中断程序和数据块。

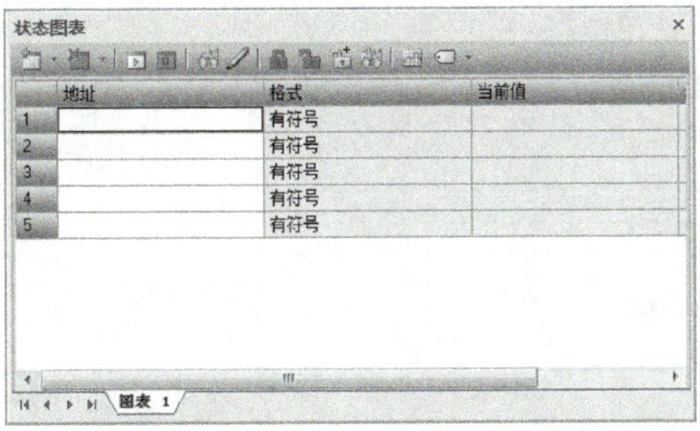

图 1-45　“状态图表”对话框

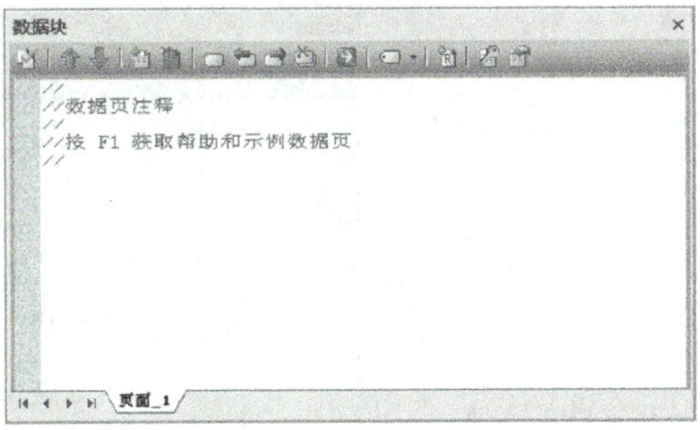

图 1-46　“数据块”对话框

5）系统块。系统块主要用于系统组态，如图 1-47 所示。系统组态主要包括设置数字量或模拟量输入滤波、设置脉冲捕捉、配置输出表、定义存储器保持范围、设置密码和通信参数等。

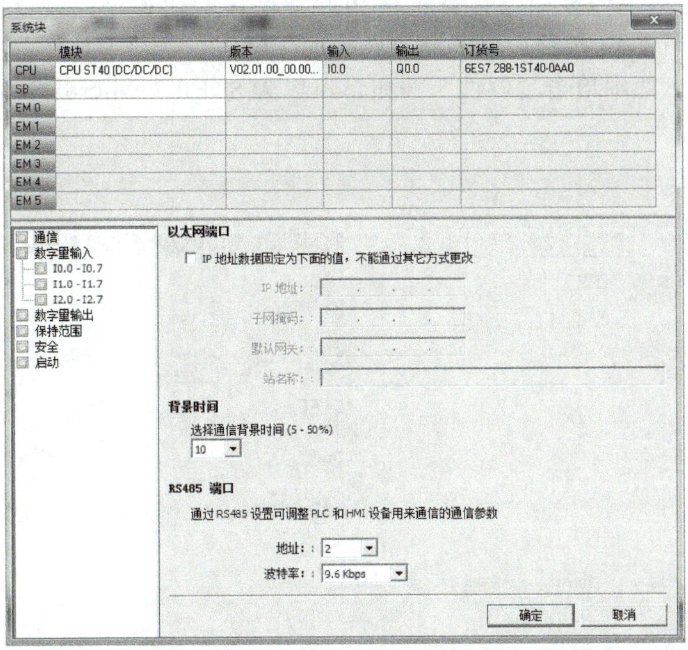

图 1-47　“系统块”对话框

任务一　简单 PLC 控制系统的认知与操作		日期：	知识页
班级：	姓名：	学号：	

6）交叉引用。交叉引用可以列举出程序中使用的各操作数在哪一个程序块的什么位置出现，以及使用它们的指令助记符；可以查看哪些内存区域已经被使用，是作为位使用还是作为字节使用等；在运行方式下编辑程序时，还可以查看程序当前正在使用跳变信号的地址，如图 1-48 所示。交叉引用表不能下载到 PLC 中，程序编译成功后才能看到交叉引用表的内容。在交叉引用表中双击某个操作数时，可以显示含有该操作数的那部分程序。

图 1-48　“交叉引用”对话框

7）通信。通信可用来建立计算机与 PLC 之间的通信连接，以及进行通信参数的设置和修改，如图 1-49 所示。单击浏览条中的“PG/PC 接口”按钮，在弹出的“设置 PG/PC 接口”对话框中单击“属性”按钮，可以为 STEP 7-MicroWIN SMART 选择网络地址和波特率。

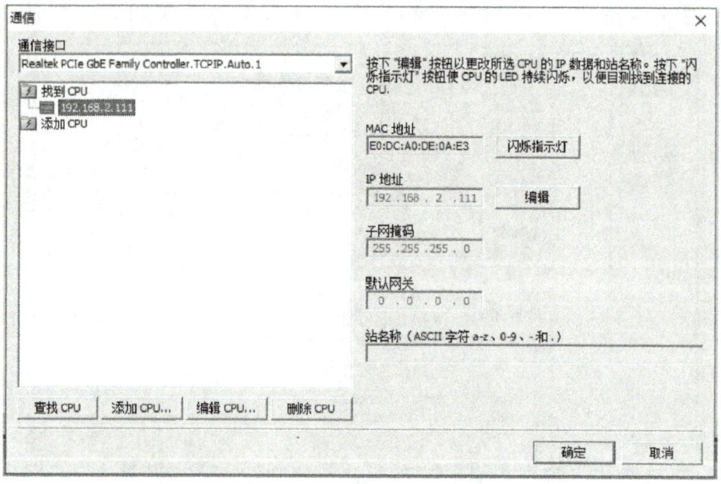

图 1-49　“通信”对话框

任务一　简单 PLC 控制系统的认知与操作		日期：	知识页
班级：	姓名：	学号：	

8）向导。向导中包含运动、高速计数器、PID 回路控制、PWM 控制、文本显示、GET/PUT、数据日志等内容。常用以下几种：运动向导用来控制伺服和步进电机驱动器；高速计数器用来对旋转编码器等高速输入信号进行计数；PID 用于闭环控制；PWM 用于配置板载 PWM 发生器并控制脉宽调制输出的占空比；GET/PUT 通过以太网链接在 S7-200 SMART CPU 之间进行通信。

9）工具。工具中包含运动控制面板、PID 整定控制面板、智能驱动器组态三部分。用于配合 PLC 实现运动控制、PID 控制和浏览计算机智能驱动器组态工具的位置按照提示进行驱动器组态。

5. STEP 7-MicroWIN SMART 编程软件通信、下载、监控等功能的应用

实例：用两个按钮 SB1 和 SB2 实现一个灯 HL 的控制。按下按钮 SB1，HL 亮；松开按钮 SB1，HL 仍然亮；按下按钮 SB2，HL 灭。

（1）启动软件

启动 STEP 7-MicroWIN SMART 编程软件，弹出图 1-50 所示的界面。

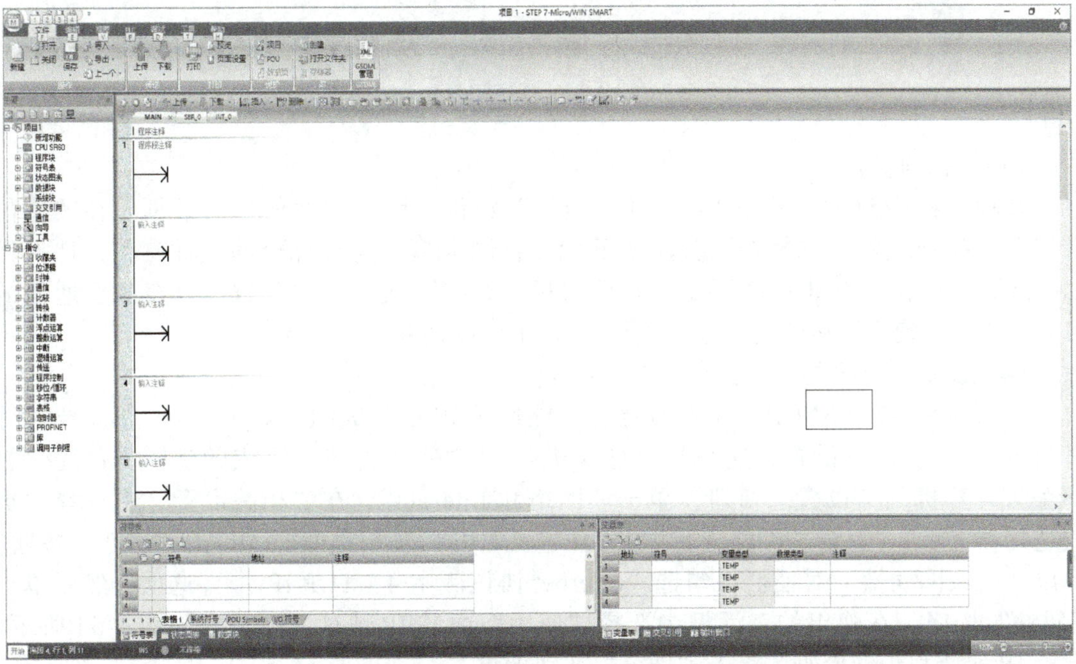

图 1-50　STEP 7-MicroWIN SMART 编程软件界面

（2）硬件配置

展开项目树中的“项目 1”节点，双击“CPU SR60”（也可以是其他型号的 CPU），这时弹出“系统块”对话框，在 CPU 模块的下拉列表框中选择“CPU SR20”，然后单击“确定”按钮，如图 1-51 所示。

任务一　简单 PLC 控制系统的认知与操作		日期：	知识页
班级：	姓名：	学号：	

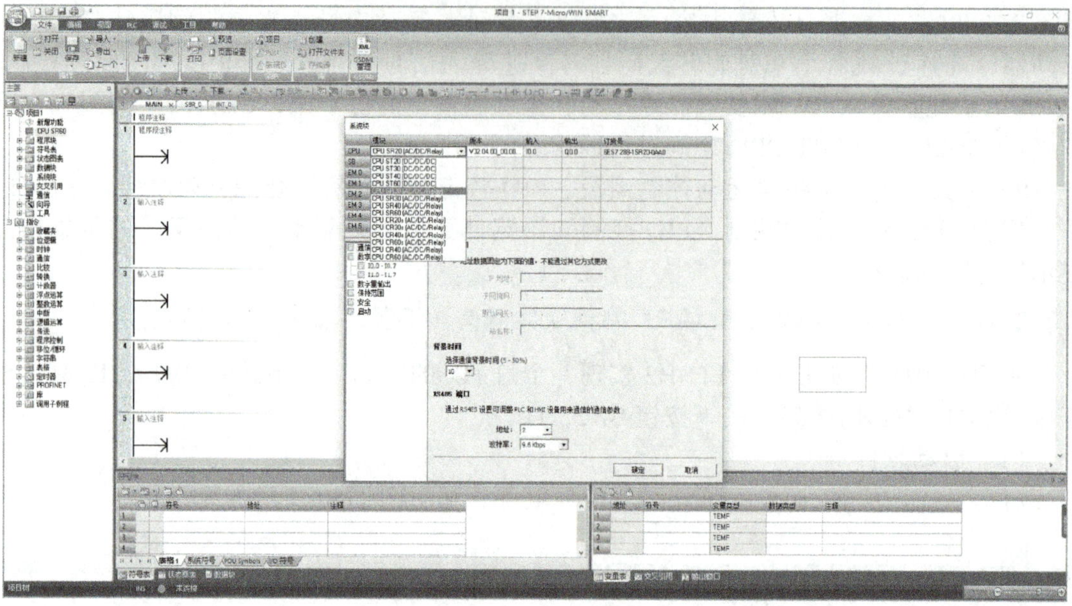

图 1-51　硬件配置

（3）联机通信

在项目树中双击“项目 1”下的“通信”组件，弹出“通信”对话框。在“通信接口”下拉列表框中选择个人计算机的网卡，网卡型号与计算机的硬件有关，选择带“Auto”的网卡，如图 1-52 所示。然后通过“查找”或“添加”按钮寻找到要通信的 PLC，单击“确定”按钮完成通信设置，如图 1-53 所示。

（4）设置计算机的 IP 地址

目前向 S7-200 SMART 下载程序，只能使用 PLC 集成的 PN 口，因此首先要对计算机的 IP 地址进行设置，这是建立计算机与 PLC 通信首先要完成的步骤。首先，打开个人计算机的“设置”窗口，单击“网络和 Internet”，在“相关设置”中选择“更改适配器选项”，双击“网络连接”，打开“以太网状态”对话框，单击“属性”按钮，弹出“以太网属性”对话框，勾选“Internet 协议版本 4（TCP/IPv4）”选项，然后单击“属性”按钮，在弹出的对话框中选择“使用下面的 IP 地址”选项，如图 1-54 所示，设置 IP 地址和子网掩码，单击“确定”按钮即可。

此外，要注意 S7-200 SMART 出厂时的 IP 地址是“192.168.2.1”，因此在没有修改的情况下下载程序，必须将计算机的 IP 地址设置成与 PLC 在同一个网段，简单地说，就是计算机的 IP 地址最末一个数字要与 PLC 的 IP 地址末位数字不同，而其他数字要相同，这是非常关键的，读者务必牢记。

任务一　简单 PLC 控制系统的认知与操作		日期：	知识页
班级：	姓名：	学号：	

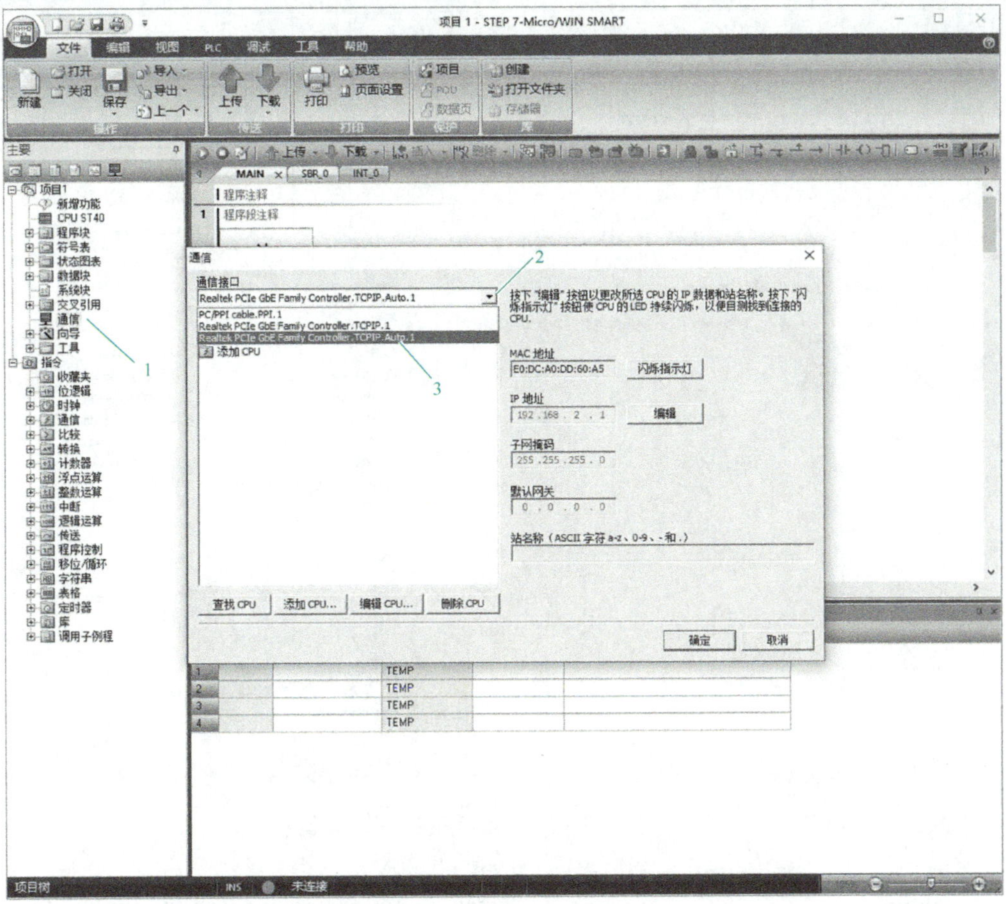

图 1-52　联机通信设置

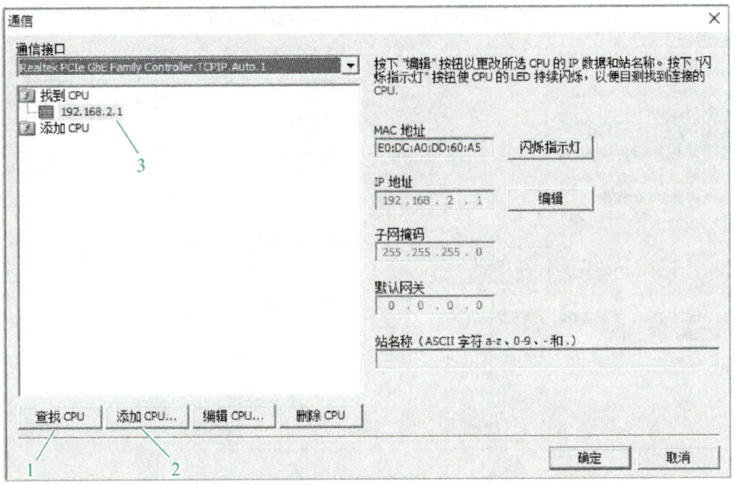

图 1-53　"通信"对话框

任务一　简单 PLC 控制系统的认知与操作		日期：	知识页
班级：	姓名：	学号：	

图 1-54　设置计算机的 IP 地址

任务一 简单 PLC 控制系统的认知与操作		日期：	知识页
班级：	姓名：	学号：	

（5）输入程序

展开项目树中的“指令”节点下的“位逻辑”，依次双击常开触点 ⊣⊢ 按钮、常闭触点 ⊣/⊢ 按钮、输出线圈 ⟨ ⟩ 按钮，换行后再双击常开触点 ⊣⊢ 按钮，出现程序输入界面，接着单击红色的问号，输入寄存器及其地址，或者直接在工具栏中插入触点及线圈，如图 1-55a 所示，输入完毕后如图 1-55b 所示。

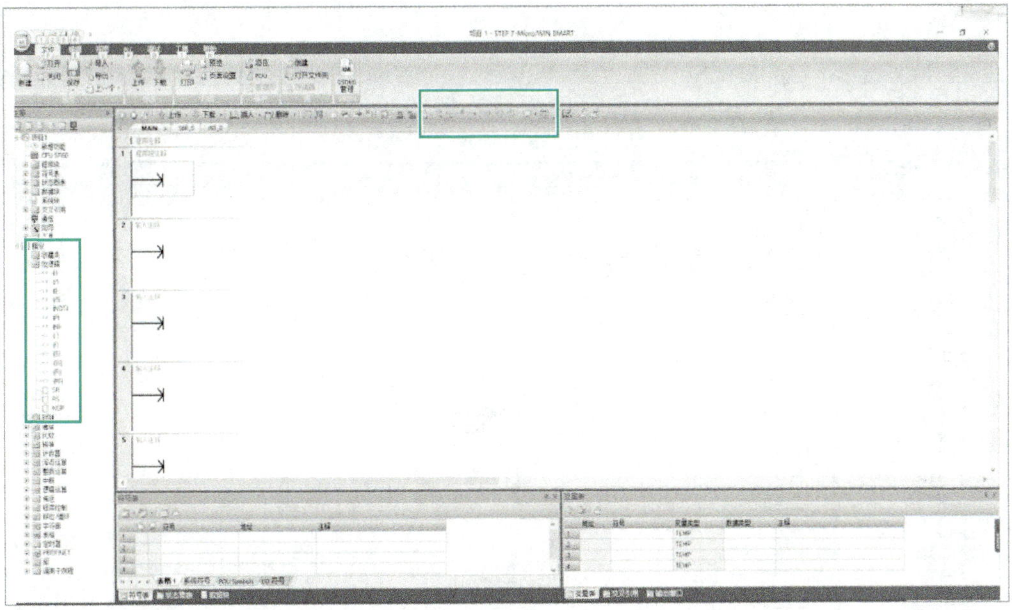

a) 输入之前

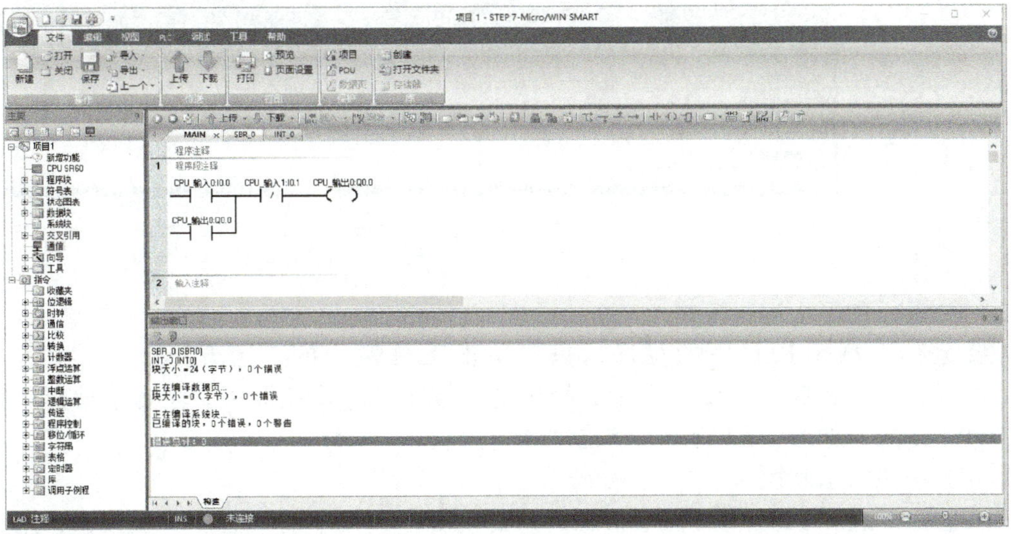

b) 输入完毕

图 1-55 输入程序

任务一　简单 PLC 控制系统的认知与操作		日期：	知识页
班级：	姓名：	学号：	

（6）下载程序

单击工具栏中的“下载” 按钮，弹出“下载”对话框，如图 1-56 所示，将“块”项目组中的“程序块”“数据块”和“系统块”三个选项全部勾选，若 PLC 此时处于运行模式，将 PLC 设置成停止运行模式，然后单击“下载”按钮，则程序自动下载到 PLC 中，下载成功后，输出窗口中有“下载已完成”字样的提示，最后单击“关闭”按钮。

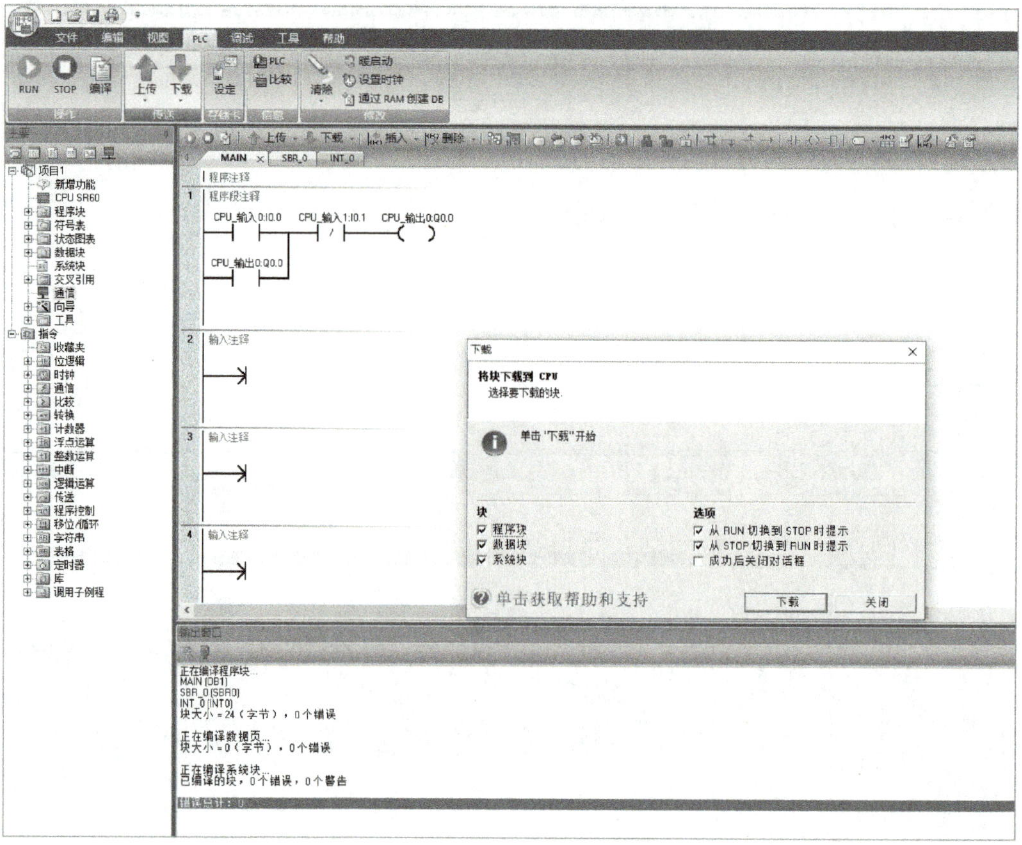

图 1-56　程序下载

（7）运行和停止运行模式

要运行下载到 PLC 中的程序，只要单击工具栏中的“运行” 按钮即可。同理，要停止运行程序，只要单击工具栏中的“停止” 按钮即可。注意下载程序时是“STOP”模式，如图 1-57 所示，单击“是”按钮。

（8）程序状态监控

要监控下载到 PLC 中的程序状态，只要单击工具栏中的“监控” 按钮，用于监控程序的运行情况，如图 1-58 所示。

<table>
<tr><td colspan="2">任务一　简单 PLC 控制系统的认知与操作</td><td>日期：</td><td rowspan="2">知识页</td></tr>
<tr><td>班级：</td><td>姓名：</td><td>学号：</td></tr>
</table>

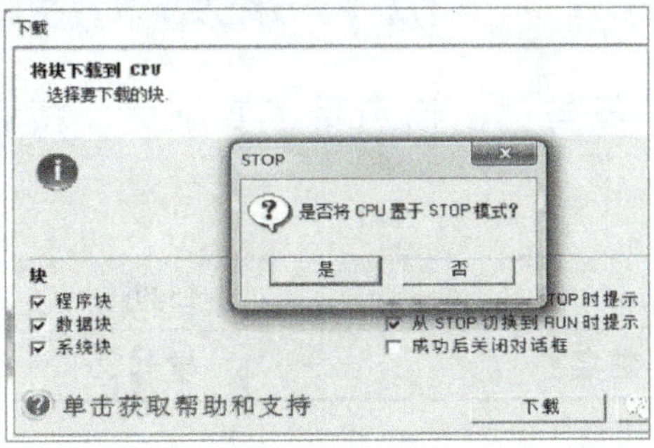

图 1-57　运行模式

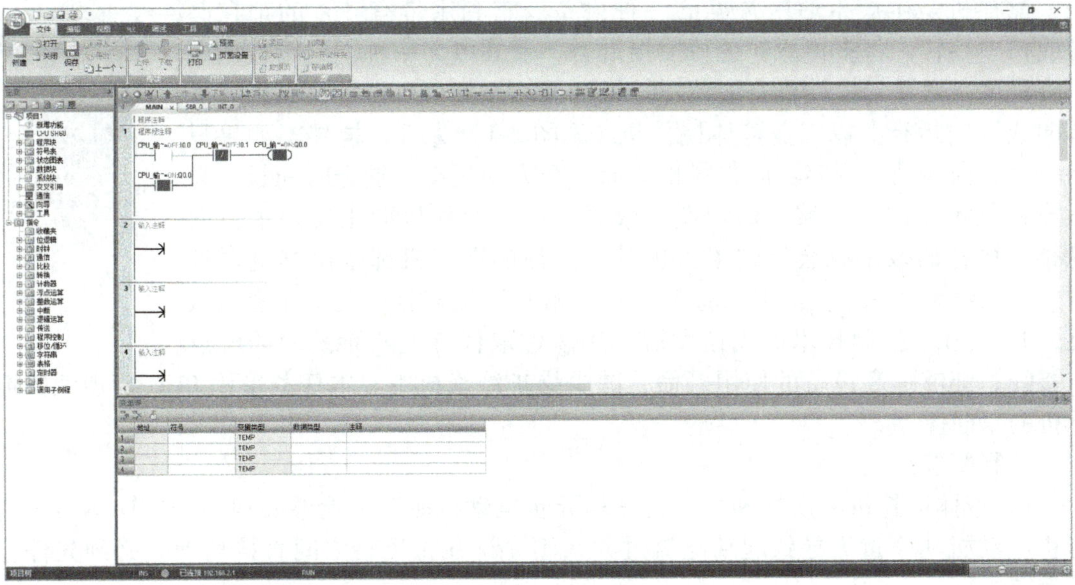

图 1-58　监控状态

任务二　液体搅拌机控制

——任务页、信息页、实施页、拓展页、评价页、知识页

任务二　液体搅拌机控制		日期：	任务页
班级：	姓名：	学号：	

学习任务描述

搅拌机是生产生活中常见的一种设备。它利用带有叶片的轴在圆筒或槽中旋转，将多种原料进行搅拌混合，使其成为一种混合物或调成适宜稠度。常见的搅拌机有液体搅拌机和固体搅拌机，搅拌机可以实现单向或双向运行。以工业液体搅拌机（见图 2-1）为例，搅拌轴如果只向一个方向转动，则容器内物料也只向一个方向运动，混合时间长，易形成柱状不良混合区域，影响搅拌效果，如果搅拌机向正反两个方向搅拌，搅拌的效果就会得到很大提升。以往的搅拌机都是由继电器控制的，其线路较为复杂，响应速度缓慢，触点数量多且反复工作容易氧化，基于 PLC 控制技术的飞速发展，用软件取代继电器系统中的触点和接线，能够提高设备的使用寿命，减少维护维修成本。本任务采用 PLC 实现液体搅拌机的双向搅拌。

图 2-1　工业液体搅拌机

控制要求：

1）液体搅拌机的搅拌轴由一台三相异步电动机驱动，能够实现两个方向运转。为防止电动机功率过大导致起动电流过大，不允许在正反转之间直接切换，必须先停止后变向。

2）液体搅拌机有手动和自动两种工作方式，由转换开关 SA 实现两种工作方式的切换。

3）在手动工作方式中，按下正转起动按钮 SB1 时，正转接触器得电，液体搅拌机正转运行，松开按钮，搅拌机停止运行；按下反转起动按钮 SB2 时，反转接触器得电，液体搅拌机反转运行，松开按钮，搅拌机停止运行。

4）在自动工作方式中，按下正转起动按钮 SB1 时，正转接触器得电，液体搅拌机正转运行，松开按钮，搅拌机继续运行，按下停止按钮 SB3，搅拌机停止运行；按下反转起动按钮 SB2 时，反转接触器得电，液体搅拌机反转运行，松开按钮，搅拌机继续反转运行，按下停止按钮 SB3，搅拌机停止运行。

5）在液体搅拌机控制系统中，要求实现过载保护，当热继电器 FR 过热动作时，电动机停止运行。

任务二　液体搅拌机控制		日期：	任务页
班级：	姓名：	学号：	

6）在液体搅拌机控制系统中设置状态指示，当系统电源接通，搅拌机没有运行时，红色指示灯亮，表示设备处于待机状态；当搅拌机正转或反转运行时，绿色指示灯闪烁，表示系统正在运行，闪烁的频率为亮 0.5s、灭 0.5s。

7）液体搅拌机控制系统具有短路、过载、失电压等必要的保护措施，同时为了防止出现相间短路，必须加软件和硬件的双重联锁。

学习目标

1）掌握编程元件 I、Q 的功能和使用方法；掌握辅助继电器 M、特殊辅助继电器 SM 的使用方法；掌握基本位逻辑指令：标准触点指令、输出指令及 S/R 指令的表示形式及使用方法。

2）能够根据控制要求设计液体搅拌机 PLC 控制的电气原理图，能够根据电气原理图正确安装液体搅拌机 PLC 控制线路并检查和检测，掌握 PLC 控制系统的安装方法及注意事项。

3）能使用 STEP 7-MicroWIN SMART 编程软件正确编写液体搅拌机的 PLC 程序并进行调试，掌握 PLC 控制系统中软硬件联锁功能的实现方法。

4）通过学习和训练，培养学生严谨、认真、精益求精的习惯和品质。在练习联锁功能的过程中，培养学生的安全意识，注重对设备及元器件的保护。

任务分组

小组成员可根据自己的能力、特长、主观意愿认领具体工作并填写附表 1，根据工作的难易程度设置三个级别，分别对应相应分值，工作内容见表 2-1。每个组员所选工作不少于两项，分值较高的同学定为组长，其他同学为组员。

表 2-1　工作内容

工作内容	简单（每项 1 分）	一般（每项 2 分）	较难（每项 3 分）
分工完成	① 制作 I/O 地址分配表	④ 设计电气原理图	⑦ 程序设计、调试
	② 材料准备	⑤ 电气安装	⑧ 线路检查和检测
	③ 整理收拾	⑥ 制作任务备料单和预算表	
合作完成	总结提高		

任务准备

根据任务要求，经小组成员商议，共同完成任务备料单，见附表 2。

任务二　液体搅拌机控制		日期：	信息页
班级：	姓名：	学号：	

获取信息

引导问题 1：将继电 – 接触器控制方式改造为 PLC 控制方式的原则有哪些？

引导问题 2：在 PLC 控制三相异步电动机自锁正转系统中，可以将热继电器的常闭触点串接到负载 KM 的线圈上起过载作用吗？为什么？

引导问题 3：查阅资料，S（Set）指令也称为________，其梯形图符号为________；R（Reset）指令也称为________，其梯形图符号为________。

引导问题 4：使用置位指令时，置位线圈的数目是从指令中指定的位元件（如 Q0.0）开始的连续 N 个。若 N=8，则被置位线圈有________。

引导问题 5：对同一元件多次使用 S/R 指令时，由于 PLC 特有的顺序扫描工作方式，使得写在________指令具有优先权。

引导问题 6：使用标准触点指令和输出指令的电动机自锁正转 PLC 控制程序和使用置位和复位指令的电动机单向连续运转 PLC 控制程序有哪些异同点？

引导问题 7：查阅资料，列举三相异步电动机正反转控制电路在实际中的应用？

引导问题 8：自主学习，分析在三相异步电动机正反转控制电路中如何实现短路保护、过载保护、欠电压和失电压保护？

引导问题 9：分析控制任务，列举哪些为输入信号？哪些为输出信号？过载信号应该为输入信号还是输出信号？

引导问题 10：西门子 S7–200 SMART 型 PLC 的电源线如何连接？

引导问题 11：按钮、开关等两端子输入设备与 PLC 如何连接？

引导问题 12：接触器、线圈等输出设备与 PLC 如何连接？

引导问题 13：在三相异步电动机正反转控制电路中，为了避免相间短路，必须加入联锁功能，本任务中联锁功能如何实现？若只在程序中加入联锁，安全吗？

任务二 液体搅拌机控制		日期：	实施页
班级：	姓名：	学号：	

任务分析

根据任务要求分析任务中有哪些控制方式，并回答以下问题。

1）输入信号有哪些？

2）输出信号有哪些？

3）有哪些控制要求（时间、计数、自锁、联锁）？

4）有哪些知识盲点？

输入 / 输出信号的分配

根据任务分析情况，结合 PLC 选型和特点，分配输入 / 输出地址并填写附表 3。将分配地址时出现的问题和解决办法记录到附表 6 中。

设计电气原理图

根据所选 PLC 的型号，认真阅读该型号 PLC 的说明书，明确该 PLC 的电源电压类型和电压等级，掌握输入信号和输出负载的连接方法及注意事项，根据每个设备、器材的图形符号和连接方法设计电气原理图并填入附表 4。将设计电气原理图时出现的问题和解决办法记录到附表 6 中。

线路安装

此实例建议采用插线方式进行线路的连接。由组员根据任务备料单准备实训器材，根据电气原理图进行线路的连接并进行检查，无误后由组长进行检查和检测。最后，邀请其他小组进行交叉检验。线路检测按照附表 5 进行，将线路安装、检验时出现的问题和解决办法记录到附表 6 中。

设计程序

根据控制任务，要求先采用经验设计法，利用梯形图设计程序。按照控制功能逐步解决的方式，自己先尝试利用所学的知识和技能完成控制任务。遇到问题通过查阅资料、学习知识页内容，再次尝试完成。最后，尝试完成拓展页的拓展内容。

引导问题 14：点动和自锁有什么区别？

引导问题 15：是否用到与、或指令？

引导问题 16：实现功能的过程中遇到了哪些问题？是如何解决的？

引导问题 17：按下正转起动按钮 SB1，接触器 KM1 得电，电动机得电正转程序是怎样设计的？

引导问题 18：按下反转起动按钮 SB2，接触器 KM2 得电，电动机得电反转程序是

任务二　液体搅拌机控制		日期：	实施页
班级：	姓名：	学号：	

怎样设计的？

引导问题 19：如何避免两个接触器 KM1 和 KM2 同时得电？

功能调试

总结任务实施过程中出现的问题及解决方法（包含分工、用时、工艺、收获、问题及解决办法、改进措施和调整内容等）。

任务二　液体搅拌机控制		日期：	拓展页
班级：	姓名：	学号：	

任务拓展

在完成基本控制实例的基础上，尝试完成以下拓展任务，任务完成后由指导教师在表 2-2 的完成情况处做记录。

表 2-2　拓展任务

序号	拓展任务描述	完成情况
1	两个按钮控制一个灯，只有两个按钮同时按下灯才亮，任何一个按钮松开，灯熄灭；两个按钮控制一个灯，任意按下一个按钮，灯就可以亮，两个按钮同时松开灯才熄灭	
2	按下按钮，三个灯同时亮，松开按钮，同时熄灭；按下按钮，HL1 ～ HL5 偶数灯亮，松开按钮，HL1 ～ HL5 奇数灯亮	
3	开关 S1 为总开关，S2、S3 分别为一楼、二楼分开关，开关闭合灯亮，开关断开灯灭	
4	设计一个具有三个抢答台的抢答器控制程序。即三个按钮 SB1、SB2、SB3 哪个先按下，对应的灯 HL1、HL2、HL3 亮，后按下的按钮对应的灯不亮，按下复位按钮 SB4，灯灭，可以进行下次抢答	
5	设计一个控制程序。按下开关 1，HL1 亮，按下开关 2，HL1 灭、HL2 亮，按下开关 3，HL2 灭、HL3 亮（如果全都换成按钮呢？）	
6	设计一个点动和自锁混合控制程序。即按下起动按钮 SB1，KM 得电，电动机转动运行，按下停止按钮 SB2，KM 失电，电动机停止运行；按下点动控制按钮 SB3，KM 得电，电动机转动运行，松开按钮 SB3，KM 失电，电动机停止运行	

任务二　液体搅拌机控制		日期：	评价页
班级：	姓名：	学号：	

检查验收

任务完成后，验收小组根据表 2-3 进行评价和验收，将验收过程中出现的问题和整改措施记录到附表 7 中。

表 2-3　验收标准及评分

序号	验收项目	验收标准	分值	评分
1	I/O 地址分配表	1. 地址分配不正确、不完整，每错一个或漏一个扣 1 分 2. 地址分配标注不清晰、不整洁、表述不正确，每个扣 1 分	10	
2	PLC 外部接线图	1. 接线图中绘制的图形符号或文字符号不正确，每处扣 1 分 2. 接线图绘制与分配表不一致，每处扣 1 分 3. 接线图绘制不规范、不美观，扣 4 分	20	
3	安装与检测	1. 电器元件选用与任务书要求不符，每处扣 1 分 2. 电路连接错误，但没有造成元器件损坏和短路，每处扣 1 分 3. 连接导线颜色不符合要求，每根或每处扣 1 分 4. 导线连接接头超过三根线或连接不牢固、不可靠，每处扣 1 分	20	
4	功能调试	1. 未按要求实现正转功能，扣 10 分 2. 未按要求实现反转功能，扣 10 分	20	
5	任务拓展	每独立完成一个拓展任务得 5 分	30	
6	职业素养	1. 任务完成后，工位上工具、插线、元器件、资料、计算机、设备等摆放不规范、卫生不整洁，扣 5 分 2. 任务完成后，导线、压线端子等出现浪费（导线长度超过 20cm，废弃能用的压线端子、螺钉、螺母等器材数量超过两个），扣 5 分 3. 任务实施过程中，工具使用不规范、不正确，导致元器件出现滑丝、松动，扣 5 分 4. 任务实施过程中，不听从安排、大声喧哗、不尊敬教师，扣 10 分 5. 任务实施过程中，由于操作不当导致元器件烧坏或损毁，除按原价赔偿外，扣 10 分 6. 任务实施过程中，由于连接错误，导致线路出现短路烧坏熔丝或造成跳闸的，成绩为 0 7. 任务实施过程中，由于操作不当导致核心器材（包括 PLC、触摸屏、直流电源等）损坏，除按原价赔偿外，成绩按 0 分计	职业素养不配分，违反从总分中扣除	
	合计		100	

任务二　液体搅拌机控制		日期：	评价页
班级：	姓名：	学号：	

总结提高

各组展示作品，介绍任务的完成过程并提交阐述材料，进行学生自评、学生组内互评、教师评价，完成考核评价表。考核评价表见附表 8。

引导问题 20：在本次任务的实施中，你认为有哪些需要改进的地方？

引导问题 21：你对 PLC 的功能了解多少？还想继续学习 PLC 的哪些知识？

任务二　液体搅拌机控制		日期：	知识页
班级：	姓名：	学号：	

相关知识点

一、输入 / 输出继电器

1. 输入继电器（I）

PLC 中某些元件沿用了继电器这一名称，我们常说的输入常开触点就是输入继电器的常开触点，但是这些继电器并不是实际存在的物理继电器，可以称为软继电器，每个软继电器对应映像寄存器的一个存储单元。输入过程映像寄存器的工作过程：按下按钮→输入过程映像寄存器得电（I0.0 对应地址位存储数值为 1）→输入继电器的常开触点闭合、常闭触点断开。由于输入继电器的线圈仅受外部按钮等硬件控制，所以在 PLC 程序中只出现输入继电器的触点，而不出现输入继电器的线圈。换句话说，输入继电器只能由外部输入信号来驱动，而不能由 PLC 内部指令来驱动。输入 / 输出过程映像寄存器如图 2-2 所示。

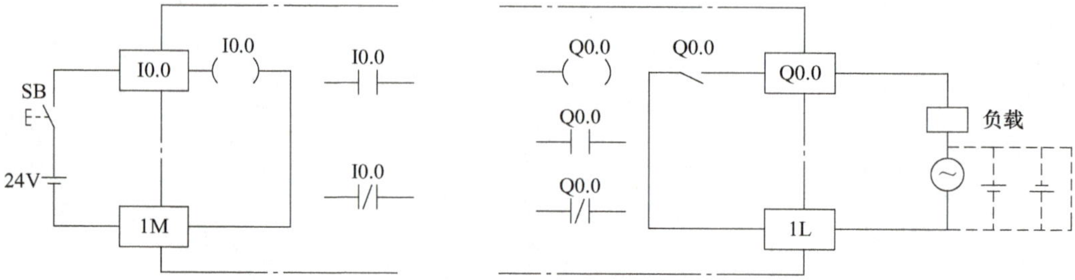

a) 输入端　　b) 输出端

图 2-2　输入 / 输出过程映像寄存器

2. 输出继电器（Q）

梯形图中输出继电器也不是真实存在的物理继电器，是数据存储区中的输出过程映像寄存器。在程序扫描周期的末尾将结果送到输出锁存器，由输出单元驱动外部负载。输出过程映像寄存器等效电路的工作原理：PLC 的 CPU 运行程序后，通过数据总线将程序执行后的运算结果送到输出过程映像寄存器 Q0.0。当输出过程映像寄存器 Q0.0 的状态为“1”时，相当于输出继电器 Q0.0（对于继电器输出型的 PLC，确实存在的物理继电器）的线圈通电，其常开触点闭合，负载得电；当输出过程映像寄存器 Q0.0 的状态为“0”时，相当于输出继电器 Q0.0 的线圈断电，其常开触点断开，负载断电。输出过程映像寄存器的等效电路以及输出继电器的线圈、常开触点和常闭触点的图形符号如图 2-2b 所示。

二、常用位逻辑指令

在 S7-200 SMART PLC 的指令系统中，位逻辑指令是最常用的一类指令。它包括常开、常闭、即时常开、即时常闭、否、上升沿、下降沿、输出、即时输出、置位、

任务二　液体搅拌机控制		日期：	知识页
班级：	姓名：	学号：	

即时置位、复位、即时复位、置位优先双稳态、复位优先双稳态、无操作等指令，如图 2-3 所示。这些指令将根据教学应用情况逐步学习。

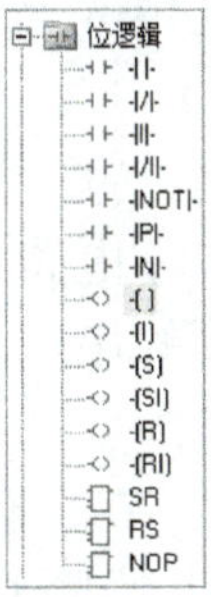

图 2-3　位逻辑指令

在位逻辑指令中，常用的是常开、常闭、输出指令，具体见表 2-4。

表 2-4　常用位逻辑指令

指令名称	梯形图	功能
常开	bit —| |—	如果能流位于左侧且触点闭合，则能流将通过触点流向右侧的连接器，流至下一连接元件 当常开（N.O.）位值为 1 时，触点闭合（ON） 当常闭（N.C.）位值为 0 时，触点闭合（ON）
常闭	bit —|/|—	
输出指令	bit —(　)	该输出指令将输出位的新值写入过程映像寄存器

三、置位（S）/ 复位（R）指令

置位和复位指令也是使用非常频繁的指令，S/R 指令的指令属性见表 2-5。

表 2-5　S/R 指令的指令属性

指令名称	梯形图	语句表	操作数及数据类型	功能
置位（S）指令	bit —(S) N	S　bit，N	指定位 bit：Q、M、SM、T、C、V、S、L 数据类型：位 置位线圈的数目（N）：QB、VB、MB、SMB、SB、LB、AC、*VD、*LD、*AC 及常数，N 的取值范围为 1 ～ 255 数据类型：字节	将从指令操作数指定的位地址（bit）开始的连续 N 个元件都置位并保持
复位（R）指令	bit —(R) N	R　bit，N		将从指令操作数指定的位地址（bit）开始的连续 N 个元件都复位并保持

1. S 指令

S（Set）指令称为置位指令或置“1”指令。执行 S 指令时，把从指令操作数指定的位地址（bit）开始的 N 个元件都置位并且保持，置位后，即使“能流”断，仍保持置位。

任务二　液体搅拌机控制		日期：	知识页
班级：	姓名：	学号：	

2. R 指令

R（Reset）指令称为复位指令或置“0”指令。执行 R 指令时，把从指令操作数指定的位地址（bit）开始的 *N* 个元件都复位并且保持，复位后，即使“能流”断，仍保持复位。

图 2-4 所示为 S/R 指令的使用示例，此示例使用 S/R 指令也一样可以实现起保停功能。在实际电路中，起动信号和停止信号都可能是由多个触点组成的串、并联电路提供的。

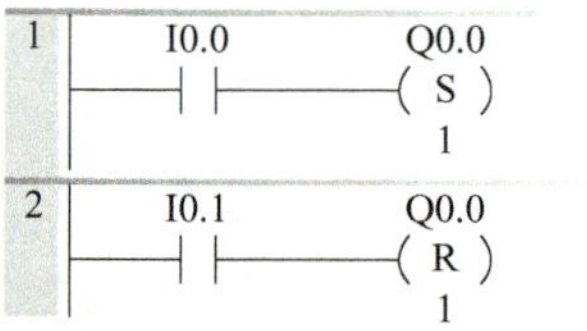

图 2-4　S/R 指令的使用示例

在图 2-4 中，当驱动条件 I0.0、I0.1 不满足（即 I0.0=0，I0.1=0）时，线圈 Q0.0 不通电，线圈 Q0.0 无能流流过，这是初始状态。

当驱动条件 I0.0 满足（即 I0.0=1，I0.1=0）时，对线圈 Q0.0 置位，即线圈 Q0.0 通电，Q0.0 有能流流过。当驱动条件 I0.0 不再满足（即 I0.0=0，I0.1=0）时，线圈 Q0.0 仍将保持置位状态，即线圈 Q0.0 继续保持通电状态，Q0.0 持续有能流流过，直到对线圈 Q0.0 复位的信号到来时，线圈 Q0.0 才恢复初始的不通电状态。程序段 1 中的这一行程序就等效于起保停电路中的“起动 + 保持”环节。需要注意的是，在使用置位指令时，置位线圈的数目是从指令中指定的位元件（bit）开始的连续 *N* 个。图中若 *N*=8，则被置位线圈为 Q0.0、Q0.1、…、Q0.7，即线圈 Q0.0 ～ Q0.7 同时被置位通电而且有能流流过。因此，这可以满足数台电动机同时起动运转的控制要求，使控制程序大大简化。

当驱动条件 I0.1 满足（即 I0.0=0，I0.1=1）时，对线圈 Q0.0 复位，即线圈 Q0.0 断电，恢复为初始的不通电状态。当驱动条件 I0.1 不再满足（即 I0.0=0，I0.1=0）时，线圈 Q0.0 仍将保持复位状态，即线圈 Q0.0 继续保持断电状态，直到对线圈 Q0.0 重新置位的信号到来时，线圈 Q0.0 才重新被置位通电而有能流流过。程序段 2 中的这一行程序就等效于起保停电路中的“停止”环节。同样需要注意的是，在使用复位指令时，被复位线圈的数目是从指令中指定的位元件（bit）开始的连续 *N* 个。图中若 *N*=8，则被复位线圈为 Q0.0、Q0.1、…、Q0.7，即线圈 Q0.0 ～ Q0.7 同时被复位断电而恢复初始状态。因此，这可以满足数台电动机同时停止运转及急停情况下的控制要求，使控制程序大大简化。

通过此例分析可知，使用 S/R 指令同样可以实现起保停控制程序。使用 S/R 指令实现的起保停控制程序不需要自锁环节，原因在于 S 指令本身就有保持功能。

3. S/R 指令使用的注意事项

1）S 指令是强制性地将位存储区的指定位开始的 *N* 个同类存储位置位；R 指令是强制性地将位存储区的指定位开始的 *N* 个同类存储位复位。其中，*N* 的取值范围为 1 ～ 255。

任务二　液体搅拌机控制		日期：	知识页
班级：	姓名：	学号：	

2）对于置位操作，一旦指令的输入条件（即本指令之前连接的所有触点的逻辑运算结果）为1，则本指令的操作数的线圈状态为“1”，即使本指令的输入条件又变为“0”，本指令的操作数的线圈状态仍保持为“1”；对于复位操作，一旦本指令的输入条件为“1”，则本指令的操作数的线圈状态置“0”，即使本指令的输入条件又变为“0”，本指令的操作数的线圈状态仍保持为“0”。存储区的一位或多位通过S（R）指令被置位（复位）后，不能自己恢复，必须用R（S）指令由“1”（“0”）跳回到“0”（“1”）。

3）S/R指令也用于结束一个逻辑。因此，在梯形图中，S/R指令要放在逻辑串的最右端，而不能放在逻辑串中间。

4）R指令还可用于复位定时器和计数器。

5）与输出指令不同，对同一元件可以多次使用S/R指令，但是由于PLC特有的顺序扫描工作方式，使得写在后面的指令具有优先权。因此，在程序中对同一元件同时使用S指令和R指令，应注意两条指令的先后顺序，使用不当有可能导致程序控制结果出错。

在图2-4中，S指令在前，R指令在后，当驱动条件I0.0和I0.1同时满足（即I0.0=1、I0.1=1）时，R指令的优先级高，Q0.0没有能流流过。相反，如图2-5所示，将S指令与R指令的顺序对调，当驱动条件I0.0和I0.1同时满足（即I0.0=1，I0.1=1）时，S指令的优先级高，Q0.0有能流流过。因此，使用S/R指令编程时，哪条指令在后面，则该指令的优先级高，这一点需要在编程时多加注意。

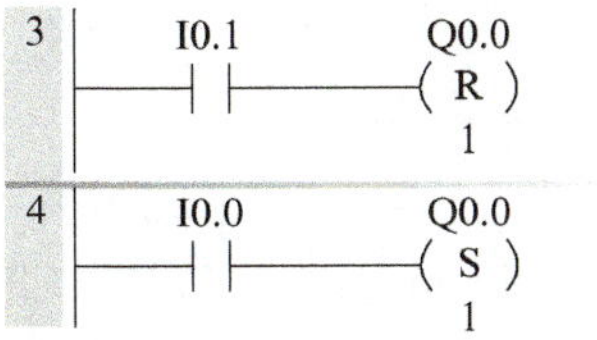

图2-5　S/R指令的优先级

四、辅助继电器

辅助继电器（M）类似于继电－接触器控制系统中的中间继电器KA，用来存放中间操作状态或其他控制信息。辅助继电器在PLC中没有输入/输出端与其对应，其线圈的通断状态只能在程序内部用指令驱动；其触点不能直接驱动外部负载，只能在程序内部驱动输出继电器的线圈，再用输出继电器的触点驱动外部负载。

辅助继电器又称为位存储器，可以按位存取数据，但是也可以按字节、字、双字来存取。辅助继电器存取的地址编号范围为M0.0～M31.7，共32个字节。M区域常用来存放数字量的中间运算结果。

除了辅助继电器外，还有一种特殊辅助继电器（SM）。特殊辅助继电器又称为特

任务二　液体搅拌机控制		日期：	知识页
班级：	姓名：	学号：	

殊存储器，它提供大量的状态和控制功能，用来在 CPU 和用户程序之间交换信息。特殊辅助继电器能以位、字节、字或双字来存取，一些常用的特殊辅助继电器的用途如下。

1）SM0.0：Always_On，运行监视。SM0.0 始终为“1”状态。当 PLC 运行时，可以利用其触点驱动输出继电器，或在外部显示程序是否处于运行状态。

2）SM0.1：First_Scan_On，初始化脉冲。每当 PLC 的程序开始运行时，SM0.1 线圈接通一个扫描周期，因此 SM0.1 的触点常用于调用初始化程序等。

3）SM0.4：Clock_60s，占空比为 50% 的 1min 时钟脉冲。当 PLC 处于运行状态时，SM0.4 产生周期为 1min 的时钟脉冲。

4）SM0.5：Clock_1s，占空比为 50% 的 1s 时钟脉冲。当 PLC 处于运行状态时，SM0.5 产生周期为 1s 的时钟脉冲。若将时钟脉冲信号送入计数器作为计数信号，可起到定时器的作用。

需要注意的是，当在编程过程中遇到用输入 / 输出解决不了的问题时，使用辅助继电器往往能够轻松解决。

五、梯形图的编程规则

1）输入继电器、输出继电器、辅助继电器、定时器（T）等元件的触点可多次重复使用，无须用复杂的程序结构来减少触点的使用次数。

2）梯形图的每一行都是从左母线开始，线圈接在最右边或右母线上（右母线可以不画出）。触点不能放在线圈的右边，即线圈与右母线之间不能有任何触点，如图 2-6 所示，图 2-6a 所示为错误编程方法（编译不通过），图 2-6b 所示为正确编程方法。

a) 错误编程方法　　b) 正确编程方法

图 2-6　触点不能放在线圈的右边

3）线圈不能直接与左母线相连，即左母线与线圈之间一定要有触点。如果需要，可以通过特殊辅助继电器 SM0.0（Always_On）的常开触点或没有用到的辅助继电器的常闭触点连接（SM0.0 为 S7–200 系列 PLC 中的常接通特殊存储器），如图 2-7 所示，图 2-7a 所示为错误编程方法，图 2-7b 所示为正确编程方法。

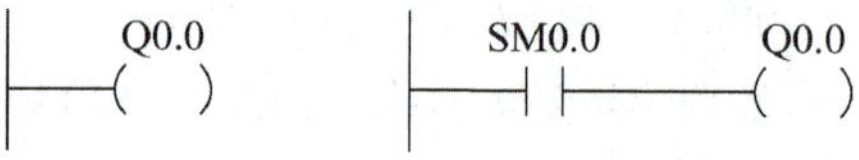

a) 错误编程方法　　b) 正确编程方法

图 2-7　线圈不能直接与左母线相连

任务二　液体搅拌机控制		日期：	知识页
班级：	姓名：	学号：	

4）一般情况下，在梯形图中同一线圈只能出现一次。如果在程序中同一线圈使用了两次或多次，则称为双线圈输出。不同 PLC 对双线圈输出问题的处理是不同的，有的 PLC 将其视为语法错误，有的 PLC 在限定的指令中允许使用，有的 PLC 以最后一次输出为准，如 S7-200 系列 PLC。图 2-8 所示为 S7-200 系列 PLC 双线圈输出的梯形图，无语法错误，编译可以通过，但是如果 I0.0=ON，I0.1=OFF，则 Q0.0=OFF（以最后一次输出为准），Q0.1=ON。

双线圈输出容易引起误操作，所以应避免同一个线圈的重复使用，解决的方法如图 2-9 所示。

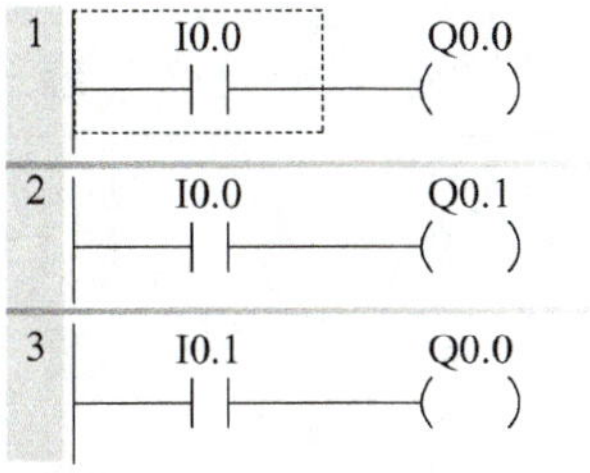

图 2-8　双线圈输出的梯形图

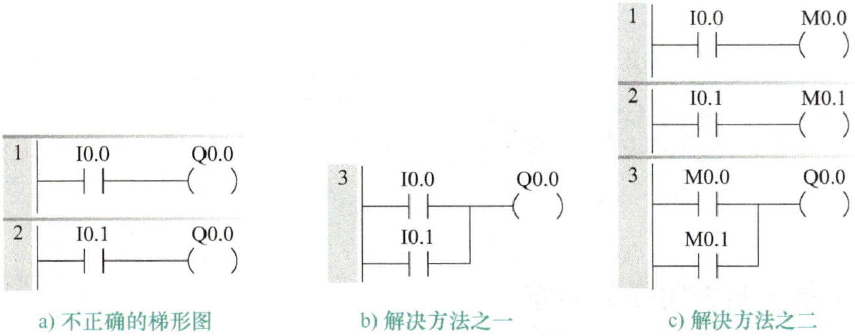

图 2-9　避免同一个线圈的重复使用

5）梯形图必须符合顺序执行原则，即从左到右、从上到下地执行。不符合顺序执行的电路不能直接编程，如图 2-10 所示。

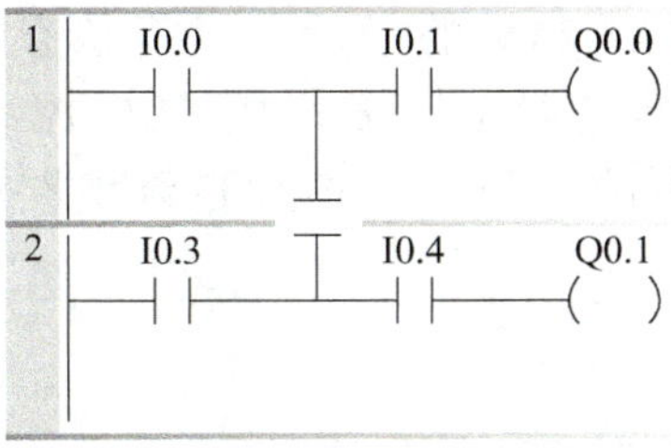

图 2-10　不符合顺序执行编程规则的程序处理

任务二　液体搅拌机控制		日期：	知识页
班级：	姓名：	学号：	

6）在梯形图中，有几个串联电路相并联时，应将串联触点多的回路放在上方，即符合所谓的“上重下轻”原则。在有几个并联电路相串联时，应将并联触点多的回路放在左方，即符合所谓的“左重右轻”原则。这样编写的程序简洁明了，指令条数更少，扫描周期更短。如图 2-11 所示，程序段 2 为程序段 1 梯形图的合理优化。

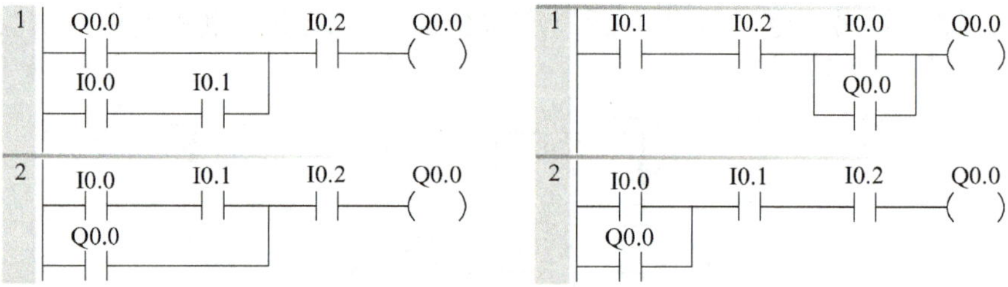

图 2-11　合理优化的梯形图

7）梯形图中的触点可以串联或并联，但继电器线圈只能并联而不能串联，如图 2-12 所示。

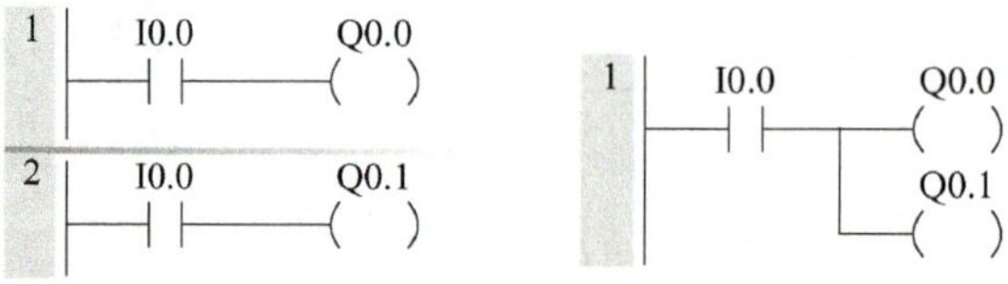

图 2-12　多线圈并联输出程序

六、液体搅拌机控制任务实施

1. 分析控制要求

根据控制要求，可以分析得出，液体搅拌机由一台三相异步电动机驱动，正反转控制，正反转之间不能直接切换，不能采用按钮联锁和双重联锁的控制方式；搅拌机有手动和自动两种工作方式，可以使用转换开关的断开和闭合实现两种方式的切换；在系统指示中，采用 DC 24V 的指示灯进行状态指示，在程序中遇到灯闪烁的问题，可以使用特殊辅助继电器来完成；用 PLC 控制三相异步电动机是用 PLC 改造控制电路，主电路不用更改，与电力拖动控制电路中三相异步电动机的正反转控制一致。

2. 分配 I/O 地址

根据搅拌机的控制要求，I/O 地址分配见表 2-6。

任务二　液体搅拌机控制		日期：	知识页
班级：	姓名：	学号：	

表 2-6　I/O 地址分配

输入			输出		
信号	功能	对应地址	信号	功能	对应地址
SB1	正转起动	I0.0	正转接触器 KM1	正转	Q0.0
SB2	反转起动	I0.1	反转接触器 KM2	反转	Q0.1
SB3	停止按钮	I0.2	绿色指示灯 HL1	运行指示	Q0.4
FR	过载保护	I0.3	红色指示灯 HL2	待机指示	Q0.5
SA	转换开关	I0.4			

3. 设计电气原理图

因 PLC 只有控制功能，而且带负载能力有限，外部负载的电压也不能超过 AC 250V，所以 PLC 只能改造电动机的控制电路，主电路的保护元件、结构不变。我们选用接触器的线圈额定电压为 AC 220V，选用指示灯的额定电压为 DC 24V，必须将不同额定电压的负载分成两组，一组采用 AC 220V 供电，一组采用 DC 24V 供电。为了安全起见，在电气原理图中，将过载信号作为输入信号进行处理，并且连接其常闭触点，为防止输出端正反转发生短路，采用联锁设计，如图 2-13 所示。

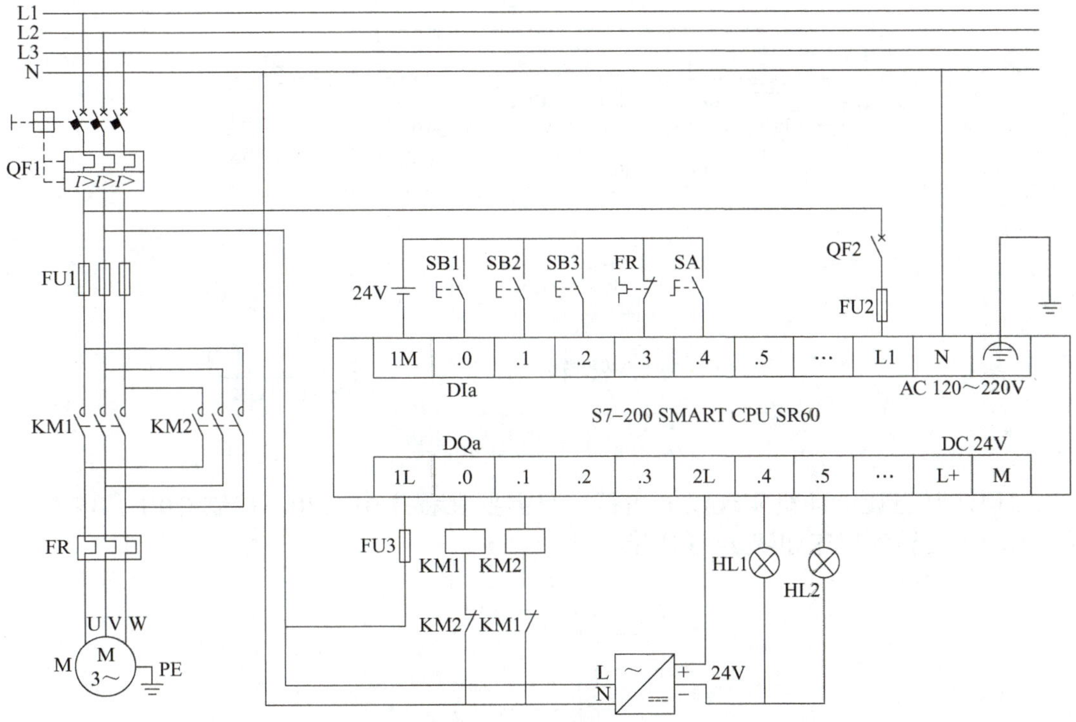

图 2-13　液体搅拌机控制系统电气原理图

任务二　液体搅拌机控制		日期：	知识页
班级：	姓名：	学号：	

4. 进行线路安装和检测

1）线路的安装方法和步骤请扫描二维码观看。

2）线路的检查和检测方法请扫描二维码观看。

液体搅拌机控制线路的安装

液体搅拌机控制线路的检测

5. 程序设计

PLC 程序设计通常采用经验设计法，根据控制功能逐步编程并调试，PLC 程序编写的步骤也都相同。

（1）创建项目

按照创建项目的方法和步骤创建“液体搅拌机控制”项目，保存位置根据需要确定。

（2）设计点动程序

根据控制要求，要想实现液体搅拌机正反转控制，必须先实现电动机的点动控制。即按下正转起动按钮 SB1，三相异步电动机得电正转运行；松开 SB1，三相异步电动机失电停转。那么，PLC 是如何工作的呢？如图 2-14 所示，要想让电动机得电正转运行，必须要让 KM1 得电，要想让 KM1 得电就必须让 Q0.0 得电，因此，按下 SB1，输入继电器 I0.0 线圈得电，I0.0 常开触点闭合，所以控制功能就变成了用 I0.0 驱动 Q0.0 得电，点动程序如图 2-14 中的程序所示。

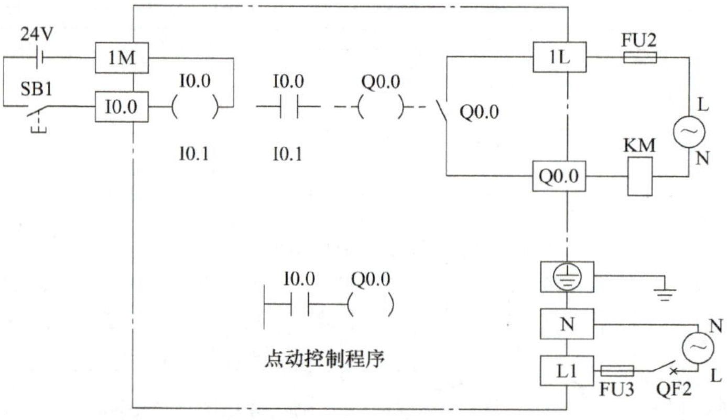

图 2-14　PLC 控制等效电路

同理，要想让电动机实现反转运行，只需要在程序中用 I0.1 控制 Q0.1 得电即可，所以点动正反转的程序如图 2-15 所示。

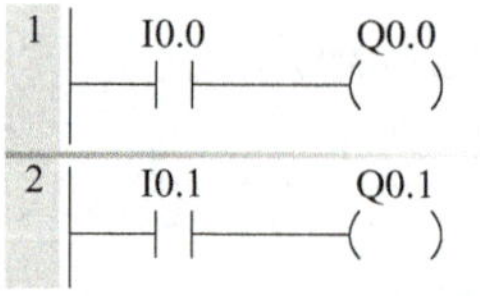

图 2-15　三相异步电动机的 PLC 点动控制程序

任务二 液体搅拌机控制		日期：	知识页
班级：	姓名：	学号：	

下载程序并观察结果，实现点动控制功能。

（3）设计自锁程序

在点动控制功能的基础上，想要实现自动运行就必须加上自锁功能。自锁功能可以通过以下两种方式实现。

1）使用常开、常闭触点指令和输出指令编程实现。自锁功能与电力拖动控制电路中的一样，主要功能就是当起动按钮松开时，输出继续得电，因此需要在起动按钮的旁边并联上负载的常开触点，在起动按钮松开时从另一条支路保持输出继续得电，如图 2-16a 所示，反转也一样。由于自锁后不能停止，因此必须添加停止按钮用于断开控制回路，停止按钮 SB3 在 PLC 外面连接常开触点，没有按下 SB3 时，在程序中要保持回路接通，按下 SB3 时，输入继电器 I0.2 得电，其常闭触点断开，从而断开所控制的回路，使回路上的负载失电，如图 2-16b 所示。

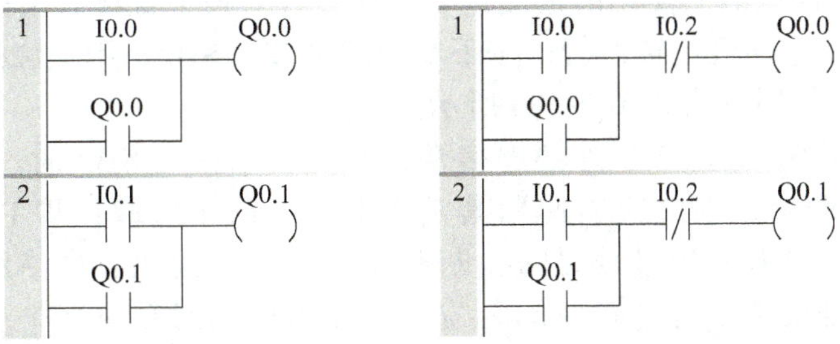

a) 添加自锁功能程序　　b) 添加停止功能程序

图 2-16 使用常开、常闭触点指令和输出指令实现自锁功能

由于电动机过载保护使用的是热继电器，继电器控制系统中用的是它的常闭触点，在 PLC 中不能将热继电器的常闭触点串接到输出端，因为如果将常闭触点串接到输出端，当线路中的过载电流过大时，热继电器的常闭触点断开，那么接触器 KM1 和 KM2 的线圈会断开，电动机失电停转，但 PLC 的输出并没有失电，当电动机停止一段时间温度降低后，热继电器的常闭触点会恢复闭合，电动机在没有操作的情况下会自动起动，存在安全隐患。因此应把热继电器触点作为 PLC 的输入信号，当发生过载时，在程序中让输出负载失电。那么，用热继电器的常闭触点还是常开触点呢？从工作功能的角度来说，都可以，如果在 PLC 外部接热继电器的常开触点，程序中就要使用对应输入点的常闭触点用于断开支路，如果在 PLC 外部接热继电器的常闭触点，程序中就要使用对应输入点的常开触点用于断开支路。在使用中应该采用哪种方式呢？从安全的角度来说，应该采用外部接常闭触点、程序中接常开触点的方式，因为如果用外部接常开触点、程序接常闭触点的方式进行保护的话，当由于设备损坏、线路接触不良等特殊原因导致线路处于断路时，线路发生过载现象时将失去保护功能。因此，采用外部接热继电器的常闭触点，程序使用对应输入点常开触点的方法进行停止和保护，

任务二　液体搅拌机控制		日期：	知识页
班级：	姓名：	学号：	

如图 2-17 所示。类似用法还有急停信号。

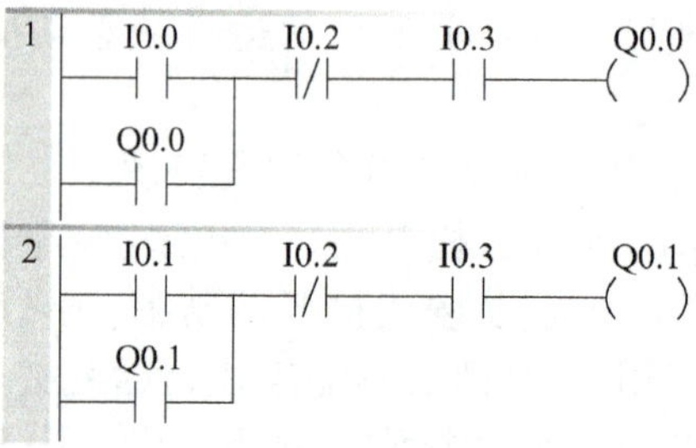

图 2-17　增加过载保护的搅拌机自锁控制程序

2）使用置位和复位指令编程。前面介绍过在 PLC 中常用的置位和复位指令也能够起到控制功能，下面我们从使用的角度进行程序设计。按下正转起动按钮 SB1，用置位指令让Q0.0得电，电动机正转运行；按下反转起动按钮SB2，用置位指令让Q0.1得电，电动机反转运行。使用方法如图 2-18a 所示。

由于停止按钮 SB3 在 PLC 外部连接常开触点，当按下 SB3 时，接通复位指令让Q0.0、Q0.1 失电即可，因此应当使用其常开触点。由于过载保护 FR 在 PLC 外部连接的为常闭触点，没有发生过载时需要断开复位指令，因此应当使用过载保护 FR 的常闭触点。由于复位指令可进行区间复位，因此可以同时复位多个负载，如图 2-18b 所示。

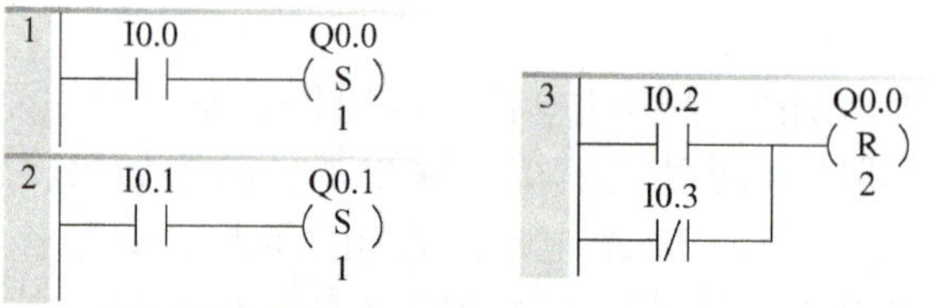

a) 起动保持程序　　b) 添加停止功能程序

图 2-18　使用置位和复位指令实现自锁

由于上述自锁程序中没有添加联锁，为了安全起见，如果想进行传输和调试建议只编写一个方向的控制程序进行调试或使用指示灯来模拟，避免造成短路。

（4）设计联锁程序

由于在液体搅拌机中需要实现正反转控制，而控制正反转的接触器如果同时闭合会造成短路，因此在系统中采用硬件和软件两种方式进行联锁保护。图 2-19a 所示为用常开、常闭触点编程时联锁的设置方法，图 2-19b 所示为用置位和复位方式编程时联锁的设置方法。

任务二　液体搅拌机控制		日期：	知识页
班级：	姓名：	学号：	

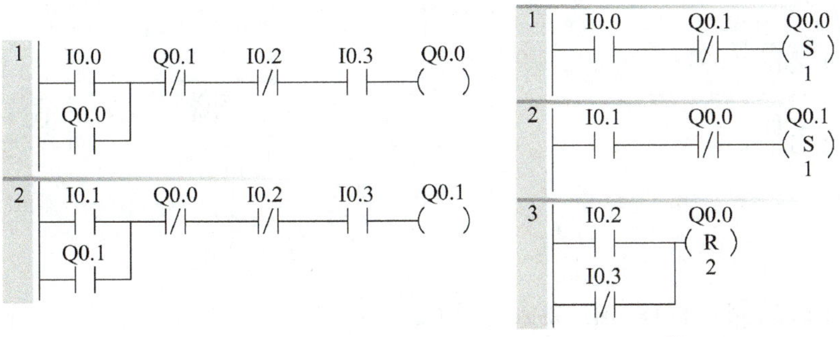

a)　　　　b)

图 2-19　联锁的设置方法

（5）手动和自动两种工作方式的程序设计

在控制功能中，要求用转换开关 SA 实现手动和自动两种工作方式的切换，在程序中，手动即去掉自锁功能，在所有自锁触点的位置添加上工作方式切换开关即可，如图 2-20 所示。当 SA 没有闭合，对应的输入点 I0.4 不得电时，I0.4 的常闭触点闭合，处于自动工作方式；当 SA 闭合，对应的输入点 I0.4 得电时，I0.4 的常闭触点断开，自锁触点失去作用，此时处于手动工作方式。

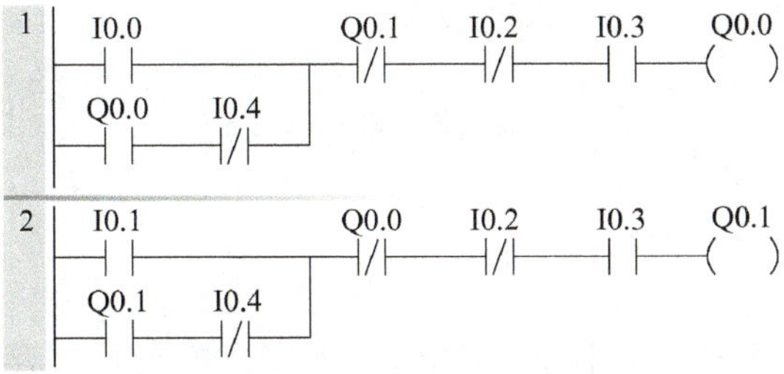

图 2-20　手动和自动两种工作方式的切换

由于置位指令本身就具有自锁功能，使用转换开关实现点动和自动方式的程序过于复杂，在此我们不进行讨论，有兴趣的同学待掌握更多知识后可自己尝试完成。

（6）运行和待机指示

在控制要求中，当系统处于待机状态时，红色指示灯亮；当系统处于运行状态时，绿色指示灯以亮 0.5s、灭 0.5s 的频率闪烁。系统中搅拌机的驱动电动机正转或反转运行时，两个条件满足其一，系统处于运行状态，因此可以使用正反转的输出继电器去控制绿色指示灯。由于运行指示为 1s 的闪烁，我们可以使用特殊辅助继电器 SM0.5（Clock_1s）进行控制，运行指示程序如图 2-21 所示。

系统既没有正转运行又没有反转运行，则系统处于待机状态，两个条件需要同时

任务二 液体搅拌机控制		日期：	知识页
班级：	姓名：	学号：	

满足，所以待机状态指示程序如图 2-22 所示。

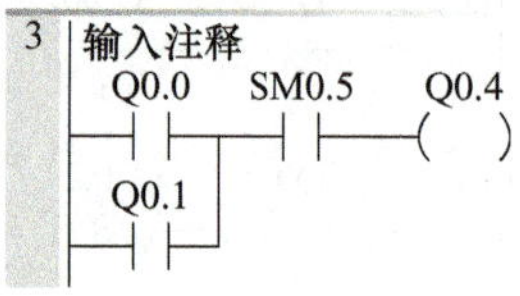

图 2-21 运行指示程序

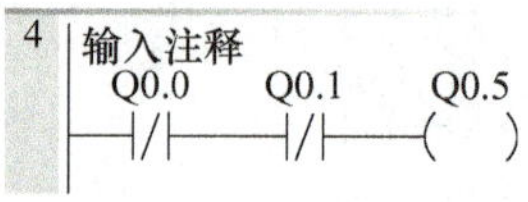

图 2-22 待机状态指示程序

（7）完成程序

液体搅拌机的完整程序如图 2-23 所示。

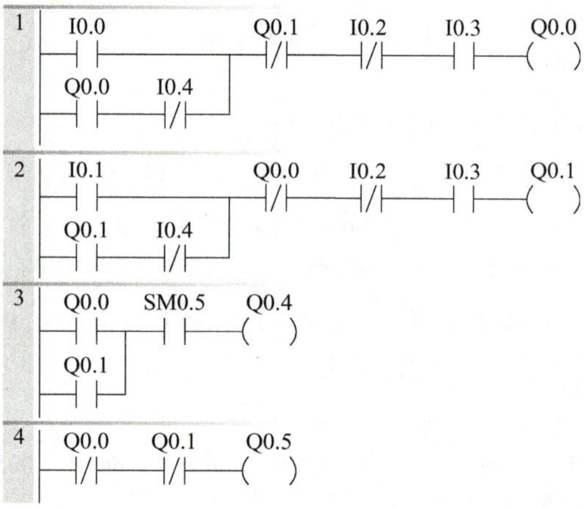

图 2-23 液体搅拌机的完整程序

6. 传输调试

（1）编译程序

单击工具栏中的“编译”按钮，编译用户程序，检查是否存在语法错误。

（2）保存项目

单击工具栏中的“保存项目”按钮，保存用户程序。

（3）下载项目

单击工具栏中的“下载”按钮，下载用户程序。

（4）调试

程序下载完成后，按照表 2-7 进行调试。

表 2-7 功能调试

操作步骤	操作内容	观察内容	观察结果	思考内容
1	单击工具栏中的“程序状态”监视按钮，监控程序	PLC 的指示灯状态和编程界面状态		监控状态的重要性

任务二　液体搅拌机控制		日期：	知识页
班级：	姓名：	学号：	

（续）

操作步骤	操作内容	观察内容	观察结果	思考内容
2	单击“RUN”按钮运行 PLC	“STOP”“RUN”指示灯的状态		
3	按下正转起动按钮 SB1	I/O 指示灯的状态、接触器 KM 线圈的得电情况、电动机 M 的运行情况、指示灯的工作情况		联锁功能的重要性、置位和复位指令与输出指令的优缺点
4	按下反转起动按钮 SB2			
5	按下停止按钮 SB3			
6	按下反转起动按钮 SB2			
7	按下正转起动按钮 SB1			
8	按下停止按钮 SB3			
9	手动按下热继电器 FR 的操作按钮，模拟热继电器的过载保护动作			
10	通过编程软件停止 CPU 模块的运行	“STOP”“RUN”指示灯的状态		
11	调试完毕，关断电源开关 QF，整理设备和器材			

任务三　三节传送带控制

——任务页、信息页、实施页、拓展页、评价页、知识页

任务三　三节传送带控制		日期：	任务页
班级：	姓名：	学号：	

学习任务描述

在农业、工矿企业和交通运输业中需要输送各种固体块状、粉末状物料或成件物品，需要用到传送带，传送带能连续、高效率、大倾角运输，具有操作安全、使用简单方便、维修容易、运费低廉的优点，并且能够缩短运输距离，降低成本，节约人力物力，因此广泛应用于水泥、焦化、冶金、化工、钢铁等行业中输送距离较短、输送量较小的场合，工业传送带示意图如图 3-1 所示。本任务以 PLC 控制三节传送带控制系统为例进行讲解和训练。

图 3-1　工业传送带示意图

现有三台带运输机构成的传送系统，示意图如图 3-2 所示。三条传送带分别由三台电动机驱动（实训中用指示灯模拟），最下面的为第一节传送带，由电动机 M1 驱动，中间的为第二节传送带，由电动机 M2 驱动，最上面的为第三节传送带，由电动机 M3 驱动。为防止物料堆积，起动时，要求第一节传送带先起动，一段时间后，第二节传送带再起动，再一段时间后，第三节传送带最后起动；为了保证物料全部运出传送带，停止时，先停止第三节传送带，一段时间后，再停止第二节传送带，再一段时间后，停止第一节传送带。具体控制要求如下。

1）按下起动按钮 SB1，第一节传送带驱动电动机 M1 先得电起动，5s 后第二节传送带驱动电动机 M2 得电起动，再 5s 后第三节传送带驱动电动机 M3 得电起动。

2）停止时，按下停止按钮 SB2，第三节传送带驱动电动机 M3 先失电停止，8s 后第二节传送带驱动电动机 M2 失电停止，再 8s 后第一节传送带驱动电动机 M1 失电停止。

任务三　三节传送带控制		日期：	任务页
班级：	姓名：	学号：	

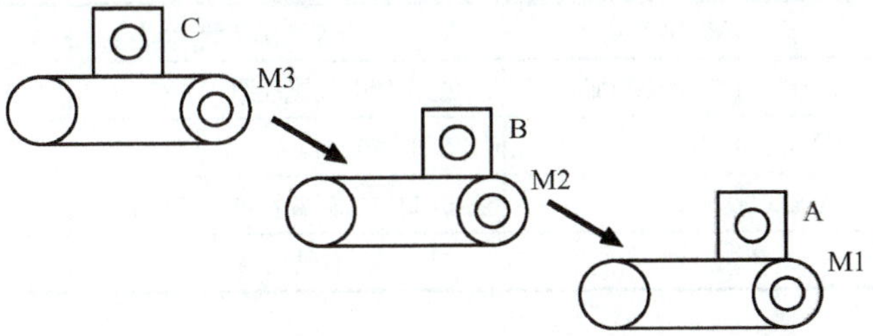

图 3-2　三节传送带工作示意图

3）在工作中如果遇到紧急情况，按下急停按钮 SB3，所有设备应立即停止，再次按下起动按钮重新开始工作。

4）系统根据需要设置运行指示，系统通电后，红色指示灯亮，表示设备处于待机状态。在系统起动和停止过程中，指示灯以亮 1s、灭 2s 的频率闪烁，表示设备正在起动或停止，当系统起动完成，三节传送带都在运行时，绿色指示灯常亮，表示设备正在运行。

学习目标

1）掌握 PLC 中定时器的功能、分类、表示形式、使用方法，能够使用定时器实现常用时间控制程序的设计。能够编写三台电动机顺起逆停的 PLC 控制程序，按照需要分配输入 / 输出端口，联机调试实现控制功能。

2）在掌握 PLC 外部接线规则的基础上，熟练掌握 PLC 控制系统的电气原理图设计方法，具有安全意识，熟练掌握 PLC 控制系统电路的检查和检测方法，能够将安全风险降到最低。

3）能够灵活应用定时器实现流水灯、跑马灯、灯闪烁、长延时、限时等控制功能，能够举一反三解决时间控制的场景和要求。

4）使用经验设计法设计梯形图，要求学生积极探索，各抒己见，并尝试独立完成拓展任务，体现创新精神。

5）在实训中，提高安全第一、规范操作的意识，培养细心、认真的工作态度，养成节约的良好习惯，能够与组员一起完成工作任务，培养与人沟通和团结合作的能力。

任务分组

小组成员可根据自己的能力、特长、主观意愿认领具体工作并填写附表 1，根据工作的难易程度设置三个级别，分别对应相应分值，工作内容见表 3-1，每个组员所选工作不得少于两项。

任务三　三节传送带控制		日期：	任务页
班级：	姓名：	学号：	

表 3-1　工作内容

工作内容	简单（每项 1 分）	一般（每项 2 分）	较难（每项 3 分）
分工完成	① 制作 I/O 地址分配表	④ 设计电气原理图	⑦ 程序设计、调试
	② 材料准备	⑤ 电气安装	⑧ 线路检查和检测
	③ 整理收拾	⑥ 制作任务备料单和预算表	
合作完成	总结提高		

任务准备

根据任务要求，经小组成员商议，共同完成任务备料单，见附表 2。

任务三　三节传送带控制		日期：	信息页
班级：	姓名：	学号：	

获取信息

引导问题 1：学过的哪些指令可以让电动机连续运转？

引导问题 2：PLC 如何实现延时控制？

引导问题 3：还有哪些工业生产场景、生活场景可以用到定时器？请举例。

引导问题 4：不同型号的 PLC 定时器有什么区别？请举例。

引导问题 5：按照工作方式的不同，定时器有哪些分类？分为几种？

引导问题 6：如何设置 100ms 分辨率的定时器定时 20s ？

引导问题 7：定时器开始运行的条件是什么？

引导问题 8：定时器何时置位？

引导问题 9：定时器何时复位？

引导问题 10：如何用定时器实现指示灯的亮灭延时控制？请画出梯形图。

引导问题 11：如何用定时器实现灯闪烁？请画出梯形图。

任务三　三节传送带控制		日期：	实施页
班级：	姓名：	学号：	

任务分析

根据任务要求分析任务中有哪些控制方式，并回答以下问题。

1）输入信号有哪些？

2）输出信号有哪些？

3）有哪些控制要求（时间、计数、自锁、联锁）？

4）有哪些知识盲点？

输入 / 输出信号的分配

根据任务分析情况，结合 PLC 选型和特点，分配输入 / 输出地址并填写附表 3。将分配地址时出现的问题和解决办法记录到附表 6 中。

设计电气原理图

根据所选 PLC 的型号，认真阅读该型号 PLC 的说明书，明确该 PLC 的电源电压类型和电压等级，掌握输入信号和输出负载的连接方法及注意事项，根据每个设备、器材的图形符号和连接方法设计电气原理图并填入附表 4。将设计电气原理图时出现的问题和解决办法记录到附表 6 中。

线路安装

此实例建议采用插线方式进行线路的连接。由组员根据任务备料单准备实训器材，根据电气原理图进行线路的连接并进行检查，无误后由组长进行检查和检测。最后，邀请其他小组进行交叉检验。线路检测按照附表 5 进行，将线路安装、检验时出现的问题和解决办法记录到附表 6 中。

设计程序

根据控制任务，要求先采用经验设计法，利用梯形图设计程序。按照控制功能逐步解决的方式，自己先尝试利用所学的知识和技能完成控制任务。遇到问题通过查阅资料、学习知识页内容，再次尝试完成。最后，尝试完成拓展页的拓展内容。

引导问题 12：用多少个定时器可以控制任务中传送带的起动和停止？

引导问题 13：如何用更简洁的方式实现功能？

引导问题 14：实现功能的过程中遇到了哪些问题？是如何解决的？

引导问题 15：程序调试过程中出现了哪些问题？是如何解决的？

任务三 三节传送带控制		日期：	实施页
班级：	姓名：	学号：	

功能调试

总结任务实施过程中出现的问题及解决方法（包含分工、用时、工艺、收获、问题及解决办法、改进措施和调整内容等）。

____

____

____

____

____

____

____

____

任务三　三节传送带控制		日期：	拓展页
班级：	姓名：	学号：	

任务拓展

在完成基本控制实例的基础上，尝试完成以下拓展任务，任务完成后由指导教师在表 3-2 的完成情况处做记录。

表 3-2　任务拓展

序号	拓展任务描述	完成情况
1	灯闪烁程序 1：按下按钮 SB1，HL1 闪烁，1 秒 1 次，亮 0.5s、灭 0.5s；松开 SB1，HL1 停止闪烁	
2	灯闪烁程序 2：按下按钮 SB1，HL1 闪烁，1 秒 2 次，亮 0.25s、灭 0.25s；松开 SB1，HL1 停止闪烁	
3	灯闪烁程序 3：按下按钮 SB1，HL1 和 HL2 同时闪烁，HL1 亮 1s、灭 1s，HL2 亮 0.5s、灭 0.5s；松开 SB1，HL1 和 HL2 停止闪烁	
4	灯闪烁程序 4：按下按钮 SB1，HL1 和 HL2 交替闪烁，HL1 亮时 HL2 灭，HL2 亮时 HL1 灭，频率为亮 0.5s、灭 0.5s；松开按钮 SB1，停止闪烁	
5	灯闪烁程序 5：按钮 SB1 和 SB2 共同控制灯闪烁，按下 SB1，HL1 以亮 0.5s、灭 0.5s 的频率闪烁；按下 SB2，HL1 以亮 2s、灭 3s 的频率闪烁；按下 SB3，停止闪烁	
6	灯闪烁程序 6：按下 SB1，HL1 和 HL2 循环闪烁，HL1 亮 1s、灭 1s，这两秒 HL2 灭；HL2 亮 1s、灭 1s，这两秒 HL1 灭；按照以上规律循环，按下 SB2，全部熄灭	
7	流水灯程序 1：按下 SB1，HL1 亮，1s 后 HL2 亮，1s 后 HL3 亮，1s 后 HL4 亮，松开 SB1，灯全部熄灭	
8	流水灯程序 2：按下 SB1，HL1 亮，1s 后 HL1 灭，HL2 亮，1s 后 HL2 灭，HL3 亮，1s 后 HL3 灭，HL4 亮，松开 SB1，灯全部熄灭	
9	流水灯程序 3：按下按钮 SB1，HL1 亮，1s 后 HL2 亮，1s 后 HL3 亮，1s 后 HL4 亮，1s 后 HL4 灭，1s 后 HL3 灭，1s 后 HL2 灭，1s 后 HL1 灭，再次按下 SB1，重新开始	
10	流水灯程序 4：按下 SB1，系统起动，HL1 亮，1s 后 HL2 亮，1s 后 HL3 亮，1s 后 HL4 亮，1s 后 HL1 灭，1s 后 HL2 灭，1s 后 HL3 灭，1s 后 HL4 灭，1s 后重新开始，按下 SB2，系统停止	
11	按下 SB1，系统起动，按下 SB2，系统停止。系统共有 HL0 ～ HL7 八个指示灯，起动后，HL0 亮，1s 后 HL1 亮，1s 后 HL2 亮，HL0 灭，1s 后 HL3 亮，HL1 灭，以此类推，最后，HL6、HL7 亮，1s 后 HL6 灭，1s 后 HL7 灭，然后重新开始	
12	长延时程序：开关闭合 1h 后灯再亮	
13	长延时程序：开关闭合 1 天后灯再亮	
14	最长限时程序：按下常开按钮 SB1，HL1 亮，按钮接通时间小于 10s，HL1 亮的时间与按钮接通时间相同，接通时间大于 10s，HL1 亮的时间为 10s，超过时间自动熄灭	

任务三　三节传送带控制		日期：	拓展页
班级：	姓名：	学号：	

（续）

序号	拓展任务描述	完成情况
15	最短限时程序：按下常开按钮 SB1，HL1 亮，按钮接通时间小于 10s，HL1 亮的时间为 10s，接通时间大于 10s，HL1 亮的时间与按钮接通的时间相同	
16	按下正转起动按钮 SB1，电动机得电正转，绿色指示灯亮，正转 5s 后，停止 8s，8s 后电动机自动改为反转，同时红色指示灯亮，如此反复，按下停止按钮 SB2，电动机停转，指示灯熄灭	
17	用 PLC 实现三相异步电动机丫-△减压起动控制，当按下起动按钮 SB1 时，电动机先做丫形起动，经过一定时间（如 5s），电动机转速接近额定转速时，电动机做△连续运行，当按下停止按钮 SB2 或热继电器 FR 动作时，电动机停止运行	

任务三　三节传送带控制		日期：	评价页
班级：	姓名：	学号：	

检查验收

根据表 3-3 进行验收和评价，将验收过程中出现的问题和整改措施记录到附表 7 中。

表 3-3　验收标准及评分

序号	验收项目	验收标准	分值	评分
1	I/O 地址分配表	1. 地址分配不正确、不完整，每错一个或漏一个扣 1 分 2. 地址分配标注不清晰、不整洁、表述不正确，每个扣 1 分	10	
2	PLC 外部接线图	1. 接线图中绘制的图形符号或文字符号不正确，每处扣 1 分 2. 接线图绘制与分配表不一致，每处扣 1 分 3. 接线图绘制不规范、不美观，扣 4 分	16	
3	安装与检测	1. 电器元件选用与任务书要求不符，每处扣 1 分 2. 电路连接错误，但没有造成元器件损坏和短路，每处扣 1 分 3. 连接导线颜色不符合要求，每根或每处扣 1 分 4. 导线连接接头超过三根线或连接不牢固、不可靠，每处扣 1 分	20	
4	功能调试	1. 系统不能实现顺序起动，扣 5 分 2. 顺序启动后三台电动机不能保持运行，扣 5 分 3. 系统不能实现逆序停止，扣 5 分 4. 系统中延时时间不正确，扣 5 分	20	
5	任务拓展	每独立完成一个拓展任务得 2 分	34	
6	职业素养	1. 任务完成后，工位上工具、插线、元器件、资料、计算机、设备等摆放不规范、卫生不整洁，扣 5 分 2. 任务完成后，导线、压线端子等出现浪费（导线长度超过 20cm，废弃能用的压线端子、螺钉、螺母等器材数量超过两个），扣 5 分 3. 任务实施过程中，工具使用不规范、不正确，导致元器件出现滑丝、松动，扣 5 分 4. 任务实施过程中，不听从安排、大声喧哗、不尊敬教师，扣 10 分 5. 任务实施过程中，由于操作不当导致元器件烧坏或损毁，除按原价赔偿外，扣 10 分 6. 任务实施过程中，由于连接错误，导致线路出现短路烧坏熔丝或造成跳闸的，成绩为 0 7. 任务实施过程中，由于操作不当导致核心器材（包括 PLC、触摸屏、直流电源等）损坏，除按原价赔偿外，成绩按 0 分计	职业素养不配分，违反从总分中扣除	
	合计		100	

任务三　三节传送带控制		日期：	评价页
班级：	姓名：	学号：	

总结提高

各组展示作品，介绍任务的完成过程并提交阐述材料，进行学生自评、学生组内互评、教师评价，完成考核评价表。考核评价表见附表8。

引导问题16：在本次任务的实施中，你认为有哪些需要改进的地方？

引导问题17：你对PLC定时器的功能了解了多少？是否可用其他类型的定时器实现功能？

任务三　三节传送带控制		日期：	知识页
班级：	姓名：	学号：	

相关知识点

在生产生活中，我们经常会遇到时间控制的场合，时间控制也是 PLC 应用最广泛的应用之一。

一、定时器介绍

1. 定时器的分类

西门子 S7-200 SMART PLC 提供了三种类型的定时器，具体见表 3-4。

表 3-4　定时器的分类

指令	符号	说明
T××× IN TON PT ???ms	TON　T×××，PT	接通延时定时器（TON）：用于测定单独的时间间隔
T××× IN TONR PT ???ms	TONR　T×××，PT	保持型接通延时定时器（TONR）：用于累积多个定时时间间隔的时间值
T××× IN TOF PT ???ms	TOF　T×××，PT	断开延时定时器（TOF）：用于在 OFF（或 FALSE）条件之后延长一定时间间隔，例如，冷却电动机的延时

定时器输入 / 输出信号的数据类型和操作数见表 3-5。

表 3-5　定时器输入 / 输出信号的数据类型和操作数

输入 / 输出	数据类型	操作数
T×××	WORD	定时器编号（T0 ～ T255）
IN	BOOL	I、Q、V、M、SM、S、T、C、L、能流
PT	INT	IW、QW、VW、MW、SMW、SW、T、C、LW、AC、AIW、*VD、*LD、*AC、常数

2. 定时器的分辨率

定时器的分辨率（时基）决定了每个时间间隔的长短。S7-200 SMART PLC 提供了 256 个可供使用的定时器，即用户可用的定时器编号为 T0 ～ T255。TON、TONR 和 TOF 定时器提供了三种分辨率：1ms、10ms 和 100ms（当前值的每个单位均为时基的倍数。例如，使用 10 ms 定时器计时，计数 50 表示经过的时间为 500 ms）。T××× 定时器编号的分配决定了定时器的分辨率。分配有效的定时器编号后，分辨率会显示在 LAD 或 FBD 的定时器功能框中。定时器编号与分辨率的对应关系见表 3-6。

任务三　三节传送带控制		日期：	知识页
班级：	姓名：	学号：	

表 3-6　定时器编号与分辨率的对应关系

定时器类型	分辨率	最大定时值	定时器编号
TONR（可保持）	1ms	32.767s（0.546min）	T0，T64
	10ms	327.67s（5.46min）	T1 ～ T4，T65 ～ T68
	100ms	3276.7s（54.6min）	T5 ～ T31，T69 ～ T95
TON、TOF	1ms	32.767s（0.546min）	T32，T96
	10ms	327.67s（5.46min）	T33 ～ T36，T97 ～ T100
	100ms	3276.7s（54.6min）	T37 ～ T63，T101 ～ T255

使用定时器时要避免定时器编号冲突，即同一个定时器编号不能同时用于 TON 和 TOF 定时器。例如，不能同时使用 TON T32 和 TOF T32。

二、定时器的工作原理与刷新方式

1. 定时器的工作原理

S7-200 系列 PLC 的每个定时器均有一个 16 位当前值寄存器、一个 16 位预置值寄存器及一个状态位。其中，当前值寄存器用以存放当前值（SV），预置值寄存器用以存放时间的预置值（PT），状态位反映其触点的状态。当前值和预置值均为 16 位有符号整数（INT），数值范围是 1 ～ 32767。每个定时器可提供无数对常开触点和常闭触点供编程使用，其设定时间可以在程序中直接设置。

每个定时器都有两个相关的变量。

1）当前值，指定时器累计时间的当前值，它存放在定时器的当前值寄存器（16 bit）中。

2）定时器位，当定时器的当前值等于或大于预置值时，该定时器位被置为“1”。

定时器的定时时间 = 预置值 * 时基（ms），其中，预置值的数据类型是有符号整数（INT）。例如，TON 指令使用定时器 T37（时基为 100ms），预置值为 100，则定时时间 T=100 × 100ms=10000ms=10s。

定时器的使能输入有效后，当前值寄存器开始对 PLC 内部的时基脉冲进行增 1 计数，当计数值等于或大于定时器的预置值后，状态位置 1。其中，最小计时单位为时基脉冲的宽度。从定时器使能输入有效，到状态位输出有效，经过的时间也就是定时时间。

2. 定时器当前值的刷新方式

S7-200 系列 PLC 定时器的分辨率有 1ms、10ms、100ms 三种，这三种定时器当前值的刷新方式是完全不同的，在使用定时器时要特别注意这个问题。

1）1ms 定时器采用的是中断刷新方式，由系统每隔 1ms 刷新一次，与扫描周期及程序处理无关。对于大于 1ms 的程序扫描周期，在一个扫描周期内，定时器位和当前

任务三　三节传送带控制		日期：	知识页
班级：	姓名：	学号：	

值刷新多次，其当前值在一个扫描周期内不一定保持不变。

2）10ms 定时器由系统在每个扫描周期开始时自动刷新一次，即在每个扫描周期的开始会将一个扫描周期累计的 10ms 时间间隔数加到定时器的当前值中。由于每个扫描周期只刷新一次，所以在一个扫描周期内定时器位和定时器的当前值保持不变。

3）100ms 定时器在该定时器指令执行时刷新，下一条执行的指令即可使用刷新后的结果，非常符合正常的思路，使用方便可靠。但应当注意，如果 100ms 定时器被激活后不是每个扫描周期都执行该定时器指令，或是在一个扫描周期内多次执行该定时器指令，都会造成计时失准（少计时或多计时）。因此，只有在每次扫描循环仅仅执行一次定时器指令时，才可以使用 100ms 定时器。

三、定时器的使用

1. 接通延时定时器（TON）的使用

TON 指令的使用如图 3-3a 所示。当 I0.0 闭合时，定时器 T37 的使能端 IN 接通，定时器开始计时，当前值等于或大于预设值 10（1s）时，定时器的状态位接通，T37 的触点动作，常开触点闭合，Q0.0 得电。当定时器达到预设时间后，定时器继续计时，直到达到最大值 32767 时才停止计时。当 I0.0 断开时，使能端 IN 断开，清除 T37 的当前值。时序图如图 3-3b 所示。

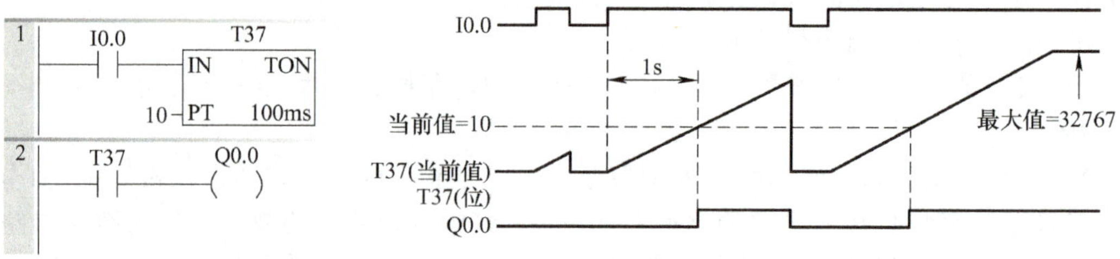

a) TON指令的使用　　b) 时序图

图 3-3　TON 指令的使用及其时序图

2. 保持型接通延时定时器（TONR）的使用

TONR 指令的使用如图 3-4a 所示。当 I0.0 闭合时，定时器 T1 的使能端 IN 接通，定时器开始计时，当前值等于 60（0.6s）时，I0.0 断开，T1 的当前值保持不变，再次闭合 I0.0，当前值在之前数值的基础上继续计时，当前值等于或大于 100（1s）时，定时器的状态位接通，T1 的触点动作，常开触点闭合，Q0.0 得电。断开 I0.0，T1 的当前值继续保持，再次闭合，定时器继续计时，直到达到最大值 32767 时才停止定时。当 I0.1 闭合时，执行复位程序，T1 进行复位，T1 的当前值才会清零，T1 的常开触点断开，Q0.0 失电。时序图如图 3-4b 所示。

任务三　三节传送带控制		日期：	知识页
班级：	姓名：	学号：	

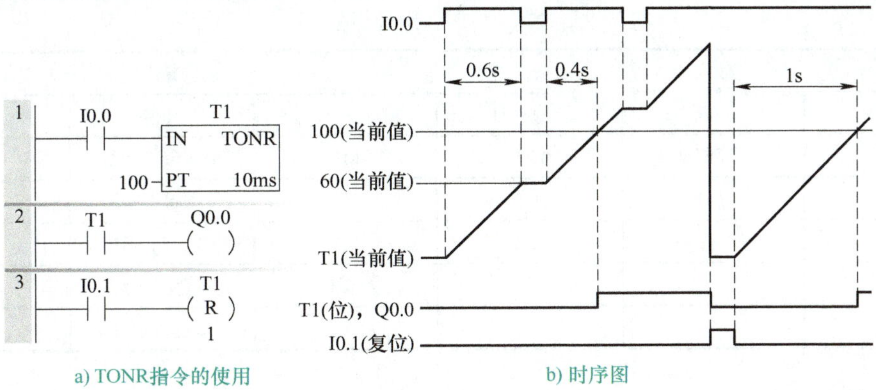

a) TONR指令的使用　　b) 时序图

图 3-4　TONR 指令的使用及其时序图

3. 断开延时定时器（TOF）的使用

TOF 指令的使用如图 3-5a 所示。当 I0.0 闭合时，定时器 T33 的使能端 IN 接通，T33 的触点动作，Q0.0 得电。当 I0.0 断开后，定时器开始计时，当前值等于或大于 100（1s）时，T33 的常开触点断开，Q0.0 失电；再次闭合 I0.0，T33 的当前值清零，触点动作，Q0.0 得电，如果断开 I0.0 的时间少于 100（1s），再次闭合 I0.0 数据再次清零，Q0.0 不失电。时序图如图 3-5b 所示。

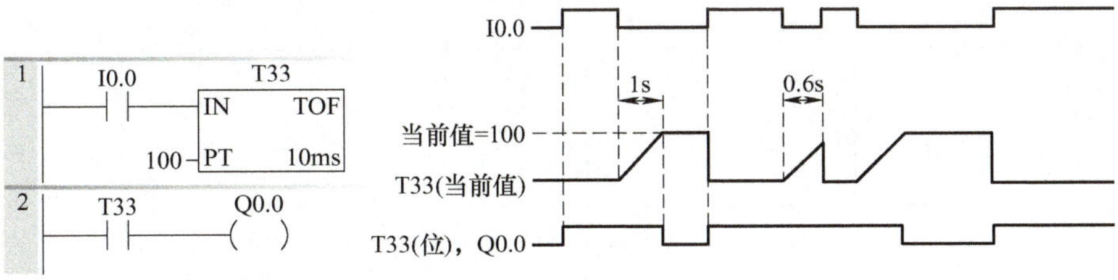

a) TOF指令的使用　　b) 时序图

图 3-5　TOF 指令的使用及其时序图

四、三节传送带控制任务实施

1. 分析控制要求

三节传送带的起动和停止都是时间控制，类似于流水灯控制，都可以采用接通延时定时器，定时器也可以采用累加的方式实现对时间的控制，要求在设备起动和停止过程中，指示灯以亮 1s、灭 1s 的频率闪烁，用一个定时器对灯亮的时间计时，一个定时器对灯灭的时间计时，实现此功能。

2. 分配 I/O 地址

根据控制要求，I/O 地址分配见表 3-7。

任务三　三节传送带控制		日期：	知识页
班级：	姓名：	学号：	

表 3-7　I/O 地址分配

输入			输出		
信号	功能	对应地址	信号	功能	对应地址
SB1	顺序起动	I0.1	M1	传送带 1 运行	Q0.1
SB2	逆序停止	I0.2	M2	传送带 2 运行	Q0.2
SB3	急停按钮	I0.3	M3	传送带 3 运行	Q0.3
			HL1	红色指示灯	Q0.4
			HL2	绿色指示灯	Q0.5

3. 设计电气原理图

根据 PLC 的接线规则和 I/O 地址分配表，设计电气原理图如图 3-6 所示。

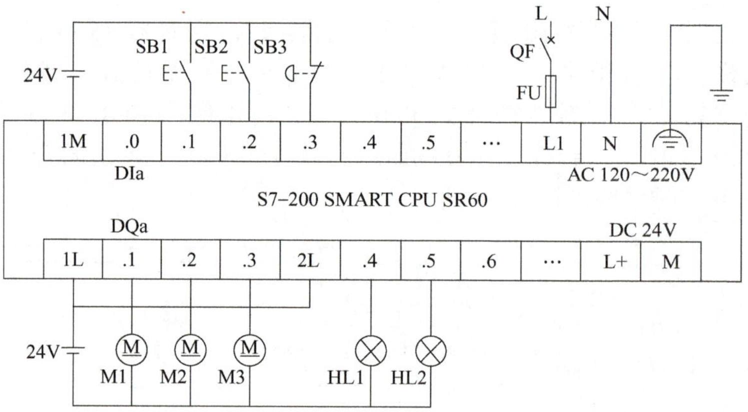

图 3-6　三节传送带控制系统电气原理图

4. 进行线路安装和检测

1）线路的安装方法和步骤请扫描二维码观看。

2）线路的检查和检测方法请扫描二维码观看。

三节传送带控制线路的安装

三节传送带控制线路的检测

5. 程序设计

（1）符号表的应用

在设计比较复杂的程序时，为了增加程序的可读性和逻辑性，同时便于后期的调试和维护，建议使用好符号表和注释。符号表中包含 I/O 符号、POU Symbols、系统符号和自定义表格等。输入和输出的符号在 I/O 符号表中命名，辅助继电器等其他符号在自定义表格中命名。符号表可以从菜单栏的“视图”→“组件”→“符号表”中调出，如图 3-7 所示。

任务三　三节传送带控制		日期：	知识页
班级：	姓名：	学号：	

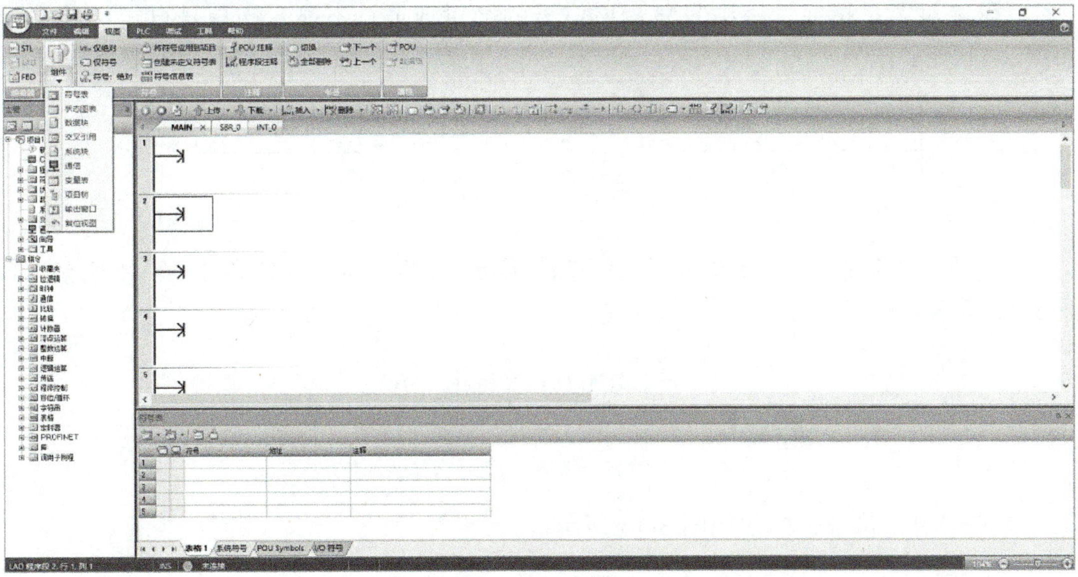

图 3-7　调出符号表

常用的 I/O 符号表和自定义符号表如图 3-8 所示。

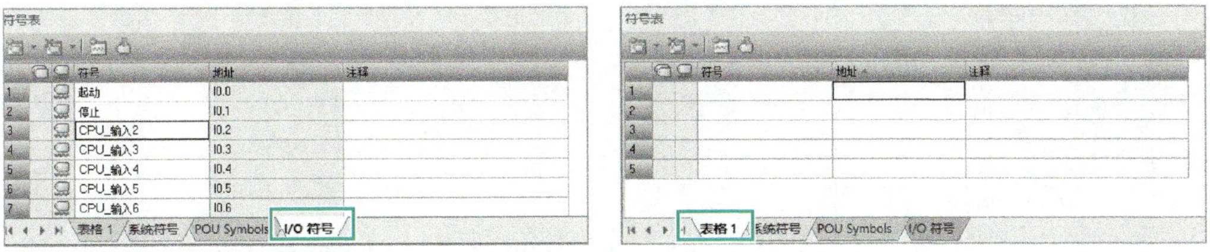

a) I/O符号表　　b) 自定义符号表

图 3-8　符号表的分类

编程时，在程序中可以选择仅显示符号、仅显示绝对地址、符号和绝对地址同时显示三种显示方式，用户可以根据需要在菜单栏的“视图”中进行选择。符号与绝对地址的选择如图 3-9 所示。

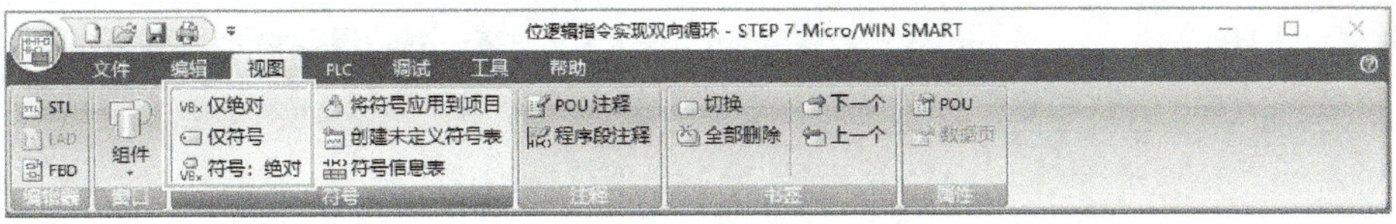

图 3-9　符号与绝对地址的选择

“仅符号”是指在程序中只显示自己命名的符号，不显示该信号对应的地址，如图 3-10 所示。

任务三　三节传送带控制		日期：	知识页
班级：	姓名：	学号：	

“仅绝对”是指在程序中只显示该信号的绝对地址，不显示该信号自定义的符号，如图 3-11 所示。

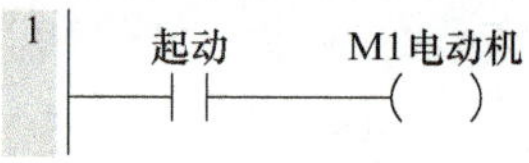

图 3-10　“仅符号”显示

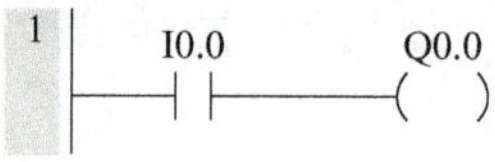

图 3-11　“仅绝对”显示

“符号：绝对”是指同时显示该信号的自定义符号名称和绝对地址，如图 3-12 所示。

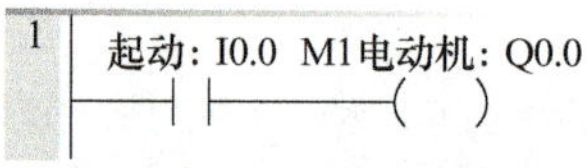

图 3-12　“符号：绝对”显示

本实例中，符号表标注如图 3-13 所示。

a) I/O符号表　　b) 自定义符号表

图 3-13　本任务的符号表

（2）注释的使用

为增强程序的可读性，PLC 程序中包含了程序注释（POU 注释）和程序段注释两个注释标注。注释的显示和隐藏从“视图”菜单项下的“注释”工具栏中进行设置，单击显示，再次单击隐藏，如图 3-14 所示。编写程序时，要利用好注释。

任务三　三节传送带控制		日期：	知识页
班级：	姓名：	学号：	

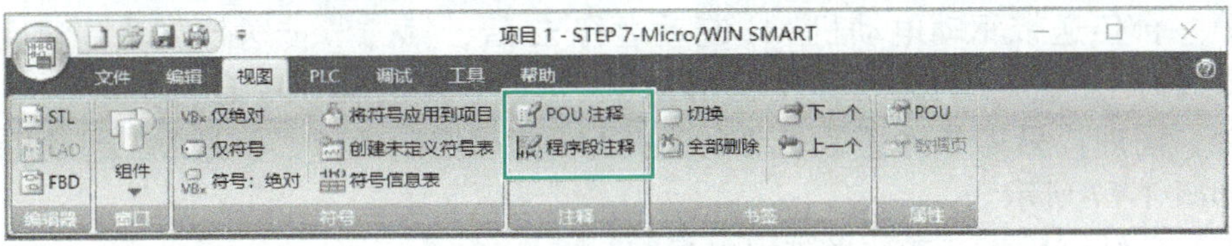

a)"注释"工具栏

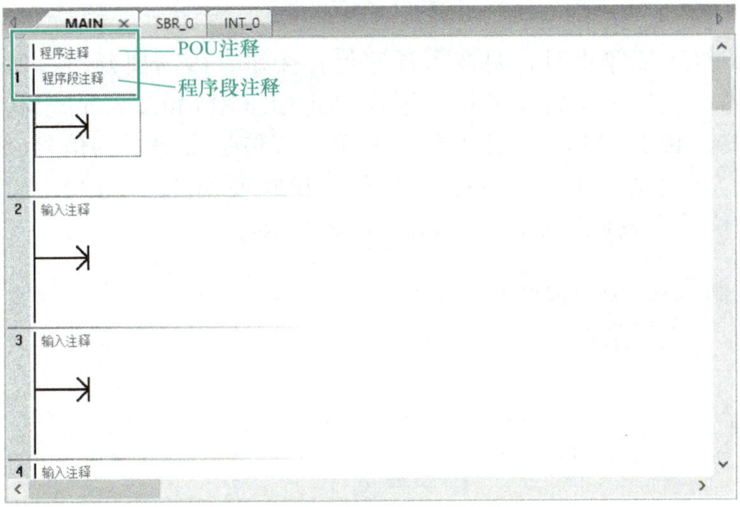

b) 注释显示

图 3-14　注释显示与设置

（3）顺序起动

根据控制要求一步一步进行设计。先增加一个顺序起动的标志，用辅助继电器 M0.1 对起动过程进行标志，起动时，M0.1 得电，起动结束，M0.1 失电。所以 M0.1 应该是一个自锁控制（起保停），起动信号是起动按钮，停止信号是第三节传送带的驱动电动机 M3。设计的程序如图 3-15 所示。

当顺序起动标志得电后，三节传送带开始顺序起动，首先，第一节传送带的驱动电动机 M1 得电，同时定时器开始计时，定时时间为 5s，因顺序起动标志 M0.1 在第三台电动机得电后要失电，而三台电动机要连续运行，所以需要添加自锁，如图 3-16 所示。

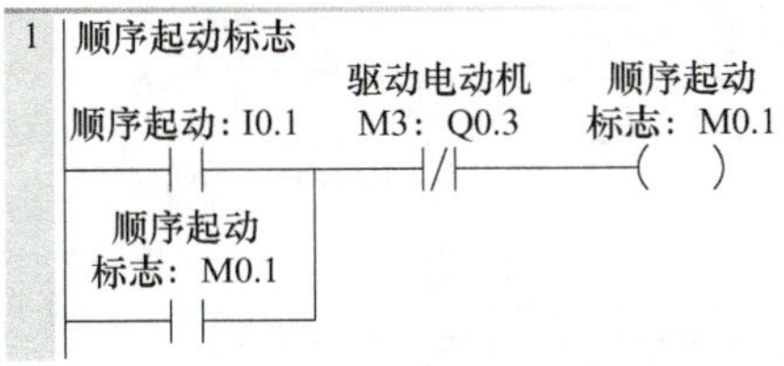

图 3-15　顺序起动标志

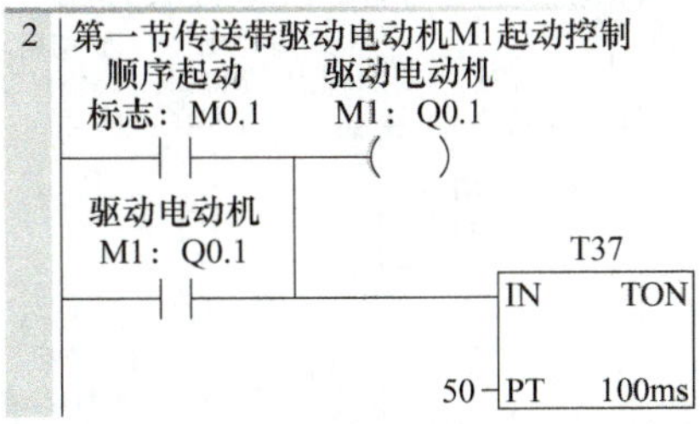

图 3-16　第一节传送带驱动电动机 M1 起动控制

任务三　三节传送带控制		日期：	知识页
班级：	姓名：	学号：	

当第一台传送带驱动电动机 M1 起动运行 5s 后，第二节传送带驱动电动机 M2 得电，因此 T37 作为 M2 的起动控制，当 M1 失电时，定时器 T37 也会失电，因此需要添加自锁，同理，第三节传送带驱动电动机 M3 起动控制类似，但是 M3 起动后不用再延时，如图 3-17 所示。

顺序起动结束后，三节传送带得电运行。

（4）逆序停止

当想让三节传送带停止时，要按下逆序停止按钮，因需要延时，所以需要做一个逆序停止的标志，也是一个自锁控制。逆序停止标志用 M0.2 表示，M0.2 的起动信号是逆序停止的按钮 I0.2，M0.2 停止的信号是第一节传送带停止的信号，应该是逆序停止的第二个 8s，起动用的 T37、T38，逆序停止继续使用 T39、T40，所以逆序停止标志 M0.2 的停止信号应该是 T40。程序如图 3-18 所示。

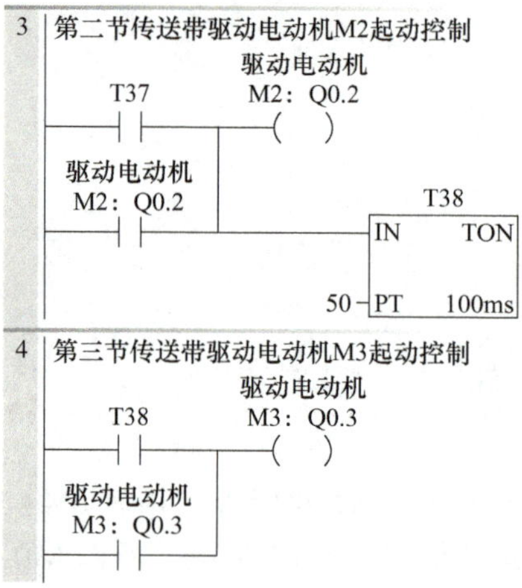

图 3-17　第二、三节传送带驱动电动机 M2、M3 起动控制

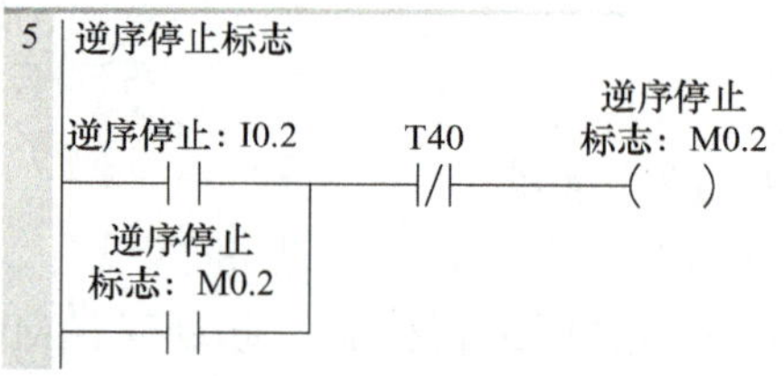

图 3-18　逆序停止标志

按下停止按钮，停止标志得电时应该首先让第三节传送带失电，如图 3-19a 所示，同时接通定时器 T39 进行计时，定时时间为 8s，如图 3-19b 所示。

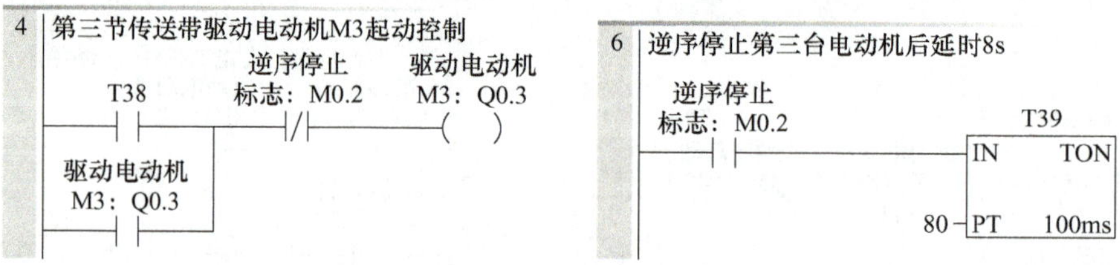

a)　　b)

图 3-19　第三节传送带驱动电动机 M3 停止控制并延时

当 T39 的延时时间到，要让第二节传送带失电，如图 3-20a 所示，同时接通定时器

任务三　三节传送带控制		日期：	知识页
班级：	姓名：	学号：	

T40 进行计时，定时时间为 8s，如图 3-20b 所示。

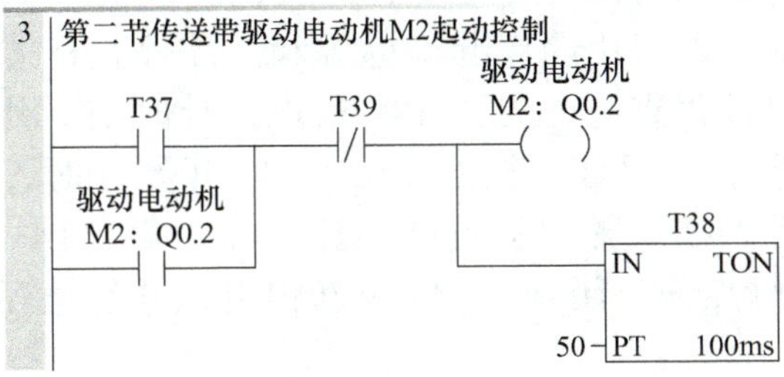

a)

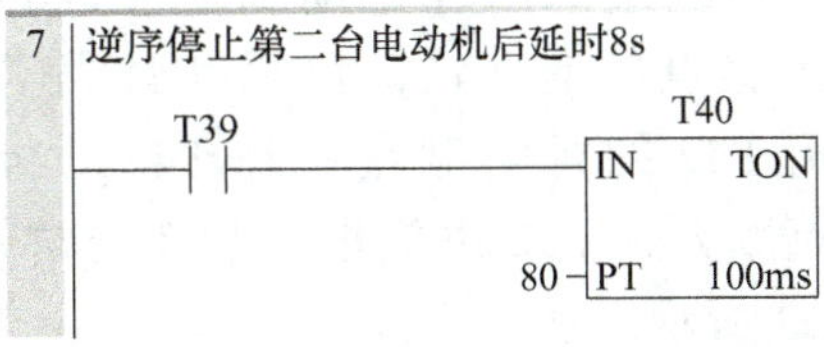

b)

图 3-20　第二节传送带驱动电动机 M2 停止控制并延时

当 T40 的延时时间到，要让第一节传送带失电，同时也会让逆序停止标志失电，逆序停止过程结束，如图 3-21 所示。

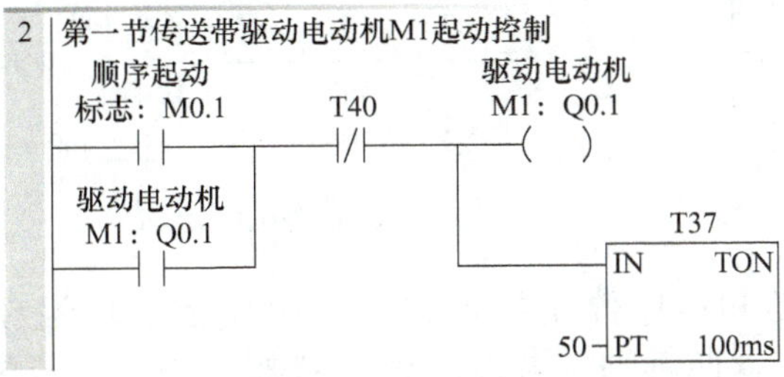

图 3-21　第一节传送带驱动电动机 M1 停止控制

（5）急停控制

根据控制要求，无论在哪个阶段，当按下急停按钮时，所有输出、定时器、辅助继电器都要失电，因此须在所有支路上串接急停按钮的常开触点（因外接急停按钮的常闭触点）。程序不再用图来标示。

（6）状态指示

根据控制要求，当系统待机时，红色指示灯亮，当三节传送带都在运行时，绿色指示灯亮，当在顺序起动和逆序停止的过程中时，绿色指示灯以亮 1s、灭 2s 的频率闪烁。红色指示灯在系统上电时就应该亮，进行待机指示，用 SM0.0 控制即可，但当传送带运行时，红色指示灯熄灭，所以在红色指示灯前面添加三节传送带驱动电动机的常闭触点串联可以实现，如图 3-22 所示。

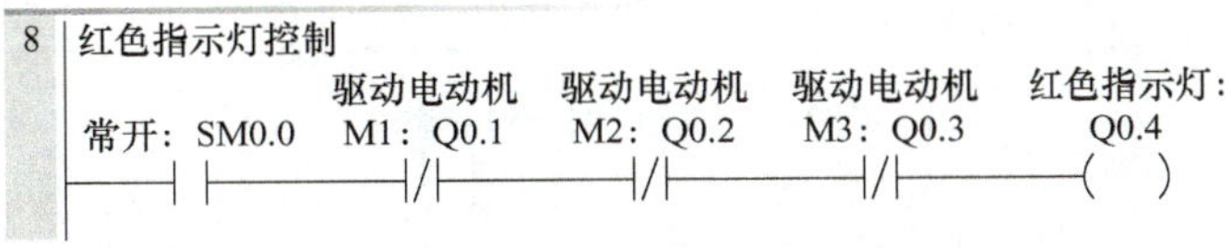

图 3-22　红色指示灯控制

任务三　三节传送带控制		日期：	知识页
班级：	姓名：	学号：	

绿色指示灯有两种控制方法：一种是常亮，一种是闪烁。我们先做一个亮 1s、灭 2s 的程序，用两个定时器，T41 计时亮的时间 1s，T42 计时灭的时间 2s，闪烁的条件是顺序起动和逆序停止期间，所以可以使用顺序起动标志和逆序停止标志来控制。当系统进入顺序起动和逆序停止的过程中时，先让 T41 得电，计时 1s，用 T41 的常开触点控制 T42，1s 后 T41 的常开触点闭合，接通 T42，T42 开始计时，计时 2s，用 T42 的常闭触点控制 T41，2s 后 T42 的常闭触点断开让 T41 失电，T41 的常开触点断开，T42 也失电，T42 的常闭触点恢复闭合，T41 重新得电，开始循环，如图 3-23 所示。

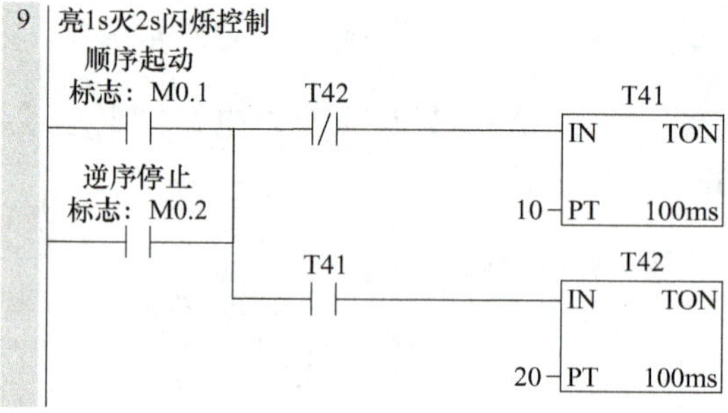

图 3-23　亮 1s、灭 2s 的闪烁程序

系统处于顺序起动和逆序停止的过程中时绿色指示灯闪烁，三节传送带都运行时，绿色指示灯常亮，这两种情况并联。常亮状态：当第三节传送带得电时，就说明三节传送带都在运行，此时要既不在顺序起动过程中，也不在逆序停止过程中，所以将第三节传送带驱动电动机 M3 的常开触点和顺序起动标志的常闭触点、逆序停止标志的常闭触点串联来实现。闪烁状态：顺序起动和逆序停止这两种情况都要闪烁，所以将顺序起动标志和逆序停止标志并联，串接一个闪烁的定时器来实现，如图 3-24 所示。

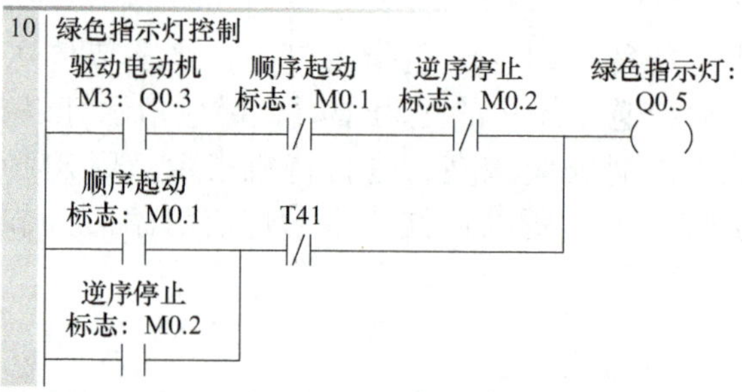

图 3-24　绿色指示灯控制

（7）完整程序

三节传送带控制的完整程序如图 3-25 所示。

任务三　三节传送带控制		日期：	知识页
班级：	姓名：	学号：	

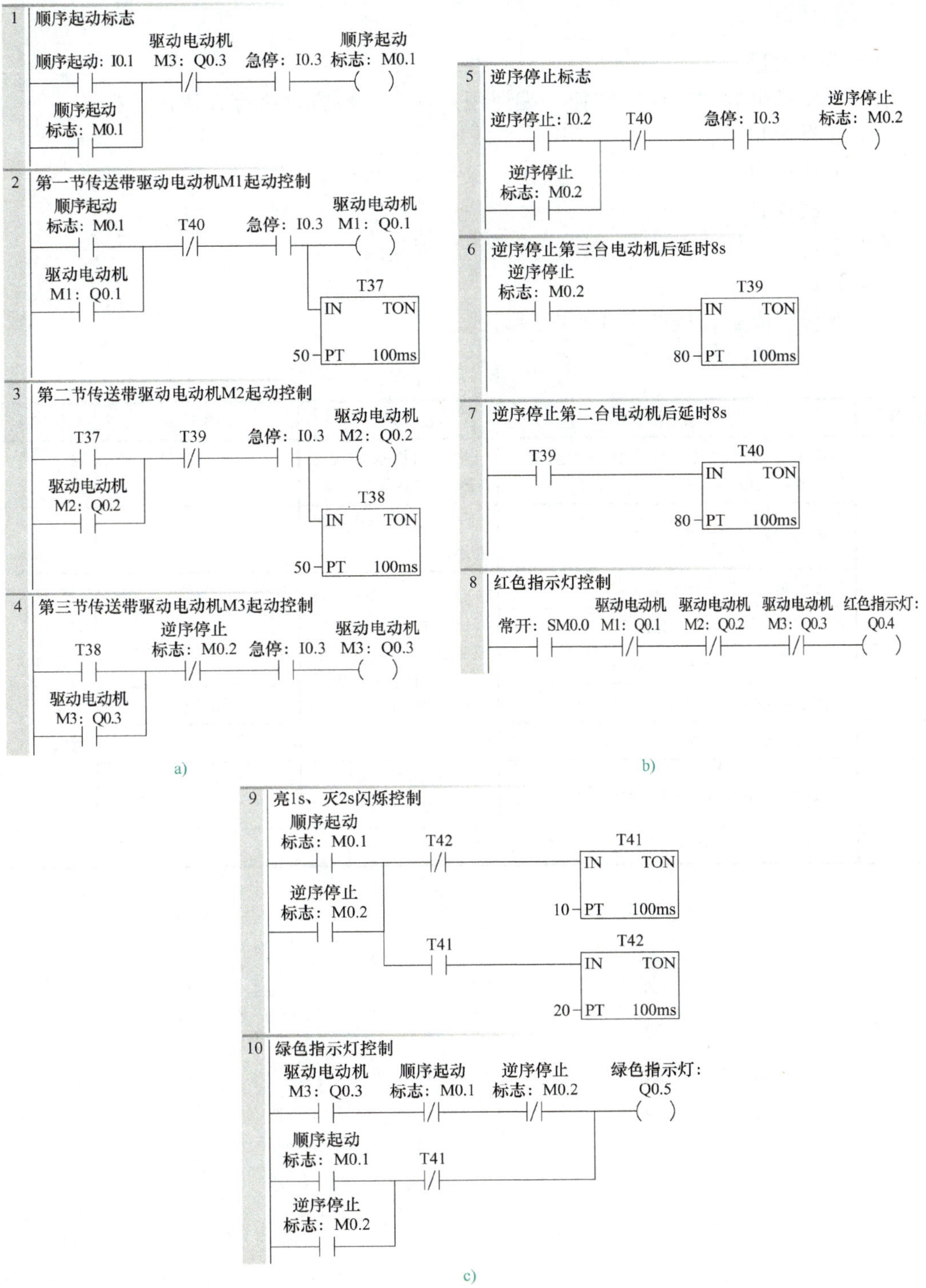

图 3-25　三节传送带控制的完整程序

任务三　三节传送带控制		日期：	知识页
班级：	姓名：	学号：	

6. 传输调试

（1）编译程序

单击工具栏中的“编译”按钮，编译用户程序，检查是否存在语法错误。

（2）保存项目

单击工具栏中的“保存项目”按钮，保存用户程序。

（3）下载项目

单击工具栏中的“下载”按钮，下载用户程序。

（4）调试

程序下载完成后，按照表 3-8 进行调试。

表 3-8　功能调试

操作步骤	操作内容	观察内容	观察结果	思考内容
1	单击工具栏中的“程序状态”监视按钮，监控程序	PLC 的指示灯状态和编程界面状态		
2	单击“RUN”按钮运行 PLC	“STOP”“RUN”指示灯的状态		
3	按下顺序起动按钮 SB1	I/O 指示灯的状态，三节传送带的得电顺序、延时时间、指示灯的工作情况		程序是否可以优化，功能是否有遗漏
4	按下逆序停止按钮 SB2			
5	再次按下顺序起动按钮 SB1			
6	按下急停按钮 SB3			
7	多次重复上述操作			
8	通过编程软件停止 CPU 模块的运行	“STOP”“RUN”指示灯的状态		
9	调试完毕，关断电源开关 QF，整理设备和器材			

任务四　自动送料小车运行控制

——任务页、信息页、实施页、拓展页、评价页、知识页

任务四　自动送料小车运行控制		日期：	任务页
班级：	姓名：	学号：	

学习任务描述

在自动生产线上，各工序之间的物品常用有轨小车来转运。小车通常采用电动机驱动，电动机正转，小车前进，电动机反转，小车后退。如图 4-1 所示，自动生产线上使用的送料小车，是常用的生产设备，其运行是否正常直接影响生产效率。

图 4-1　自动送料小车

如图 4-2 所示，设计一个自动送料小车往返控制程序，小车的前进和后退由一台三相异步电动机通过丝杠驱动。控制要求如下。

1）小车能实现调试回原点工作模式：按下起动按钮 SB1，如果小车未在 A 点，则前往 A 点，到达 A 点停车，如果小车在 A 点，则不起动；按下起动按钮 SB2，如果小车未在 B 点，则前往 B 点，到达 B 点停车，如果小车在 B 点，则不起动。

2）小车能实现自动往返工作模式：按下起动按钮 SB1，如果小车不在 A 点，则小车前往 A 点，到达 A 点停止运行，开始装货，如果小车在 A 点，直接开始装货，5s 后货物装完，小车自动从 A 点行至 B 点，停 3s 卸完货物，卸完货后小车自动返回 A 点，完成一次送货，在 A 点 5s 后货物装完，小车从 A 点行至 B 点，停 3s 卸货，……，如此反复。循环 3 次后自动停止（小车停在 A 点）。

3）按下停止按钮，无论小车在哪个位置，都停止运行。

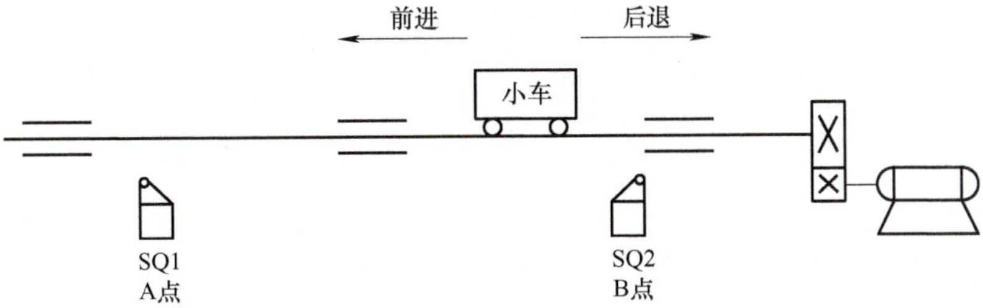

图 4-2　自动送料小车往返示意图

任务四　自动送料小车运行控制		日期：	任务页
班级：	姓名：	学号：	

学习目标

1）掌握计数器指令的作用、分类、语句的形式。掌握计数器的使用方法，能够使用计数器实现加减法计数。能正确使用计数器进行定时程序的编写，能区分不同计数器应用的场合。

2）能够使用经验设计法设计较复杂的 PLC 控制程序，能够举一反三，解决实际问题。

3）能够发现实训中存在的问题并寻找最合理的方法解决，锻炼学生分析问题、解决问题的能力，锻炼学生的组织、协作、协调能力。

任务分组

小组成员可根据自己的能力、特长、主观意愿认领具体工作并填写附表 1，根据工作的难易程度设置三个级别，分别对应相应分值，工作内容见表 4-1，每个组员所选工作不得少于两项。

表 4-1　工作内容

工作内容	简单（每项 1 分）	一般（每项 2 分）	较难（每项 3 分）
分工完成	① 制作 I/O 地址分配表	④ 设计电气原理图	⑦ 程序设计、调试
	② 材料准备	⑤ 电气安装	⑧ 线路检查和检测
	③ 整理收拾	⑥ 制作任务备料单和预算表	
合作完成	总结提高		

任务准备

根据任务要求，经小组成员商议，共同完成任务备料单，见附表 2。

任务四　自动送料小车运行控制		日期：	信息页
班级：	姓名：	学号：	

获取信息

引导问题 1：什么是计数器，计数器用什么字母表示？

引导问题 2：西门子 S7-200 SMART PLC 中总共有多少个计数器？地址编号范围是多少？

引导问题 3：自主学习，分析计数器分为哪几类，各用什么符号表示。

引导问题 4：自主学习，分析加计数器中 CU 表示________，R 表示________；减计数器中 CD 表示________，PV 表示________。

引导问题 5：对于加减计数器 CTUD，当计数器的当前值为 32767 时，若计数器的 CU 端再产生一个脉冲信号，则计数器的当前值变为________。

A. 32767　　B. 32768　　C. 0　　D. -32768

引导问题 6：（判断）在 S7-200 SMART 系列 PLC 中的减计数器（CTD），当当前值减到 0 时，计数器的触点置位为 1，若计数器的 CD 端再次接通，则计数器的当前值继续往下减，输出触点继续保持为 1。（　　）

引导问题 7：简述加计数器和减计数器之间的区别。

引导问题 8：使用计数器中的加计数功能设计一个单按钮起停控制程序。

引导问题 9：查阅资料了解实际中的小车送料控制系统都有哪些控制要求。

引导问题 10：行程开关的工作原理是什么？

引导问题 11：行程开关外部接线接常开触点还是常闭触点？编程时又该怎么应用？

引导问题 12：什么是功能添加法？

引导问题 13：小车自动往返跟正反转控制有关系吗？需要注意哪些问题？

任务四 自动送料小车运行控制		日期：	实施页
班级：	姓名：	学号：	

任务分析

根据任务要求分析任务中有哪些控制方式，并回答以下问题。

1）输入信号有哪些？

2）输出信号有哪些？

3）有哪些控制要求（时间、计数、自锁、联锁）？

4）有哪些知识盲点？

输入 / 输出信号的分配

根据任务分析情况，结合 PLC 选型和特点，分配输入 / 输出地址并填写附表 3。将分配地址时出现的问题和解决办法记录到附表 6 中。

设计电气原理图

根据所选 PLC 的型号，认真阅读该型号 PLC 的说明书，明确该 PLC 的电源电压类型和电压等级，掌握输入信号和输出负载的连接方法及注意事项，根据每个设备、器材的图形符号和连接方法设计电气原理图并填入附表 4。将设计电气原理图时出现的问题和解决办法记录到附表 6 中。

线路安装

建议采用插线方式进行线路的连接。由组员根据任务备料单准备实训器材，根据电气原理图进行线路的连接并进行检查，无误后由组长进行检查和检测。最后，邀请其他小组进行交叉检验。线路检测按照附表 5 进行，将线路安装、检验时出现的问题和解决办法记录到附表 6 中。

设计程序

根据控制任务，要求先采用经验设计法，利用梯形图设计程序。按照控制功能逐步解决的方式，先尝试利用自己所学的知识和技能完成控制任务。遇到问题通过查阅资料、学习知识页内容，再次尝试完成。最后，尝试完成拓展页的拓展内容。

引导问题 14：按下起动按钮 SB1，正转运行接触器 KM1 得电，通过 KM1 控制电动机正转，小车前往 A 点的控制程序如何设计？

引导问题 15：装货时间的延时如何实现？

引导问题 16：前往 B 点的控制程序如何设计？

引导问题 17：小车往复运行三次停止，如何进行计数？

引导问题 18：计数器的复位条件是什么？

任务四 自动送料小车运行控制		日期：	实施页
班级：	姓名：	学号：	

功能调试

总结任务实施过程中出现的问题及解决方法（包含分工、用时、工艺、收获、问题及解决办法、改进措施和调整内容等）。

____

____

____

____

____

____

____

____

____

____

任务四　自动送料小车运行控制		日期：	拓展页
班级：	姓名：	学号：	

任务拓展

在完成基本控制任务的基础上，尝试完成以下拓展任务，任务完成后由指导教师在表 4-2 的完成情况处做记录。

表 4-2　任务拓展

序号	拓展任务描述	完成情况
1	下图所示为小车在两点之间自动往返运动示意图。控制要求如下： 1）按下起动按钮，小车行至 A 点停止运行，开始装货，5s 后货物装完，小车自动从 A 点行至 B 点，停 3s 卸货，完成一次送货，卸完货后小车自动返回 A 点，在 A 点停 5s 装货后，小车从 A 点行至 B 点，停 3s 卸货，……，如此循环三次结束 2）按下停止按钮，无论小车在哪个位置，都停止运行 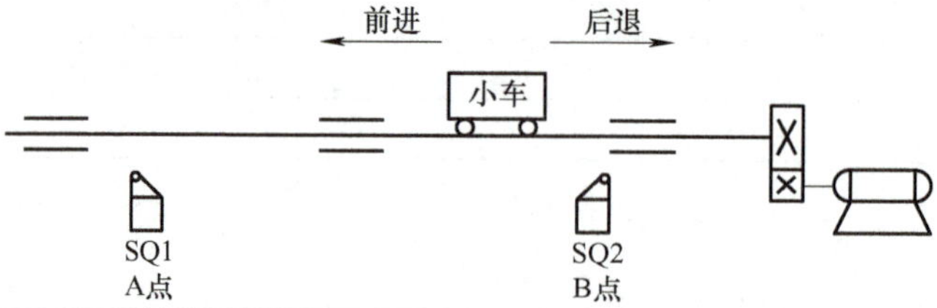 	
2	下图所示为小车在两点之间自动往返运动的示意图。控制要求如下： 1）按下起动按钮 SB1，如果小车停在 A 点，则开始装货，6s 后货物装完，小车从 A 点行至 B 点，停 4s 卸货，完成一次送货，卸完货后，小车返回 A 点，在 A 点 6s 后货物装完，小车从 A 点行至 B 点，停 4s 卸货，……，如此循环 2）按下起动按钮 SB1，如果小车未停在 A 点，则运行至 A 点装货，6s 后货物装完，小车从 A 点行至 B 点，停 4s 卸货，完成一次送货，卸完货后小车返回 A 点，在 A 点停 6s 后货物装完，小车从 A 点行至 B 点，停 4s 卸货，……，如此自动往返循环 3）按下停止按钮，无论小车在哪个位置，都停止运行 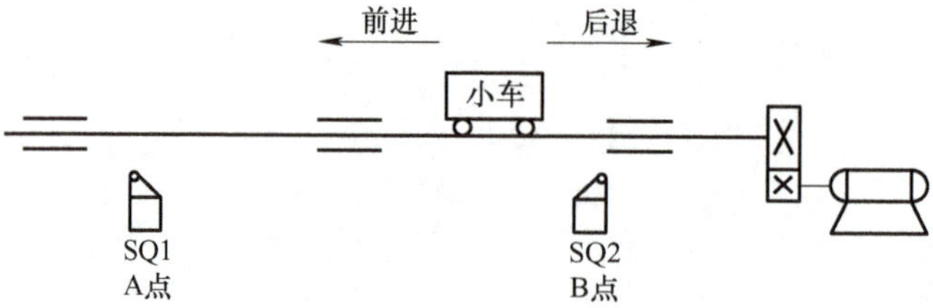 	

任务四 自动送料小车运行控制		日期：	评价页
班级：	姓名：	学号：	

检查验收

根据表 4-3 进行验收和评价，将验收过程中出现的问题和整改措施记录到附表 7 中。

表 4-3 验收标准及评分

序号	验收项目	验收标准	分值	评分
1	I/O 地址分配表	1. 地址分配不正确、不完整，每错一个或漏一个扣 1 分 2. 地址分配标注不清晰、不整洁、表述不正确，每个扣 1 分	10	
2	PLC 外部接线图	1. 接线图中绘制的图形符号或文字符号不正确，每处扣 1 分 2. 接线图绘制与分配表不一致，每处扣 1 分 3. 接线图绘制不规范、不美观，扣 4 分	10	
3	安装与检测	1. 电器元件选用与任务书要求不符，每处扣 1 分 2. 电路连接错误，但没有造成元器件损坏和短路，每处扣 1 分 3. 连接导线颜色不符合要求，每根或每处扣 1 分 4. 导线连接接头超过三根线或连接不牢固、不可靠，每处扣 1 分	20	
4	功能调试	1. 没有程序，扣 40 分 2. 按下起动按钮 SB1，不能实现回原点 A 的，扣 3 分 3. 按下起动按钮 SB2，不能实现回原点 B 的，扣 3 分 4. 不能实现自动和回原点模式切换的，扣 5 分 5. 自动模式下每少完成一个控制功能，扣 2 分 6. 不能按要求实现停止功能，扣 5 分	40	
5	任务拓展	每独立完成一个拓展任务得 10 分	20	
6	职业素养	1. 任务完成后，工位上工具、插线、元器件、资料、计算机、设备等摆放不规范、卫生不整洁，扣 5 分 2. 任务完成后，导线、压线端子等出现浪费（导线长度超过 20cm，废弃能用的压线端子、螺钉、螺母等器材数量超过两个），扣 5 分 3. 任务实施过程中，工具使用不规范、不正确，导致元器件出现滑丝、松动，扣 5 分 4. 任务实施过程中，不听从安排、大声喧哗、不尊敬教师，扣 10 分 5. 任务实施过程中，由于操作不当，导致元器件烧坏或损毁，除按原价赔偿外，扣 10 分 6. 任务实施过程中，由于连接错误，导致线路出现短路烧坏熔丝或造成跳闸的，成绩为 0 7. 任务实施过程中，由于操作不当导致核心器材（包括 PLC、触摸屏、直流电源等）损坏，除按原价赔偿外，成绩按 0 分计	职业素养不配分，违反从总分中扣除	
	合计		100	

任务四　自动送料小车运行控制		日期：	评价页
班级：	姓名：	学号：	

总结提高

各组展示作品，介绍任务的完成过程并提交阐述材料，进行学生自评、学生组内互评、教师评价，完成考核评价表。考核评价表见附表 8。

引导问题 19：在本次任务的实施中，你认为有哪些需要改进的地方？

引导问题 20：你对 PLC 的功能了解多少？还想继续学习 PLC 的哪些知识？

任务四　自动送料小车运行控制		日期：	知识页
班级：	姓名：	学号：	

相关知识点

一、S7-200 SMART 计数器概述及应用举例

1. 计数器

在 PLC 应用中，经常会遇到计数的情况，如统计加工工件的数量、灯闪烁的次数等。PLC 里有一个专门用来计数的器件，叫作计数器（C），计数器结构与定时器相似，是对外部输入或由程序产生的脉冲进行计数的。

计数器累计其输入端计数脉冲由低到高变化的次数。S7-200 系列 PLC 提供了三种类型的计数器，计数器总数有 256 个，地址编号范围为 C0 ～ C255。

1）计数器的分类和指令格式见表 4-4。

表 4-4　计数器的分类和指令格式

计数器的类别	计数器指令的格式	指令说明
加计数器（Count Up，CTU）	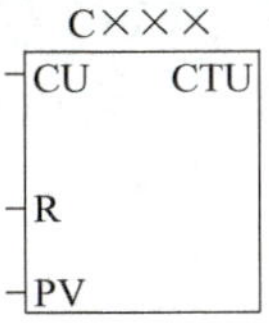	每次加计数信号输入（CU）从 OFF 转换为 ON 时，加计数指令就会从当前值开始加计数。当前值大于或等于预设值（PV）时，计数器位 C××× 接通。当复位输入（R）接通或对 C××× 地址执行复位指令时，当前计数值会复位。达到最大值 32767 时，计数器停止计数
减计数器（Count Down，CTD）	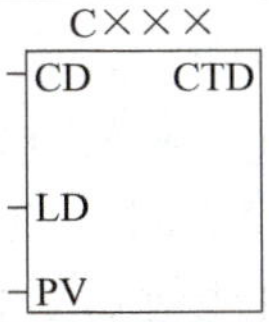	每次减计数信号输入（CD）从 OFF 转换为 ON 时，减计数指令就会从计数器的当前值开始减计数。当前值等于 0 时，计数器位 C××× 打开。装载输入（LD）接通时，计数器复位计数器位 C××× 并用预设值装载当前值。达到 0 时，计数器停止，计数器位 C××× 接通
加减计数器（Count Up/Down，CTUD）	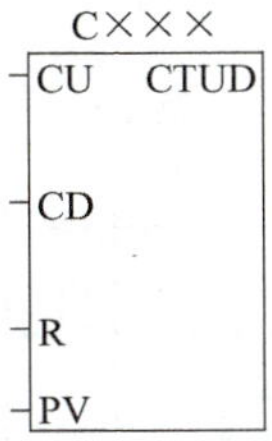	每次 CU 从 OFF 转换为 ON 时，加 / 减计数指令就会加计数；每次 CD 从 OFF 转换为 ON 时，该指令就会减计数。计数器的当前值保持当前计数值。每次执行计数器指令时，都会将预设值与当前值进行比较 达到最大值 32767 时，CU 处的下一上升沿导致当前计数值变为最小值 -32768；达到最小值 -32768 时，CD 处的下一上升沿导致当前计数值变为最大值 32767 当前值大于或等于预设值时，计数器位 C××× 接通。否则，计数器位关断。当 R 接通或对 C××× 地址执行复位指令时，计数器复位

2）计数器指令的有效操作数见表 4-5。

表 4-5　计数器指令的有效操作数

输入 / 输出	数据类型	操作数
C×××	WORD	常数（C0 ～ C255）
CU、CD、LD、R	BOOL	I、Q、V、M、SM、S、T、C、L、逻辑流
PV	INT	IW、QW、VW、MW、SMW、SW、LW、T、C、AC、AIW、*VD、*LD、*AC、常数

任务四　自动送料小车运行控制		日期：	知识页
班级：	姓名：	学号：	

注意：①当子程序在同一周期内被多次调用时，不能使用上升沿、下降沿、定时器和计数器。②由于每个计数器有一个当前值，因此请勿将同一计数器编号分配给多个计数器（编号相同的加计数器、加/减计数器和减计数器会访问相同的当前值）。

3）计数器的工作规律见表 4-6。

表 4-6　计数器的工作规律

类型	操作	计数器位	上电周期 / 首次扫描
CTU	CU 增加当前值，直至达到 32767	当前值≥预设值时，计数器位接通	计数器位关断，当前值可保留
CTD	CD 减少当前值，直至达到 0	当前值 =0 时，计数器位接通	计数器位关断，当前值可保留
CTUD	CU 增加当前值，CD 减少当前值。当前值持续增加或减少，直至计数器复位	当前值≥预设值时，计数器位接通	计数器位关断，当前值可保留

计数器的计数范围为 0～32767。计数器有两种寻址类型：Word（字）和 Bit（位）。计数器号不能重复使用，它既可以用来访问计数器的当前值，也可以用来表示计数器位的状态。

2. 计数器的使用方法

（1）CTU 的使用

图 4-3 所示为加计数器的应用示例。当复位端 I0.1 断开时，输入 I0.0 由断开到接通，加计数器 C0 的当前值加 1，当 C0 的当前值大于等于预设值 3 时，C0 位接通，C0 的常开触点闭合，Q0.0 得电动作，当 I0.1 由断开到接通时，加计数器 C0 的当前值清零，C0 的常开触点恢复断开，Q0.0 失电。

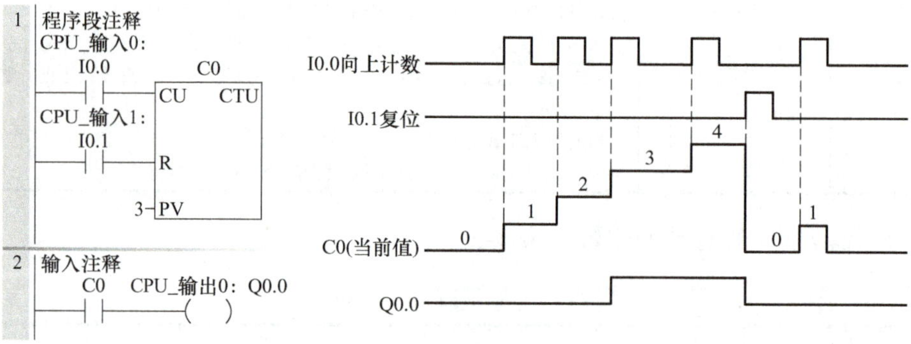

图 4-3　CTU 的应用示例

（2）CTD 的使用

图 4-4 所示为减计数器的应用示例。当减计数器 C1 的当前值为 0 时，C1 的触点闭

任务四　自动送料小车运行控制		日期：	知识页
班级：	姓名：	学号：	

合，Q0.0 得电，I0.1 接通会装载减计数器的预设值 3，在 I0.1 断开的状态下，I0.0 每次由断开到接通，减计数器 C1 的当前值从 3 减计数到 0，当减计数器 C1 的当前值等于 0 时，C1 位接通，C1 的常开触点闭合，Q0.0 得电。

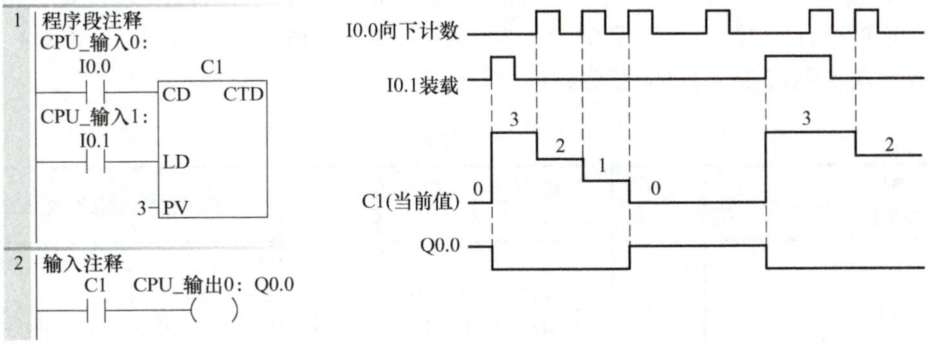

图 4-4　CTD 的应用示例

（3）CTUD 的使用

图 4-5 所示为加减计数器的应用示例。在复位端 I0.2 断开的状态下，加计数端 I0.0 每次由断开到接通，加减计数器 C48 的当前值加 1，减计数端 I0.1 每次由断开到接通，加减计数器 C48 的当前值减 1，当 C48 的当前值大于等于预设值时，C48 位接通，常开触点闭合，Q0.0 得电，当 C48 的当前值小于预设值时，C48 位断开，常开触点断开，Q0.0 失电，当复位端 I0.2 接通，无论 C48 的当前值是多少，当前值都清零，C48 位断开，常开触点断开，Q0.0 失电。

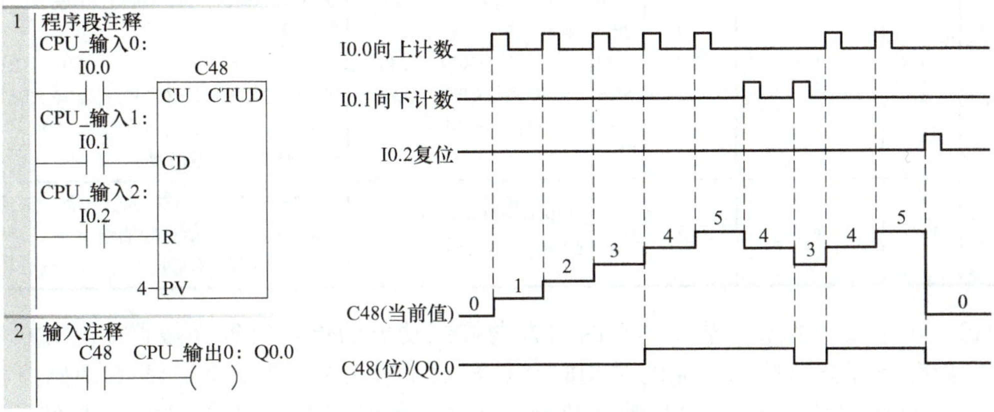

图 4-5　CTUD 的应用示例

3. 高速计数器

在 PLC 应用中，经常会遇到高速的脉冲信号，如旋转编码器的信号要输入 PLC 中进行计数，每个品牌和型号的 PLC 都会预设几个高速计数器通道，用来对标准计数

任务四　自动送料小车运行控制		日期：	知识页
班级：	姓名：	学号：	

器无法控制的高速事件进行计数，这类计数器叫作高速计数器（High Speed Counter，HSC）。

以西门子 S7-200 SMART 系列 PLC 为例，标准型（S 型）CPU 有 6 个 HSC（HSC0 ～ HSC5），经济型（C 型）CPU 有 4 个 HSC（HSC0 ～ HSC3）。HSC0、HSC2、HSC4、HSC5 支持 8 种计数模式（模式 0、1、3、4、6、7、9 和 10），HSC1 和 HSC3 只支持一种计数模式（模式 0），具体见表 4-7。

表 4-7　高速计数器汇总

HSC	时钟 A	方向 / 时钟 B	复位	单相 / 双相最大时钟 / 输入速率	AB 正交相最大时钟 / 输入速率
HSC0	I0.0	I0.1	I0.4	S 型 CPU：200kHz C 型 CPU：100kHz	S 型 CPU：100kHz= 最大 1 倍计数速率，400kHz= 最大 4 倍计数速率 C 型 CPU：50kHz= 最大 1 倍计数速率，200kHz= 最大 4 倍计数速率
HSC1	I0.1			S 型 CPU：200kHz C 型 CPU：100kHz	
HSC2	I0.2	I0.3	I0.5	S 型 CPU：200kHz C 型 CPU：100kHz	S 型 CPU：100kHz= 最大 1 倍计数速率，400kHz= 最大 4 倍计数速率 C 型 CPU：50kHz= 最大 1 倍计数速率，200kHz= 最大 4 倍计数速率
HSC3	I0.3			S 型 CPU：200kHz C 型 CPU：100kHz	
HSC4	I0.6	I0.7	I1.2	SR30 和 ST30 型号 CPU：200kHz SR20、ST20、SR40、ST40、SR60、ST60 型号 CPU：30kHz C 型 CPU：不适用	SR30 和 ST30 型号 CPU：100kHz= 最大 1 倍计数速率，400kHz= 最大 4 倍计数速率 SR20、ST20、SR40、ST40、SR60、ST60 型号 CPU：20kHz= 最大 1 倍计数速率，80kHz= 最大 4 倍计数速率 C 型 CPU：不适用
HSC5	I1.0	I1.1	I1.3	S 型 CPU：30kHz C 型 CPU：不适用	S 型 CPU：20kHz= 最大 1 倍计数速率，80kHz= 最大 4 倍计数速率 C 型 CPU：不适用

HSC 的计数器类型包括：具有内部方向控制功能的单相时钟计数器（模式 0 和模式 1）、具有外部方向控制功能的单相时钟计数器（模式 3 和模式 4）、具有两路时钟输入（加时钟和减时钟）的双相时钟计数器（模式 6 和模式 7）、AB 正交相计数器（模式 9 和模式 10）四种类型，其中模式 1、4、7、10 具有外部复位功能。

高速计数器的指令包括两个：一个是高速计数器定义（HDEF）指令，另一个是高速计数器（HSC）指令。HDEF 指令用于选择特定高速计数器的工作模式，用于定义高速计数器的时钟、方向和复位功能，如图 4-6a 所示；HSC 指令根据特殊存储器位的状

任务四　自动送料小车运行控制		日期：	知识页
班级：	姓名：	学号：	

态组态和控制高速计数器，参数 N 指定高数计数器编号，如图 4-6b 所示。

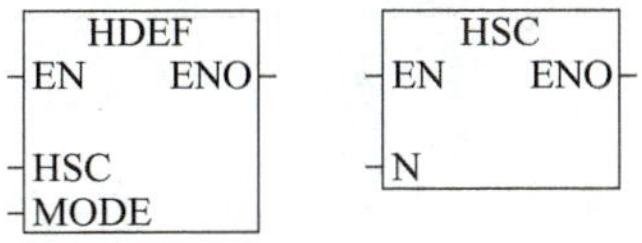

a)　　b)

图 4-6　高速计数器的指令

高速计数器的操作规则：①使用高速计数器之前，必须执行 HDEF 指令选择计数器模式。使用首次扫描存储器位 SM0.1（首次扫描时，该位为 ON，后续扫描时为 OFF）直接执行 HDEF 指令，或调用包含 HDEF 指令的子程序。②可以使用所有计数器类型（带复位输入或不带复位输入）。③激活复位输入时，会清除当前值，并在禁用复位输入之前保持清除状态。

在此简要介绍，具体应用参考西门子 PLC 用户手册或 STEP 7-MicroWIN SMART 在线帮助。

二、自动送料小车运行控制任务实施

1. 分析控制要求

根据任务描述可知，该任务中小车能实现前进和后退功能，即电动机要实现正反转控制要求；任务中工作模式有两种，需要用到转换开关进行工作模式的切换。

2. 分配 I/O 地址

I/O 地址分配见表 4-8。

表 4-8　I/O 地址分配

输入			输出		
信号	功能	对应地址	信号	功能	对应地址
SA	工作方式切换	I0.0	KM1	电动机正转	Q0.1
SB1	起动按钮一	I0.1	KM2	电动机反转	Q0.2
SB2	起动按钮二	I0.2			
SB3	停止按钮	I0.3			
SQ1	A 位置限位开关	I0.4			
SQ2	B 位置限位开关	I0.5			
FR	热继电器	I0.6			

3. 设计电气原理图

PLC 的外部接线必须符合接线规则，设计的电气原理图如图 4-7 所示。

任务四　自动送料小车运行控制		日期：	知识页
班级：	姓名：	学号：	

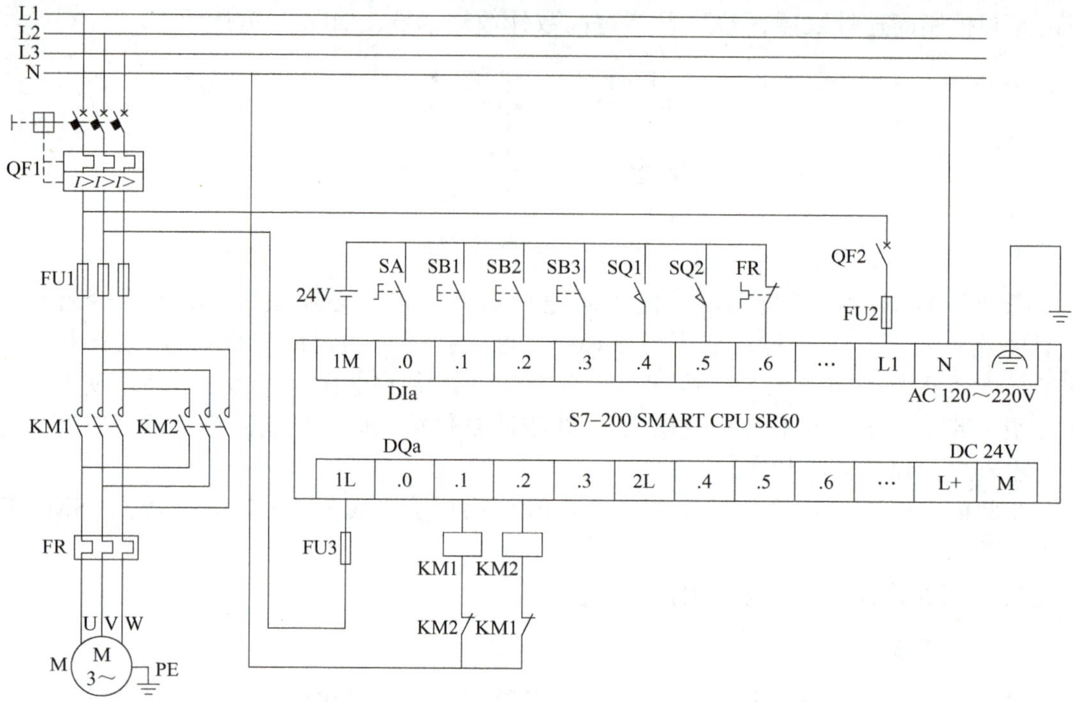

图 4-7　自动送料小车运行控制系统电气原理图

4. 进行线路安装和检测

1）线路的安装方法和步骤请扫描二维码观看。

2）线路的检查和检测方法与任务二一致，参见任务二线路的检测方法。

自动送料小车控制线路的安装

5. 程序设计

对于生产工艺要求比较简单的 PLC 控制系统，在进行 PLC 程序设计时，一般都采用经验设计法，而在经验设计法中用得最多的是在一个基本控制环节的程序上逐步添加功能，而每添加一种功能，原控制程序的基本功能保持不变。随着功能的不断添加，程序逐步达到生产工艺要求且比较完善和合理。这是对控制系统进行 PLC 控制程序设计的非常实用而有效的一种基本方法。

（1）根据控制要求设计基本控制环节

本任务的控制对象是小车，其工作方式有前进和后退。电动机正转时，通过丝杠使小车前进；电动机反转时，通过丝杠使小车后退，因此自动送料小车运行控制是建立在三相异步电动机正反转控制的基础上的，即基本控制程序应该是电动机正反转控制程序，按下起动按钮 SB1，正转前往 A 点；按下起动按钮 SB2，反转前往 B 点。添加自锁、联锁、停止、过载环节，如图 4-8 所示。

任务四　自动送料小车运行控制		日期：	知识页
班级：	姓名：	学号：	

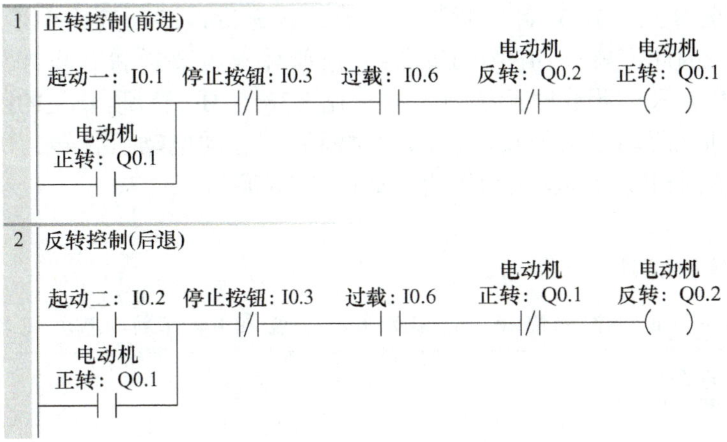

图 4-8　小车前进、后退控制

（2）添加位置控制

按下起动按钮 SB1，如果小车未在 A 点，则前往 A 点，到达 A 点停车，如果小车在 A 点，则不起动；按下起动按钮 SB2，如果小车未在 B 点，则前往 B 点，到达 B 点停车，如果小车在 B 点，则不起动。也就是小车运行过程中碰撞到 A 点或 B 点行程开关，都会停止运行，把位置控制添加到控制程序中。当小车碰撞到 SQ1 后，SQ1 动作，I0.4 常闭触点断开，Q0.1 线圈断电，电动机停转使小车停止前进。同理，小车碰撞到 B 点行程开关 SQ2 后，小车停止后退，如图 4-9 所示。

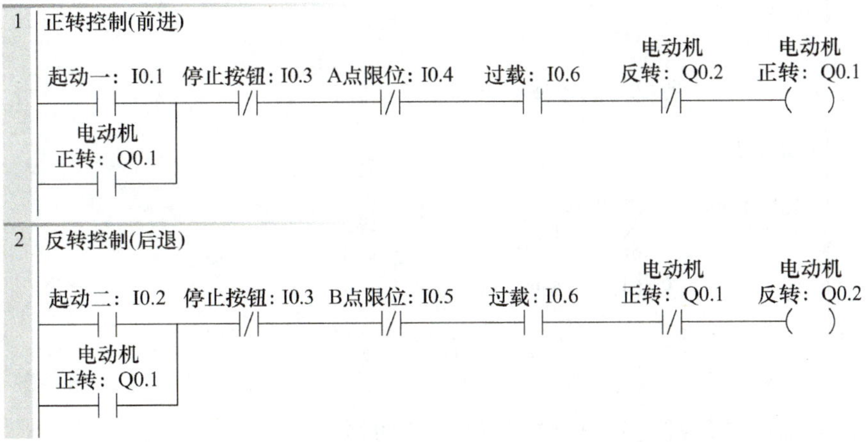

图 4-9　小车位置限制

（3）自动往返工作模式

根据控制要求，在自动往返工作模式中，按下起动按钮 SB1，小车前往 A 点，到

任务四　自动送料小车运行控制		日期：	知识页
班级：	姓名：	学号：	

达 A 点停止运行，开始装货，如果小车在 A 点直接开始装货，5s 后货物装完，小车自动从 A 点行至 B 点，停 3s 卸完货物，完成一次送货，卸完货后小车自动返回 A 点，再次开始装货。因此需要添加两个定时器，分别对 A 点装货和 B 点卸货进行计时，用 T37 对 A 点行程开关的闭合时间进行计时，用 T38 对 B 点行程开关的闭合时间进行计时，装货时间到，起动电动机反转，卸货时间到，起动电动机正转，所以须将定时器的常开触点并联到相应的起动按钮旁边，如图 4-10 所示。

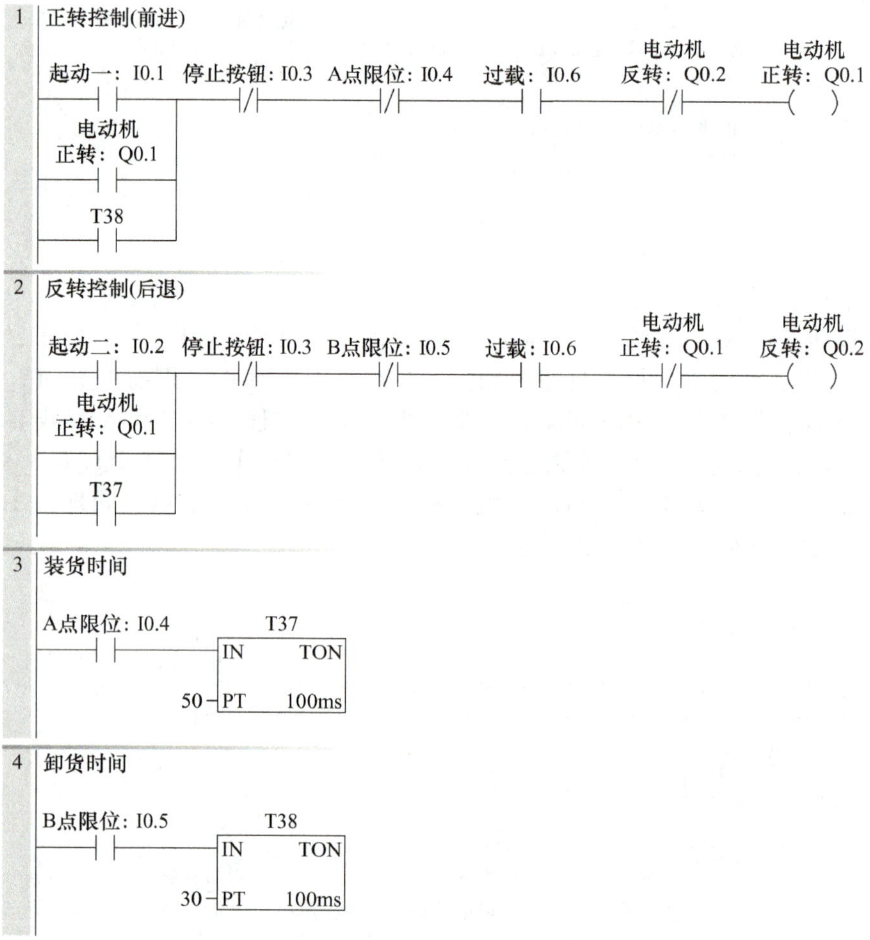

图 4-10　添加装料、卸料功能

（4）添加调试工作模式和自动工作模式的切换

需要添加一个转换开关，开关闭合为自动模式、开关断开为调试回原点模式，在定时器支路添加相应的控制条件即可，如图 4-11 所示。

任务四 自动送料小车运行控制		日期：	知识页
班级：	姓名：	学号：	

（5）解决调试中出现的问题

将上面的控制功能进行下载和调试，我们会发现，在这个控制程序中存在一个问题，就是在自动模式下，假如小车停留在A点或B点，在没有按下起动按钮的情况下，也会进行计时，时间到小车将后退或前进，所以需要添加一个自动模式下的起动限制。在自动模式下，只有按下正转起动按钮，小车返回A点或本身在A点才能够计时，我们添加一个运行标志M0.0，用M0.0限制定时器的起动，确保只有在自动模式和运行状态下才能进行计时，如图4-12所示。

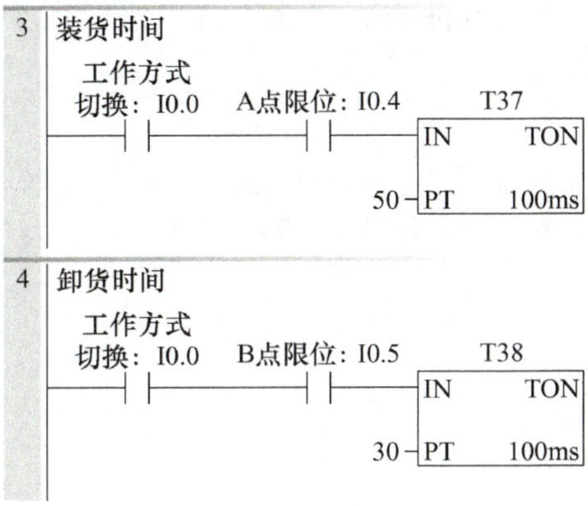

图4-11 添加工作模式切换功能

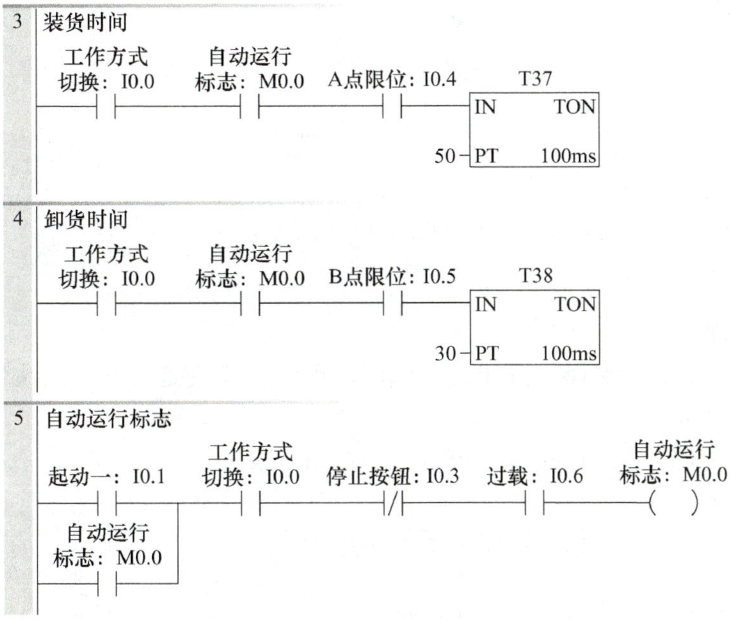

图4-12 添加自动模式下的运行起动限制

任务四　自动送料小车运行控制		日期：	知识页
班级：	姓名：	学号：	

（6）添加计数的功能

根据控制要求，在自动模式下，循环三次后自动停止，需要添加一个加计数器，计数器使用时需要考虑两个问题：对谁计数，谁来复位。这也是计数器的难点，本实例计数需要综合考虑，使用时要注意技巧。由于计数器只在自动模式下计数，所以在计数器 CU 端加自动运行标志 M0.0 常开触点进行限制，由于小车送货到 B 点卸货，所以卸货时间到的时候接通一下计数器，让计数器计一次数，当累计计数次数到了以后，用 C0 断开自动运行标志，这样小车还会自动前进到 A 点后停止，停止后不再计数。计数器的复位可以采用多种方式，在本实例中采用 C0 的常开触点复位 C0，这样计数器只动作一个周期，断开自动运行标志后自动复位，这样便于再次按下起动按钮，重新开始送料，如图 4-13 所示。

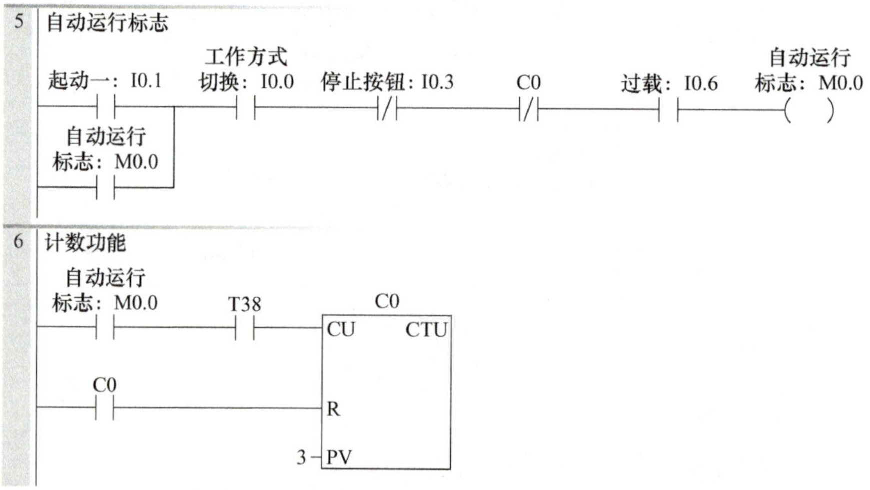

图 4-13　计数功能设计

（7）完整程序

自动送料小车运行控制完整程序如图 4-14 所示。

6. 传输调试

（1）编译程序

单击工具栏中的“编译”按钮，编译用户程序，检查是否存在语法错误。

（2）保存项目

单击工具栏中的“保存项目”按钮，保存用户程序。

（3）下载项目

单击工具栏中的“下载”按钮，下载用户程序。

（4）调试

程序下载完成后，按照表 4-9 进行调试。

任务四　自动送料小车运行控制		日期：	知识页
班级：	姓名：	学号：	

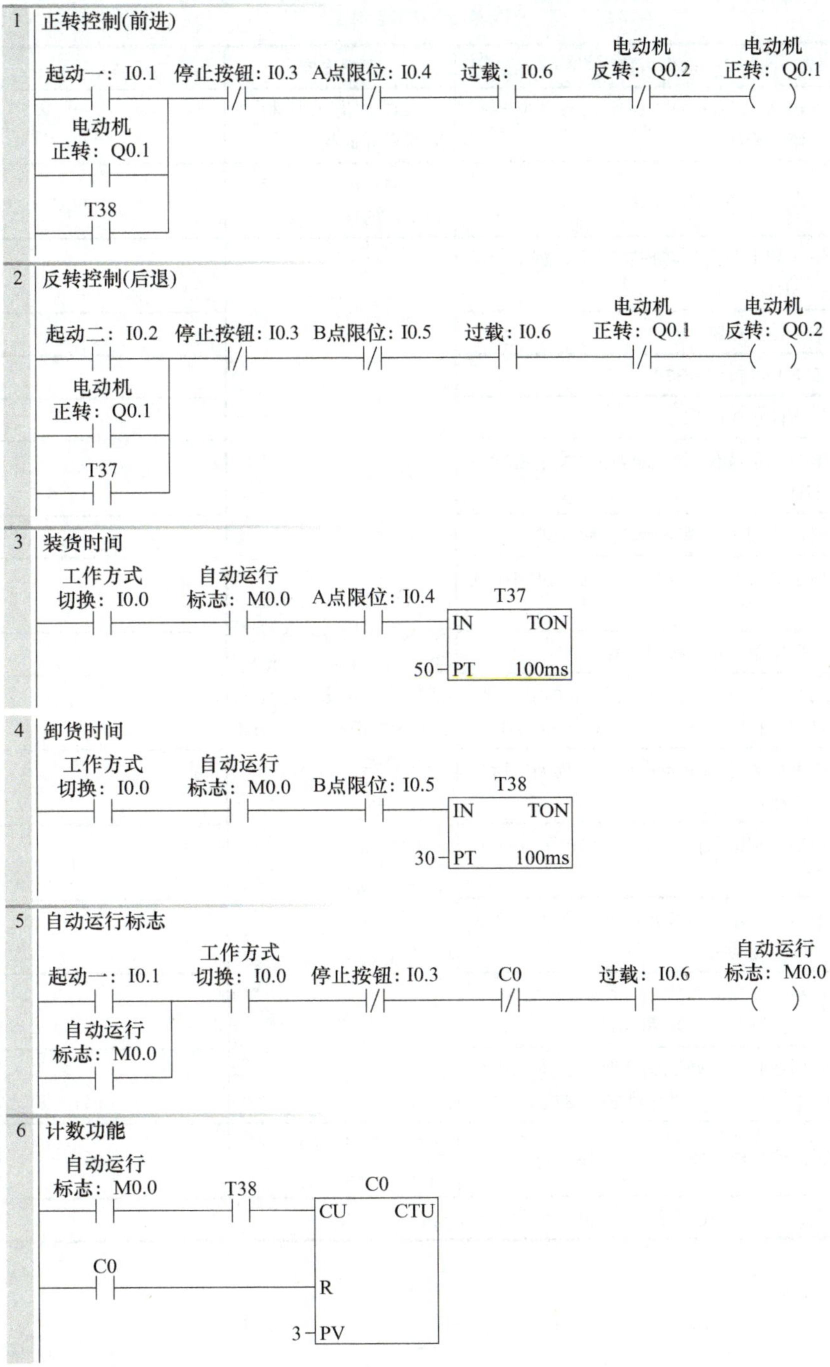

图 4-14　自动送料小车运行控制完整程序

任务四　自动送料小车运行控制		日期：	知识页
班级：	姓名：	学号：	

表 4-9　功能调试

操作步骤	操作内容	观察内容	观察结果	思考内容
1	单击工具栏中的“程序状态”监视按钮，监控程序	PLC 的指示灯状态和编程界面状态		
2	单击“RUN”按钮运行 PLC	“STOP”“RUN”指示灯的状态		
3	编写和下载正反转控制程序，按下起动按钮 SB1	I/O 指示灯的状态、电动机正反转的运行情况、自动/调试工作模式的切换功能、定时器的工作情况、计数器的工作情况		程序是否可以优化，功能是否有遗漏
4	按下停止按钮 SB3			
5	按下起动按钮 SB2			
6	按下停止按钮 SB3			
7	编写和下载位置控制程序，按下起动按钮 SB1			
8	到达 A 点后，按下起动按钮 SB2			
9	到达 B 点后，再次按下起动按钮 SB1 或 SB2			
10	过程中按下停止按钮 SB3			
11	编写、下载调试和自动切换控制程序，在自动运行状态下，按下起动按钮 SB1			
12	小车从 A 点到 B 点运行一个周期以后按下停止按钮 SB3			
13	切换到调试工作模式，分别按下 SB1 和 SB2			
14	编写和下载计数程序，在自动工作模式下，按下起动按钮 SB1			
15	自动工作模式结束后，切换到调试工作模式，分别按下 SB1 和 SB2			
16	分别在自动工作和调试两种状态下让系统处于运行状态，操作热继电器模拟过载			
17	通过编程软件停止 CPU 模块运行	“STOP”“RUN”指示灯的状态		
18	调试完毕，关断电源开关 QF，整理设备和器材			

任务五　抢答器控制

——任务页、信息页、实施页、拓展页、评价页、知识页

任务五　抢答器控制		日期：	任务页
班级：	姓名：	学号：	

学习任务描述

抢答器是一种广泛应用于各种知识竞赛、文娱活动等场合的电子产品。在竞赛中主持人可以根据抢答器系统来准确、快速地判断出哪一组选手最先抢到答题机会，如图 5-1 所示。因此学习用 PLC 实现抢答器控制非常实用和必要。

图 5-1　抢答器示意图

在本任务中，同学们结合所学知识，设计一个抢答器控制系统，要求实现以下功能：

1）抢答器系统的起动、停止由两个按钮控制。

2）设置一个系统运行指示灯，当系统处于运行状态时，指示灯亮；当系统处于停止状态时，指示灯灭。

3）抢答器可供四位选手参加抢答，有四个抢答台，每个抢答台上有一个抢答按钮和一个指示灯，主持人宣布开始抢答后，最先按下抢答按钮的抢答台上的指示灯亮，其他抢答台按下按钮指示灯不亮。

4）无论哪个抢答台抢答成功，除指示灯亮外，蜂鸣器发出声音，提示有人抢答，抢答声音持续时间为 0.5s。为避免声音影响答题，在一轮抢答中，抢答声音只能响一次，再按或其他抢答台按下不起作用。

5）主持台设置一个复位按钮和抢答指示灯，当系统处于可抢答状态时，抢答指示灯亮；如果已经有人抢答，则抢答指示灯灭；每轮抢答完成后，主持人按下复位按钮，抢答台上的指示灯熄灭；主持台抢答指示灯亮起，可进行下轮抢答。

任务五　抢答器控制		日期：	任务页
班级：	姓名：	学号：	

6）系统设置防作弊功能，防止有选手为了能抢答成功，在主持人宣布开始抢答前提前按下抢答按钮，设置保护功能，提前按下不起作用，必须等主持人按下复位按钮可以开始抢答后按下抢答按钮才能够抢答。

学习目标

1）掌握边沿检测指令的功能、表示形式和使用方法，能运用边沿检测指令进行程序编写，进行上升沿和下降沿信号捕捉。

2）能综合运用自锁和互锁知识、定时器指令进行程序编写，并结合边沿检测指令提高系统可靠性和抗干扰能力。

3）使学生逐步树立 PLC 编程系统的思维模式，具有分析与综合、决策与迁移的能力。

任务分组

小组成员可根据自己的能力、特长、主观意愿认领具体工作并填写附表 1，根据工作的难易程度设置三个级别，分别对应相应分值，工作内容见表 5-1，每个组员所选工作不得少于两项。

表 5-1　工作内容

工作内容	简单（每项 1 分）	一般（每项 2 分）	较难（每项 3 分）
分工完成	① 制作 I/O 地址分配表	④ 设计电气原理图	⑦ 程序设计、调试
	② 材料准备	⑤ 电气安装	⑧ 线路检查和检测
	③ 整理收拾	⑥ 制作任务备料单和预算表	
合作完成	总结提高		

任务准备

根据任务要求，经小组成员商议，共同完成任务备料单，见附表 2。

任务五　抢答器控制		日期：	信息页
班级：	姓名：	学号：	

获取信息

引导问题 1：很多竞赛中会用到抢答器，列举一个用到抢答器的电视节目，并简要叙述抢答流程。

引导问题 2：如果自己设计抢答器控制系统，系统中设有 4 个抢答按钮、4 个指示灯，那么会设计________为输入信号，________为输出信号。

引导问题 3：某选手抢答成功后，相应的指示灯变亮，当选手松开抢答按钮，相应的指示灯仍保持亮的状态，这种功能应怎样实现？

引导问题 4：如果抢答开始命令发出后 10s 没有选手抢答，此题作废。PLC 的哪个指令可以实现 10s 计时？

引导问题 5：一位选手抢答成功后，其他选手再按抢答按钮无效，程序编写时会用到什么控制（自锁、计数、联锁）？

引导问题 6：如果选手使抢答按钮始终保持接通，会出现什么现象？该如何解决？

任务五　抢答器控制		日期：	实施页
班级：	姓名：	学号：	

任务分析

根据任务要求分析任务中有哪些控制方式，并回答以下问题。

1）输入信号有哪些？

2）输出信号有哪些？

3）有哪些控制要求（时间、计数、自锁、联锁）？

4）有哪些知识盲点？

输入 / 输出信号的分配

根据任务分析情况，结合 PLC 选型和特点，分配输入 / 输出地址并填写附表 3。将分配地址时出现的问题和解决办法记录到附表 6 中。

设计电气原理图

根据所选 PLC 的型号，认真阅读该型号 PLC 的说明书，明确该 PLC 的电源电压类型和电压等级，掌握输入信号和输出负载的连接方法及注意事项，根据每个设备、器材的图形符号和连接方法设计电气原理图并填入附表 4。将设计电气原理图时出现的问题和解决办法记录到附表 6 中。

线路安装

建议采用插线方式进行线路的连接。由组员根据任务备料单准备实训器材，根据电气原理图进行线路的连接并进行检查，无误后由组长进行检查和检测。最后，邀请其他小组进行交叉检验。线路检测按照附表 5 进行，将线路安装、检验时出现的问题和解决办法记录到附表 6 中。

设计程序

根据控制任务，要求先采用经验设计法，利用梯形图设计程序。按照控制功能逐步解决的方式，自己先尝试利用自己所学的知识和技能完成控制任务。遇到问题通过查阅资料、学习知识页内容，再次尝试完成。最后，尝试完成拓展页的拓展内容。

引导问题 7：有多少个抢答器指示灯，每个指示灯由几个输入按钮控制？

引导问题 8：为什么要加入脉冲指令，脉冲指令都有什么用途？

功能调试

总结任务实施过程中出现的问题及解决方法（包含分工、用时、工艺、收获、问题

任务五　抢答器控制		日期：	实施页
班级：	姓名：	学号：	

及解决办法、改进措施和调整内容等）。

任务五　抢答器控制		日期：	拓展页
班级：	姓名：	学号：	

任务拓展

在完成基本控制实例的基础上，尝试完成以下拓展任务，任务完成后由指导教师在表 5-2 的完成情况处做记录。

表 5-2　任务拓展

序号	拓展任务描述	完成情况
1	增加抢答限时自复位。当有人完成抢答后，20s 后抢答器自动复位，复位指示灯亮	
2	设置违规报警。如果一个抢答台的抢答按钮按下时间超过 3s，则蜂鸣器和该位置指示灯闪烁提示违规，主持人按下复位可以消除	
3	增加 LED 数码管显示。抢答完成后，对应指示灯亮，同时七段 LED 数码管上显示该组数字	

任务五　抢答器控制		日期：	评价页
班级：	姓名：	学号：	

检查验收

根据表 5-3 进行验收和评价，将验收过程中出现的问题和整改措施记录到附表 7 中。

表 5-3　验收标准及评分

序号	验收项目	验收标准	分值	评分
1	I/O 地址分配表	1. 地址分配不正确、不完整，每错一个或漏一个扣 1 分 2. 地址分配标注不清晰、不整洁、表述不正确，每个扣 1 分	10	
2	PLC 外部接线图	1. 接线图中绘制的图形符号或文字符号不正确，每处扣 1 分 2. 接线图绘制与分配表不一致，每处扣 1 分 3. 接线图绘制不规范、不美观，扣 4 分	10	
3	安装与检测	1. 电器元件选用与任务书要求不符，每处扣 1 分 2. 电路连接错误，但没有造成元器件损坏和短路，每处扣 1 分 3. 连接导线颜色不符合要求，每根或每处扣 1 分 4. 导线连接接头超过三根线或连接不牢固、不可靠，每处扣 1 分	20	
4	功能调试	1. 设计系统不能起动，或起动没有反应，扣 5 分 2. 系统起动后出现短路情况，扣 10 分 3. 系统不能实现抢答功能或抢答显示，每个抢答台扣 3 分 4. 系统不能实现抢答提醒功能，扣 3 分 5. 系统不能实现主持人复位功能，扣 3 分 6. 系统不能实现防作弊功能，每个抢答台扣 3 分	40	
5	任务拓展	前两个拓展任务每独立完成一个得 10 分，第三个拓展任务等学习完任务九之后再尝试完成	20	
6	职业素养	1. 任务完成后，工位上工具、插线、元器件、资料、计算机、设备等摆放不规范、卫生不整洁，扣 5 分 2. 任务完成后，导线、压线端子等出现浪费（导线长度超过 20cm，废弃能用的压线端子、螺钉、螺母等器材数量超过两个），扣 5 分 3. 任务实施过程中，工具使用不规范、不正确，导致元器件出现滑丝、松动，扣 5 分 4. 任务实施过程中，不听从安排、大声喧哗、不尊敬教师，扣 10 分 5. 任务实施过程中，由于操作不当，导致元器件烧坏或损毁，除按原价赔偿外，扣 10 分 6. 任务实施过程中，由于连接错误，导致线路出现短路烧坏熔丝或造成跳闸的，成绩为 0 7. 任务实施过程中，由于操作不当导致核心器材（包括 PLC、触摸屏、直流电源等）损坏，除按原价赔偿外，成绩按 0 分计	职业素养不配分，违反从总分中扣除	
	合计		100	

任务五　抢答器控制		日期：	评价页
班级：	姓名：	学号：	

总结提高

各组根据任务完成情况回答下面的引导问题。

引导问题 9：在本次任务的实施中，你认为有哪些需要改进的地方？

引导问题 10：将自己设计的电气原理图与知识页中的电气原理图对比，有哪些不一样的地方？有什么问题？

引导问题 11：脉冲指令还可以应用在哪些地方？

回答完引导问题，各组展示作品，介绍任务的完成过程并提交阐述材料，进行学生自评、学生组内互评、教师评价，完成考核评价表。考核评价表见附表 8。

任务五　抢答器控制		日期：	知识页
班级：	姓名：	学号：	

相关知识点

一、抢答器模拟控制模块介绍

抢答器模拟控制模块如图 5-2 所示。模块上所用器件有：起动开关 SB6、停止开关 SB5、运行指示灯 HL5、抢答台按钮 SB1 ～ SB4、抢答台指示灯 HL1 ～ HL4、主持台抢答指示灯 HL6 和复位按钮 SR，另外再外接一个蜂鸣器 HA。

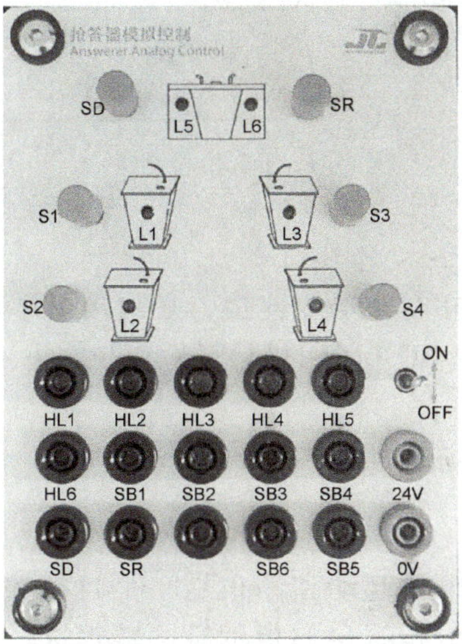

图 5-2　抢答器模拟控制模块

二、边沿检测指令

边沿检测指令也称为跳变指令、正负转换指令，包括上升沿检测（EU）指令和下降沿检测（ED）指令。

1. 上升沿检测指令

上升沿检测指令即 EU 指令，也称为正跳变指令，用于检测输入信号由 OFF 到 ON（由 0 到 1）的变化，即正跳变。EU 指令的梯形图形式由常开触点与上升沿检测指令标识符“P”构成，这里的“P”表示正跳变。EU 指令的语句表形式由上升沿检测指令操作码“EU”构成，无操作数。在梯形图中，执行 EU 指令，在检测到每一次正跳变时，让能流接通一个扫描周期，如图 5-3 所示。

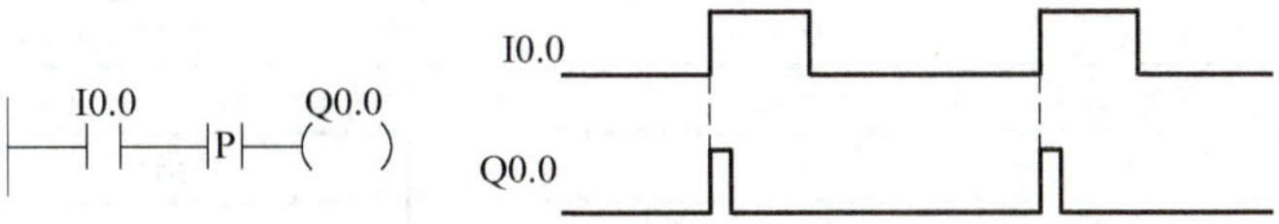

图 5-3　上升沿检测指令

任务五　抢答器控制		日期：	知识页
班级：	姓名：	学号：	

2. 下降沿检测指令

下降沿检测指令即 ED 指令，也称为负跳变指令，用于检测输入信号由 ON 到 OFF（由 1 到 0）的变化，即负跳变。ED 指令的梯形图形式由常开触点与下降沿检测指令标识符“N”构成，这里的“N”表示负跳变。ED 指令的语句表形式由下降沿检测指令操作码“ED”构成，无操作数。在梯形图中，执行 ED 指令，在检测到每一次负跳变时，让能流接通一个扫描周期，如图 5-4 所示。

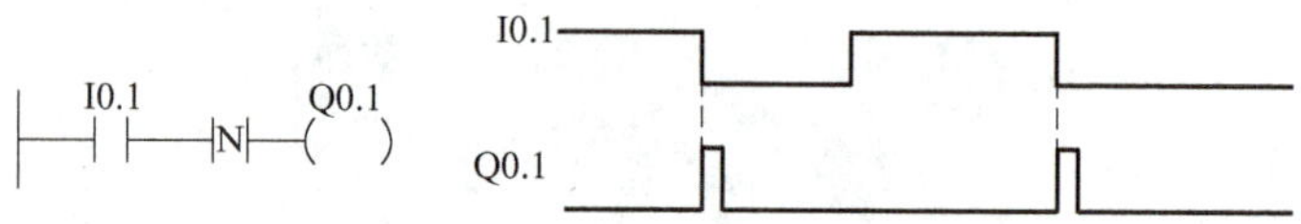

图 5-4　下降沿检测指令

3. 使用注意事项

1）EU、ED 指令不能直接与左母线连接，必须接在常开或常闭触点之后。

2）当条件满足时，EU、ED 指令的常开触点只接通一个扫描周期，接受控制的元件应接在这一触点之后。

三、抢答器控制任务实施

1. 分析控制要求

根据控制要求可知，系统的起动和停止是一个自锁控制；四个抢答台抢答时用的按钮按一下就松开，但是对应抢答台的指示灯不能熄灭，所以四个抢答台的指示灯也是自锁控制；四个抢答台哪个先按下抢答按钮哪个抢答台的指示灯亮，其他的抢答台再按下抢答按钮也不起作用，所以四个抢答台之间是联锁控制；防作弊的功能需要用到新的知识，在程序设计中讲解。

2. 分配 I/O 地址

根据任务分析，I/O 地址分配见表 5-4。

表 5-4　I/O 地址分配

输入			输出		
信号	功能	对应地址	信号	功能	对应地址
SR	主持人复位按钮	I0.0	HL5	运行指示灯	Q0.0
SB1	一号抢答台按钮	I0.1	HL1	一号抢答台指示灯	Q0.1
SB2	二号抢答台按钮	I0.2	HL2	二号抢答台指示灯	Q0.2
SB3	三号抢答台按钮	I0.3	HL3	三号抢答台指示灯	Q0.3
SB4	四号抢答台按钮	I0.4	HL4	四号抢答台指示灯	Q0.4
SB5	起动开关 ON	I0.5	HL6	抢答指示灯	Q0.5
SB6	停止开关 OFF	I0.6	HA	蜂鸣器	Q0.6

任务五 抢答器控制		日期：	知识页
班级：	姓名：	学号：	

3. 设计电气原理图

根据所采用 PLC 的接线规则和地址分配表设计电气原理图，如图 5-5 所示。

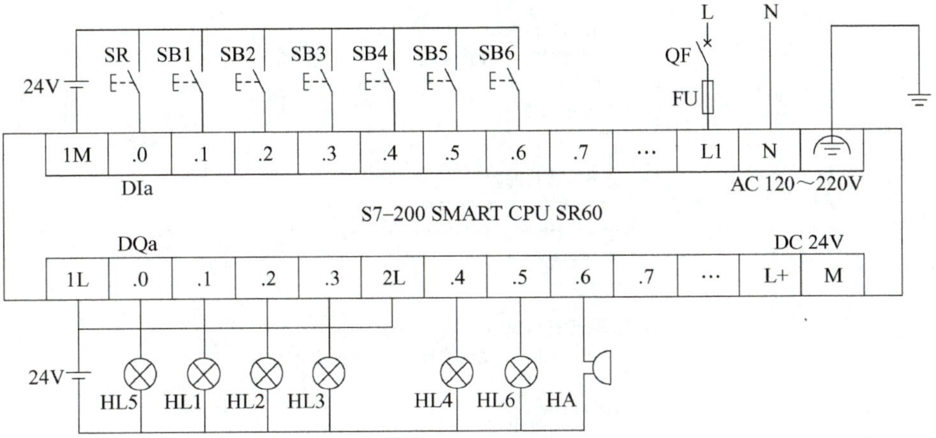

图 5-5 抢答器控制系统电气原理图

4. 进行线路安装和检测

1）线路的安装方法和步骤请扫描二维码观看。

2）线路的检查和检测方法与任务三一致，参见任务三线路的检测方法。

抢答器控制线路的安装

5. 程序设计

首先根据 I/O 地址分配表在编程软件中编写符号表。

（1）系统的起动和停止

主持人按下起动按钮后，系统运行指示灯亮，系统进入运行状态；主持人按下停止按钮后，系统停止，运行指示灯熄灭。可以设计如图 5-6 所示的系统起停控制程序。

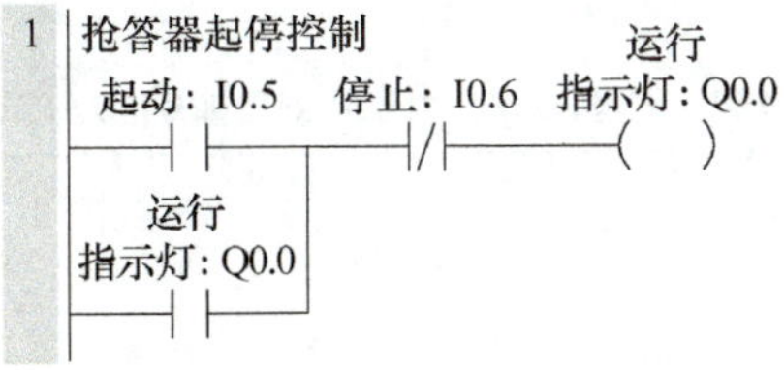

图 5-6 系统起停控制程序

（2）抢答台控制

选手按下抢答按钮，对应抢答台的指示灯保持常亮，主持人按下复位按钮，抢答台的指示灯熄灭。可以设计如图 5-7 所示的抢答台控制程序。

任务五　抢答器控制		日期：	知识页
班级：	姓名：	学号：	

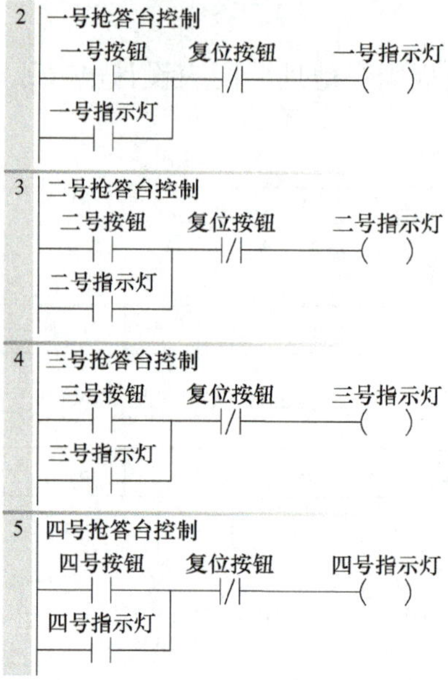

图 5-7　抢答台控制程序

抢答器要具备抢答功能，即最先按下抢答按钮的抢答台指示灯亮以后，其他抢答台再按下抢答按钮对应的指示灯不亮，也就是具有联锁功能。同时也要让四个抢答台受系统起停控制，可以设计如图 5-8 所示的抢答功能控制程序。

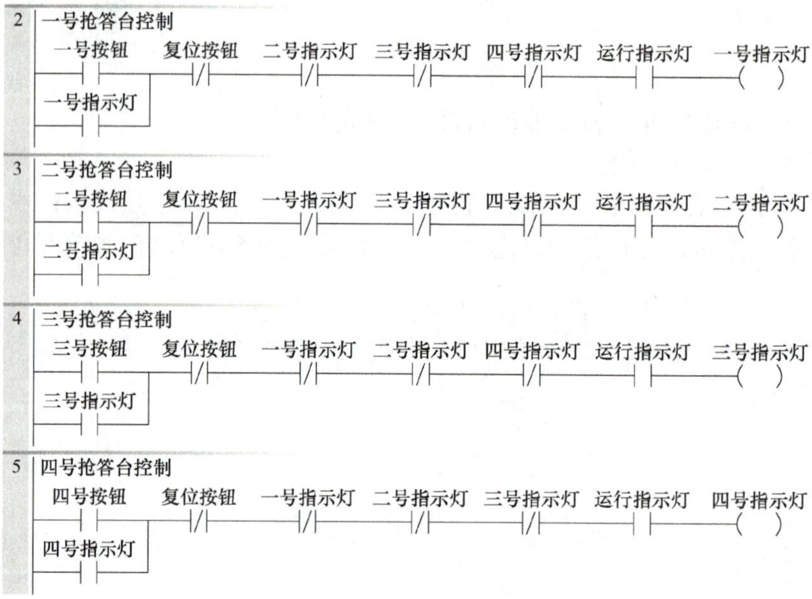

图 5-8　抢答功能控制程序

任务五　抢答器控制		日期：	知识页
班级：	姓名：	学号：	

（3）蜂鸣器控制

无论哪个抢答台按下抢答按钮后，指示灯亮的同时蜂鸣器要发出抢答声音，声音持续 0.5s，需要添加一个定时器用于对声音计时，时间到后断开蜂鸣器，所以蜂鸣器的起动信号应该是每个抢答台的抢答按钮，停止信号应该是定时器，同时抢答按钮不能持续 0.5s 所以要加自锁。根据控制功能设计如图 5-9 所示的蜂鸣器控制程序。

通过编译下载调试观察控制功能，我们会发现上面的程序存在一个问题，就是无论什么时候，只要按下一次按钮，蜂鸣器就会响 0.5s，这样蜂鸣器就不受控制，答题过程中按下会发出声音影响答题，所以上面的程序还需要再进行改进。当有抢答台按下按钮并且抢答成功，蜂鸣器发出声响后，不让定时器失电，可以直接采用每个抢答台上的指示灯来控制，程序更科学。添加上系统起停控制，改进程序如图 5-10 所示。

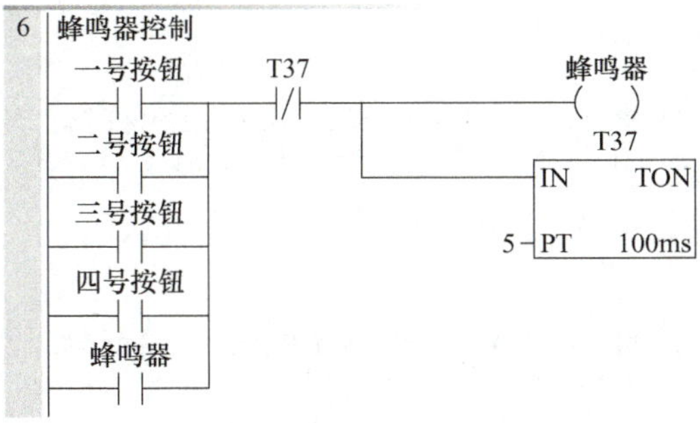

图 5-9　蜂鸣器控制程序

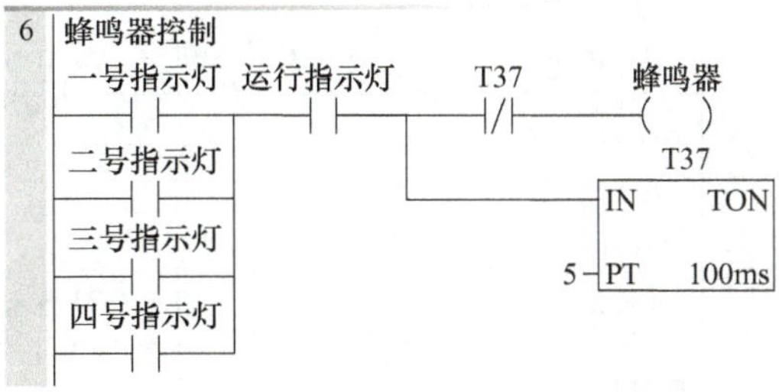

图 5-10　蜂鸣器控制改进程序

（4）抢答指示灯控制

当系统处于抢答状态时抢答指示灯亮，如果有人已经抢答成功则抢答指示灯灭，所以抢答指示灯和每个抢答台上的指示灯是相反的关系，抢答台上的指示灯都不得电则抢答指示灯得电，只要有一个抢答台上的指示灯得电则抢答指示灯不能得电，所以设计的程序如图 5-11 所示。

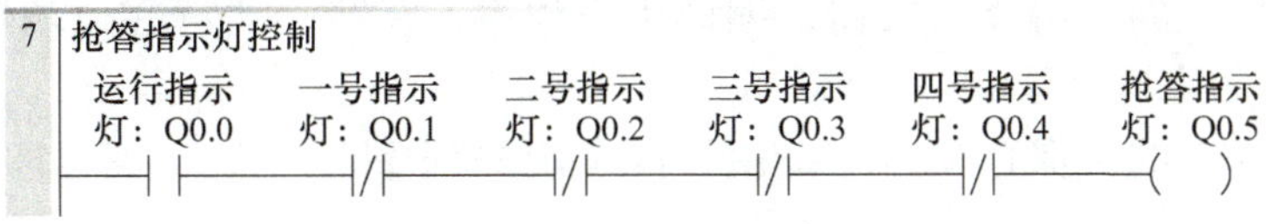

图 5-11　抢答指示灯控制

（5）防作弊抢答控制

按上面的步骤，抢答器控制程序已基本完成，但是这样的程序有没有问题呢？

任务五　抢答器控制		日期：	知识页
班级：	姓名：	学号：	

假如选手一直按下按钮，即按钮一直保持接通状态，那么一直按下按钮的选手将抢答成功，这种情况该怎样解决呢？这时就用到了本任务重点介绍的边沿检测指令了，因为边沿检测指令是对其输入端从断开到闭合或者从闭合到断开的瞬间，可以利用正跳变指令解决有选手提前按下抢答按钮恶意抢答的情况，其程序如图 5-12 所示。

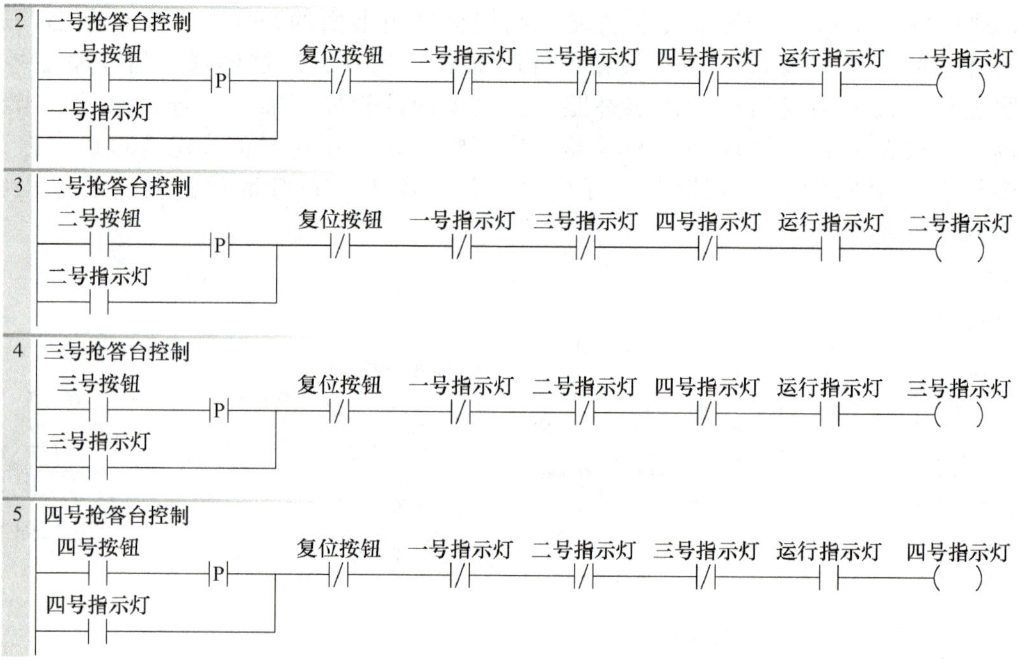

图 5-12　防作弊抢答控制程序

（6）完整的控制程序

完整的抢答器控制程序如图 5-13 所示。

6. 传输调试

（1）编译程序

单击工具栏中的“编译”按钮，编译用户程序，检查是否存在语法错误。

（2）保存项目

单击工具栏中的“保存项目”按钮，保存用户程序。

（3）下载项目

单击工具栏中的“下载”按钮，下载用户程序。

（4）调试

程序下载完成后，按照表 5-5 进行调试。

任务五　抢答器控制		日期：	知识页
班级：	姓名：	学号：	

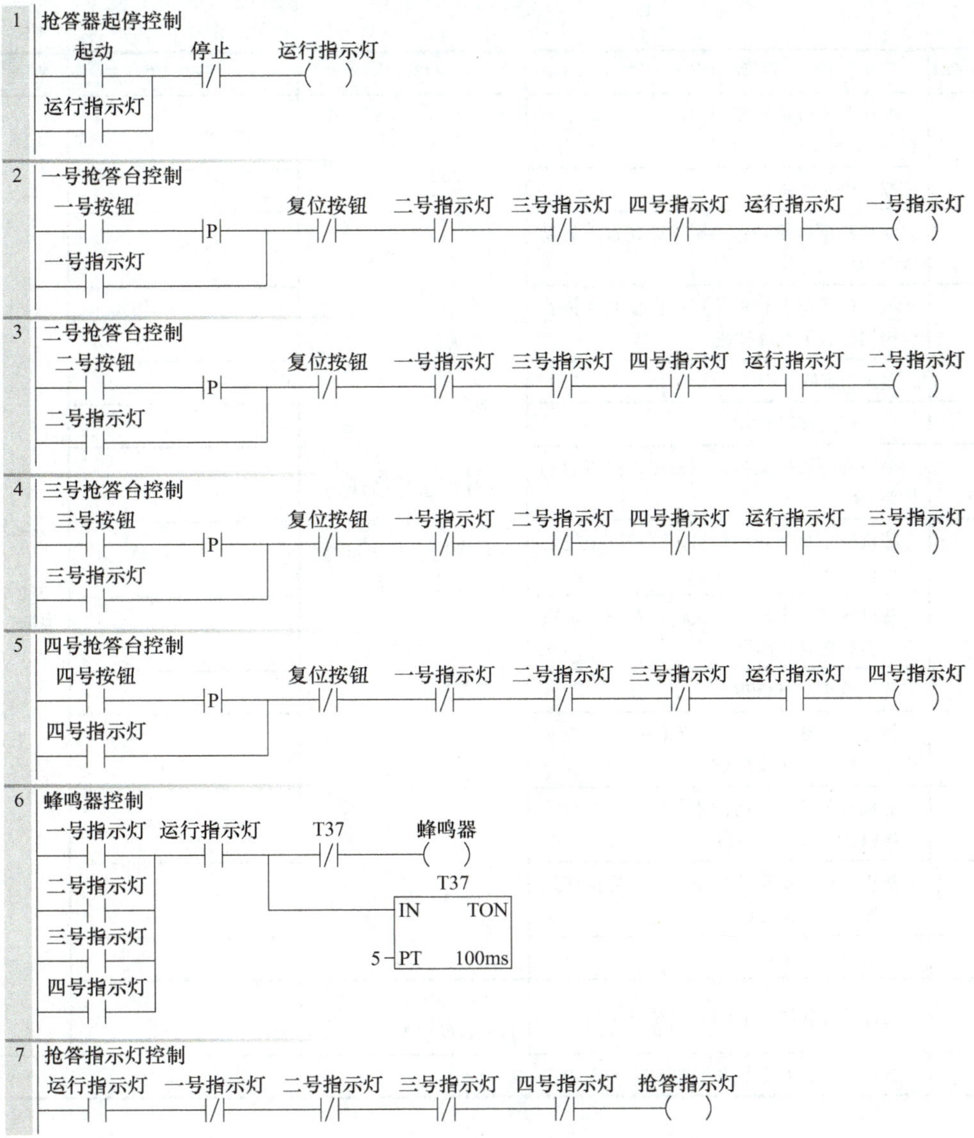

图 5-13　抢答器控制程序

表 5-5　功能调试

操作步骤	操作内容	观察内容	观察结果	思考内容
1	单击工具栏中的“程序状态”监视按钮，监控程序	PLC 的指示灯状态和编程界面状态		
2	单击“RUN”按钮运行 PLC	“STOP”“RUN”指示灯的状态		

<table>
<tr><td colspan="2">任务五　抢答器控制</td><td>日期：</td><td rowspan="2">知识页</td></tr>
<tr><td>班级：</td><td>姓名：</td><td>学号：</td></tr>
</table>

（续）

<table>
<tr><th>操作步骤</th><th>操作内容</th><th>观察内容</th><th>观察结果</th><th>思考内容</th></tr>
<tr><td>3</td><td>编写和下载起停控制程序，按下起动按钮 ON</td><td rowspan="14">I/O 指示灯的状态，运行指示灯、抢答指示灯、抢答台指示灯、蜂鸣器等工作情况</td><td></td><td rowspan="15">程序是否可以优化，功能是否有遗漏</td></tr>
<tr><td>4</td><td>按下停止按钮 OFF</td><td></td></tr>
<tr><td>5</td><td>编写和下载抢答台控制程序，按下起动按钮 ON</td><td></td></tr>
<tr><td>6</td><td>随机按下抢答台的按钮，再按其他抢答台按钮，按下复位按钮</td><td></td></tr>
<tr><td>7</td><td>重复上面操作</td><td></td></tr>
<tr><td>8</td><td>按下停止按钮 OFF</td><td></td></tr>
<tr><td>9</td><td>编写和下载蜂鸣器控制程序，按下起动按钮 ON</td><td></td></tr>
<tr><td>10</td><td>随机按下抢答台的按钮，再按其他抢答台按钮，按下复位按钮</td><td></td></tr>
<tr><td>11</td><td>随机选择一个抢答台按钮，在复位前按下，然后按复位按钮</td><td></td></tr>
<tr><td>12</td><td>按下停止按钮 OFF</td><td></td></tr>
<tr><td>13</td><td>编写和下载调试带边沿检测指令的控制程序，按下起动按钮 ON</td><td></td></tr>
<tr><td>14</td><td>随机按下抢答台的按钮，再按其他抢答台按钮，按下复位按钮</td><td></td></tr>
<tr><td>15</td><td>随机选择一个抢答台按钮，在复位前按下，然后按复位按钮</td><td></td></tr>
<tr><td>16</td><td>按下停止按钮 OFF</td><td></td></tr>
<tr><td>17</td><td>通过编程软件停止 CPU 模块的运行</td><td>“STOP”“RUN”指示灯的状态</td><td></td></tr>
<tr><td>18</td><td colspan="4">调试完毕，关断电源开关 QF，整理设备和器材</td></tr>
</table>

项目二

顺序功能图和顺序控制指令及其应用

任务六　机械手控制

任务七　简易十字路口交通信号灯控制

任务六　机械手控制

——任务页、信息页、实施页、拓展页、评价页、知识页

任务六　机械手控制		日期：	任务页
班级：	姓名：	学号：	

学习任务描述

随着工业自动化的发展，机械手已经成为工业生产中非常重要的应用之一。机械手可以代替人工实现物料搬运、工件拆卸、自动上下料等功能，其动作精准，可靠性高，可大大提高工业生产率。机械手的种类多种多样，按驱动类型可分为液压式、气动式、电动式和机械式等。机械手用压缩控制来驱动，优点是成本低、清洁、空气随处可取，缺点是抓取的重量受限，不易抓取太重的物料。机械手实物如图 6-1 所示。

本任务主要学习机械手的控制，作为初学者，我们用指示灯和开关替代控制气阀的继电器和气缸上的磁性传感器，机械手模拟控制模块如图 6-2 所示，任务实现的控制功能是将物料从传送带 A 移到传送带 B。

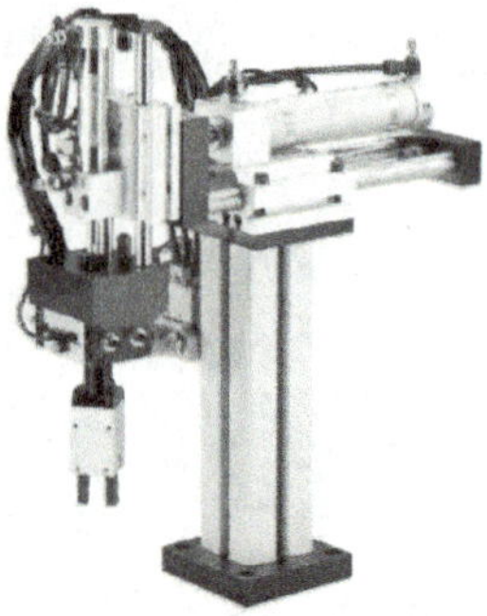

图 6-1　机械手实物

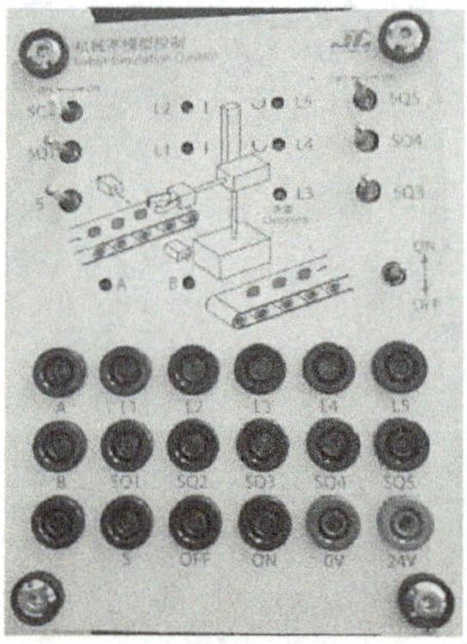

图 6-2　机械手模拟控制模块

以该机械手为例，运用 PLC 顺序控制设计法，采用 SCR 指令设计机械手控制系统，实现以下功能。

1）复位功能。PLC 上电，机械手手爪放松，上升至上限位，右转至右限位处（从机械手自身来看，即传送带 A 侧）停止。

2）起停控制。机械手复位后，按下起动按钮 SB1，机械手控制系统起动，进入运行状态。按下停止按钮 SB2，机械手控制系统完成当前工作循环后停止工作。

3）搬运功能。工作流程如下：

任务六　机械手控制		日期：	任务页
班级：	姓名：	学号：	

① 按下起动按钮 SB1，系统开始工作，传送带 A 和传送带 B 同时起动运转。
② 当传感器 S 检测到有物料时，传送带 A 停止运转，机械手升降气缸下降。
③ 下降到下限位开关 SQ1 时，手爪夹紧物料，并延时 1s。
④ 延时 1s 时间到，升降气缸上升，传送带 A 再次运转。
⑤ 上升到上限位开关 SQ2 时，旋转气缸左转。
⑥ 左转到左限位开关 SQ5 时，升降气缸下降。
⑦ 下降到下限位开关 SQ1 时，手爪松开物料，并延时 1s。
⑧ 延时 1s 时间到，升降气缸上升。
⑨ 上升到上限位开关 SQ2 时，旋转气缸右转。
⑩ 右转到右限位开关 SQ4 时，等待传感器 S 检测到下一个物料时，再次开始循环。

4）触摸屏控制功能。使用触摸屏创建人机交互界面，实现对机械手的起停控制和状态指示。按下触摸屏人机界面上的起动按钮，机械手开始工作，同时人机界面上运行指示灯点亮；按下触摸屏人机界面上的停止按钮，机械手完成当前工作循环后停止工作，同时人机界面上运行指示灯熄灭。

学习目标

1）掌握顺序控制的概念和应用场景，能够举出几个顺序控制的实例；掌握顺序功能图的概念、组成要素、三种基本结构及顺序控制程序设计的思路和要求，能够根据控制要求，用顺序控制的方式设计顺序功能图；能绘制机械手控制的单序列顺序功能图；掌握顺序控制指令的功能和使用规则，能使用 SCR 指令将机械手控制的顺序功能图转换为梯形图。

2）掌握昆仑通态触摸屏组态软件的安装方法、各部分功能、操作方法；掌握昆仑通态触摸屏设备组态和用户窗口的创建方法，能够下载调试组态，实现对控制系统的控制功能。

3）能够与团队成员一起对控制系统进行安装、检测和调试；能够总结顺序功能图和顺控指令编程的优点和缺点，能够判断出何时使用顺序功能图和顺控指令编程。

任务分组

小组成员可根据自己的能力、特长、主观意愿认领具体工作并填写附表 1，根据工作的难易程度设置三个级别，分别对应相应分值，工作内容见表 6-1，每个组员所选工作不得少于两项。

任务六　机械手控制		日期：	任务页
班级：	姓名：	学号：	

表 6-1　工作内容

工作内容	简单（每项 1 分）	一般（每项 2 分）	较难（每项 3 分）
分工完成	① 制作 I/O 地址分配表	④ 设计电气原理图	⑦ 程序设计、调试
	② 材料准备	⑤ 电气安装	⑧ 线路检查和检测
	③ 整理收拾	⑥ 制作任务备料单和预算表	⑨ 触摸屏组态
合作完成	总结提高		

任务准备

根据任务要求，经小组成员商议，共同完成任务备料单，见附表 2。

任务六 机械手控制		日期：	信息页
班级：	姓名：	学号：	

获取信息

引导问题 1：机械手的分类有哪些？

引导问题 2：机械手在工业生产中的应用有哪些？

引导问题 3：本任务的 PLC 输出元件是什么？描述 PLC 是如何通过输出元件控制机械手动作的。

引导问题 4：描述机械手搬运机构的动作顺序，并尝试画出动作流程图。

任务六　机械手控制		日期：	实施页
班级：	姓名：	学号：	

任务分析

分析任务中有哪些控制方式，并回答以下问题。

1）输入信号有哪些？

2）输出信号有哪些？

3）有哪些控制要求？

4）有哪些知识盲点？

输入 / 输出信号的分配

根据任务分析情况，结合 PLC 选型和特点，分配输入 / 输出地址并填写附表 3。将分配地址时出现的问题和解决办法记录到附表 6 中。

设计电气原理图

根据所选 PLC 的型号，认真阅读该型号 PLC 的说明书，明确该 PLC 的电源电压类型和电压等级，掌握输入信号和输出负载的连接方法及注意事项，根据每个设备、器材的图形符号和连接方法设计电气原理图并填入附表 4。将设计电气原理图时出现的问题和解决办法记录到附表 6 中。

线路安装

此实例建议采用插线方式进行线路的连接。由组员根据任务备料单准备实训器材，然后根据电气原理图进行线路的连接后进行检查，无误后再由组长进行检查和检测。无误后，邀请其他小组进行交叉检验。线路检测按照附表 5 进行，将线路安装、检验时出现的问题和解决办法记录到附表 6 中。

设计程序

根据控制任务，要求先采用经验设计法，利用梯形图设计程序，按照逐步解决的方式，通过实训实现控制功能。然后，再学习顺序功能图的相关知识，利用顺序功能图实现控制功能。最后，总结和对比经验设计法和顺序功能图设计法的优缺点，能根据控制要求选用最合适的程序设计方法。

功能调试

总结任务实施过程中出现的问题及解决方法（包含分工、用时、工艺、收获、问题及解决办法、改进措施和调整内容等）。

任务六　机械手控制		日期：	实施页
班级：	姓名：	学号：	

任务六　机械手控制		日期：	拓展页
班级：	姓名：	学号：	

任务拓展

在完成基本控制任务的基础上，尝试完成以下拓展任务，任务完成由指导教师在表 6-2 的完成情况处做记录。

表 6-2　任务拓展

序号	拓展任务描述	完成情况
1	在基本任务的基础上增加急停功能。即按下急停按钮，机械手立即停止动作。复位急停按钮，工作继续。按下停止按钮，机械手完成当前工作循环后停止	
2	增加一个转换开关 SA，用于切换单步调试和连续运行工作模式。转换开关 SA 打到左侧为单步调试模式，转换开关 SA 打到右侧为连续运行模式。单步调试模式时，通过一个点动按钮依次调试机械手下降、上升、夹紧、右转、左转是否工作正常	

任务六　机械手控制		日期：	评价页
班级：	姓名：	学号：	

检查验收

根据表 6-3 进行验收和评价，将验收过程中出现的问题和整改措施记录到附表 7 中。

表 6-3　验收标准及评分

序号	验收项目	验收标准	分值	评分
1	I/O 地址分配表	1. 地址分配不正确、不完整，每错一个或漏一个扣 1 分 2. 地址分配标注不清晰、不整洁、表述不正确，每个扣 1 分	10	
2	PLC 外部接线图	1. 接线图中绘制的图形符号或文字符号不正确，每处扣 1 分 2. 接线图绘制与分配表不一致，每处扣 1 分 3. 接线图绘制不规范、不美观，扣 4 分	15	
3	安装与检测	1. 电器元件选用与任务书要求不符，每处扣 1 分 2. 电路连接错误，但没有造成元器件损坏和短路，每处扣 1 分 3. 连接导线颜色不符合要求，每根或每处扣 1 分 4. 导线连接接头超过三根线或连接不牢固、不可靠，每处扣 1 分	20	
4	功能调试	未按要求实现起停控制，扣 5 分	5	
		未按要求实现上电复位功能，扣 10 分	10	
		搬运功能每少一步，扣 2 分	20	
5	任务拓展	每独立完成一个拓展任务得 10 分	20	
6	职业素养	1. 任务完成后，工位上工具、插线、元器件、资料、计算机、设备等摆放不规范、卫生不整洁，扣 5 分 2. 任务完成后，导线、压线端子等出现浪费（导线长度超过 20cm，废弃能用的压线端子、螺钉、螺母等器材数量超过两个），扣 5 分 3. 任务实施过程中，工具使用不规范、不正确，导致元器件出现滑丝、松动，扣 5 分 4. 任务实施过程中，不听从安排、大声喧哗、不尊敬教师，扣 10 分 5. 任务实施过程中，由于操作不当，导致元器件烧坏或损毁，除按原价赔偿外，扣 10 分 6. 任务实施过程中，由于连接错误，导致线路出现短路烧坏熔丝或造成跳闸的，成绩为 0 7. 任务实施过程中，由于操作不当导致核心器材（包括 PLC、触摸屏、直流电源等）损坏，除按原价赔偿外，成绩按 0 分计	职业素养不配分，违反从总分中扣除	
	合计		100	

任务六　机械手控制		日期：	评价页
班级：	姓名：	学号：	

总结提高

各组根据任务完成情况回答下面的引导问题。

引导问题 5：设计电气原理图时应注意哪些问题？

引导问题 6：将自己设计的电气原理图与知识页中的电气原理图对比，有哪些不一样的地方？有什么问题？

引导问题 7：根据电气原理图进行线路的安装，是否一次安装正确？如果不是，哪儿出现了错误？

引导问题 8：顺序功能图程序设计方法有哪些优点？

引导问题 9：在本次任务的实施中，你认为有哪些需要改进的地方？

回答完引导问题，各组展示作品，介绍任务的完成过程并提交阐述材料，进行学生自评、学生组内互评、教师评价，完成考核评价表。考核评价表见附表 8。

任务六　机械手控制		日期：	知识页
班级：	姓名：	学号：	

相关知识点

一、机械手模拟控制模块介绍

1. 机械手模拟控制模块面板介绍

机械手是一种在程序控制下能模仿人手动作，自动抓取物料、搬运物料的装置，机械手模拟控制模块如图 6-2 所示。

假设机械手为气动驱动型，由三个气缸组成，分别为升降气缸、旋转气缸和手爪气缸。这些部件实现了机械手的三个自由度的动作：手臂上下、手臂左右旋转和手爪松紧。升降气缸、旋转气缸和手爪气缸上均有到位检测传感器，它们是一种磁性开关，当气缸活塞做往复运动时，安装在活塞上的磁环也一起运动，气缸的活塞运动到哪一端，哪一端的磁性开关就检测到磁环，磁性开关动作，发出电信号给 PLC。在机械手模拟控制模块中，用钮子开关手动模拟磁性开关，SQ1 ～ SQ5 分别表示下降到位开关、上升到位开关、夹紧到位开关、右转到位开关和左转到位开关。通过设置钮子开关 SQ1、SQ2、SQ4、SQ5 分别对机械手的下降、上升、右转、左转进行限位，SQ3 是手爪夹紧限位，它是通过延时 1s 来表示夹紧、松开动作实现的。

机械手是通过 PLC 控制程序实现对输出元件电磁阀的执行操作，电磁阀对气路中气压进行控制，带动气缸动作，从而完成相应动作。机械手的升降和左右移动分别使用双向线圈电磁阀，当某个方向的驱动线圈失电时能保持在原位，必须驱动反向的线圈才能反向运动。机械手的手爪使用单线圈电磁阀，线圈通电时夹紧物料，断电时松开物料。上升、下降对应的电磁阀线圈分别是 YV2、YV1，夹紧的电磁阀线圈是 YV3，右行、左行对应的电磁阀线圈分别是 YV4、YV5。在机械手模拟控制模块中，用指示灯模拟电磁阀线圈，HL1 ～ HL5 分别表示下降、上升、夹紧、右转、左转，灯亮表示对应电磁阀得电动作，灯灭表示电磁阀失电。

在机械手模拟控制模块中，用钮子开关 S 表示物料检测传感器，当 S 拨到 ON 时，表示检测到有物料。用指示灯 HLA、HLB 表示传送带 A、B 运转，灯亮表示传送带运行，灯灭表示停止。

2. 机械手模拟控制模块动作流程

上电后，机械手初始位置为手爪放松（HL3 不得电），上升（HL2 得电）至上限位（SQ2 闭合），右转（HL4 得电）至右限位处（SQ4 闭合）。其工作时的动作流程：初始位置→手臂下降→手爪夹紧 1s →手臂上升→手臂左转→手臂下降→手爪松开 1s →手臂上升→手臂右转，如图 6-3 所示。具体如下。

1）按下起动按钮 SB1，系统开始工作，传送带 A 和传送带 B 同时起动运转。

2）当传感器 S 检测到有物料时，传送带 A 停止运转，机械手升降气缸下降。

3）下降到下限位开关 SQ1 时，手爪夹紧物料，并延时 1s。

任务六　机械手控制		日期：	知识页
班级：	姓名：	学号：	

4）延时 1s 时间到，升降气缸上升，传送带 A 再次运转。

5）上升到上限位开关 SQ2 时，旋转气缸左转。

6）左转到左限位开关 SQ5 时，升降气缸下降。

7）下降到下限位开关 SQ1 时，手爪松开物料，并延时 1s。

8）延时 1s 时间到，升降气缸上升。

9）上升到上限位开关 SQ2 时，旋转气缸右转。

10）右转到右限位开关 SQ4 时，等待传感器 S 检测到下一个物料时，再次开始循环。

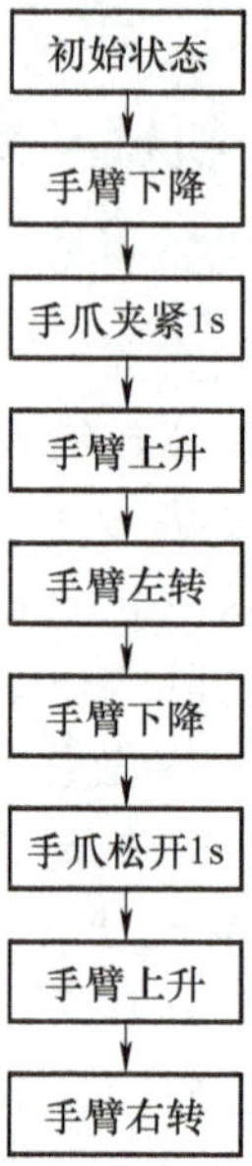

图 6-3　机械手的动作流程图

二、顺序控制设计法

所谓顺序控制，就是按照生产工艺要求，在各个输入信号的作用下，根据内部的状态和时间顺序控制生产过程中各个执行机构自动而有序地进行工作。如果一个控制系统可以分解成几个独立的控制动作，且这些动作必须严格按照一定的先后次序执行才能保证生产过程的正常进行，那么这种系统就可以叫作顺序控制系统，也称为步进控制系统。顺序控制设计法是根据顺序功能图，以步为核心，从起始步开始，一步一步地完成程序设计。这种设计方法很容易被初学者接受，对于有经验的工程师，也会提高设计的效率，程序的调试、修改和阅读也很方便。

1. 顺序功能图

顺序功能图就是按照顺序控制的思想，根据工艺过程，将程序的执行分成各个程序步，每一步由进入条件、程序处理、转移条件和程序结束 4 部分组成。顺序功能图由以下几部分组成。

1）步。将一个复杂的顺控程序分解为若干状态，这些状态称为步。步用单线方框表示，框中编号可以是 PLC 中的辅助继电器或状态继电器（S）的编号。步又分为活动步和静步。活动步是指当前正在运行的步，静步是指没有运行的步。步处于活动状态时，相应的状态被执行。西门子 S7-200 SMART PLC 内有专用的状态继电器用于顺序控制，一共有 256 个（S0.0 ～ S31.7），用于对状态步命名。

2）动作。步方框右边用线条连接的符号为本步的工作对象，简称为动作。当状态继电器或辅助继电器接通时（ON），工作对象通电动作。

3）有向连线。有向连线表示状态的转移方向。在画顺序功能图时，将代表各步的方框按先后顺序排列，并用有向连线将它们连接起来，表示从上到下或从左到右，有向连线的箭头可以省略。

4）转移条件。转移条件用与有向连线垂直的短画线来表示，将相邻两状态隔开。转移条件标注在转移短线的旁边。转移条件是与转移逻辑相关的接点，可以是外部输

任务六　机械手控制		日期：	知识页
班级：	姓名：	学号：	

入信号，如按钮、开关等的通断，也可以是PLC内部产生的信号，如定时器、计数器的通断等，还可以是若干信号的与、或、非组合。

顺序功能图的组成要素如图6-4所示。

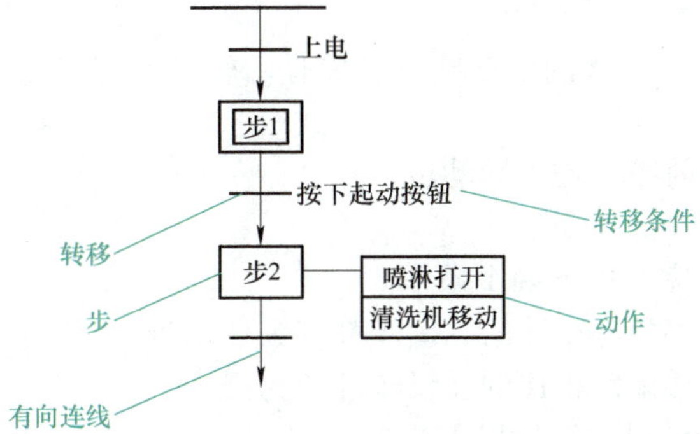

图6-4　顺序功能图的组成要素

顺序功能图有单序列顺序功能图、选择序列顺序功能图和并行序列顺序功能图三种，如图6-5所示。

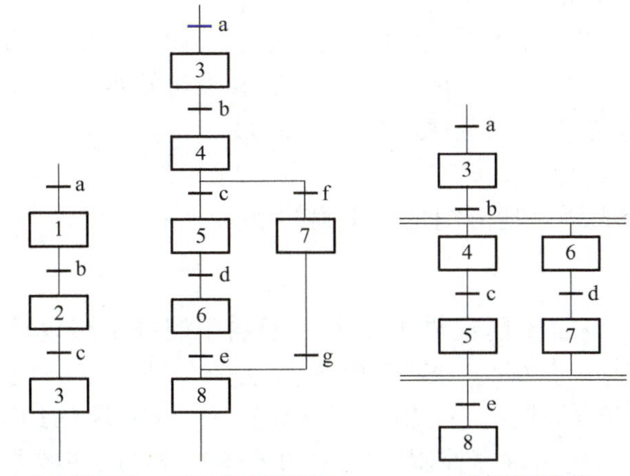

图6-5　顺序功能图的基本结构形式

图6-5a所示为单序列顺序功能图，其每一步的后面仅有一个转移，每一个转移的后面仅有一步。

图6-5b所示为选择序列顺序功能图，其开始称为分支，在分支处，转移符号只能标注在水平连线之下。若步4为活动步，当满足转移条件c时，则将步5置为活动步；当满足转移条件f时，则将步7置为活动步。

图6-5c所示为并行序列顺序功能图，其开始称为分支。当步3为活动步时，转移条件b满足时，将使步4和步6同时变为活动步，此时左右两个序列中活动步的发展是

任务六　机械手控制		日期：	知识页
班级：	姓名：	学号：	

独立的。在表示同步的水平双线之上，只允许有一个转移条件。并行序列的结束称为合并，在其同步水平双线之下，只允许有一个转移条件。当直接连接在双线上的所有前级步（步 5、步 7）都处于活动状态，且满足转移条件 e 时，才会将步 8 置为活动步。

2. 顺序功能图的转移实现规则

1）在顺序功能图中，步的活动状态进展是由转移实现来完成的，转移实现必须同时满足以下两个条件。

① 该转移的所有前级步均为活动步。

② 对应的转移条件得到满足。

2）转移实现时应完成以下两个操作。

① 所有与相应转移条件相连的后续步都变为活动步。

② 所有与相应转移条件相连的前级步都变为静步。

3）绘制顺序功能图时须注意以下几点。

① 两个步是不能直接相连的，必须用一个转移将其分开。

② 两个转移是不能直接相连的，必须用一个步将其分开。

③ 初始步是必不可少的。初始步一般对应于系统的等待启动初始状态，在初始步可以没有输出处于 ON 状态。

④ 控制系统应能多次重复执行同一生产过程，因此在顺序功能图中一般应为闭环结构，即完成一次全部操作后，应从最后一步返回初始步，系统处于初始状态。若该生产过程为循环工作方式，则顺序功能图应从最后一步返回下一工作周期开始运行的第一步。

①和②可作为检查顺序功能图是否正确的依据。

3. 顺序控制指令

S7-200 SMART PLC 专门提供了一类用于顺序控制系统设计的指令，即顺序控制指令，其组成及功能见表 6-4。LSCR 指令标记一个顺序控制继电器 SCR 段的开始。SCRT 指令执行 SCR 段的转移。SCRE 指令标记一个 SCR 段的结束。S7-200 CPU 含有 256 个顺序控制继电器用于顺序控制，即 S0.0 ～ S31.7。顺序控制指令可以方便地将程序的顺序功能图转换成梯形图，有的 PLC 还为用户提供了顺序功能图语言，这样，用户只需在编程软件中生成顺序功能图后便完成了编程工作。

表 6-4　顺序控制指令的组成及功能

STL	LAD	功能	操作对象
LSCR bit	bit ——[SCR]	步开始	S
SCRT bit	bit ——(SCRT)	步转移	S
SCRE	——(SCRE)	步结束	无

任务六　机械手控制		日期：	知识页
班级：	姓名：	学号：	

使用 SCR 指令的规则如下。

1）不能把同一个 S 位用于不同的程序中。例如，如果在主程序中用了 S0.1，在子程序中就不能再使用它。

2）在 SCR 段中不能使用 JMP 和 LBL 指令，也就是说不允许跳入、跳出或在内部跳转。可以在 SCR 段的附近使用跳转和标号指令。

3）在 SCR 段中不能使用 FOR、NEXT 和 END 指令。

4）顺序控制指令由 SCR 与 SCRE 指令之间的全部逻辑组成一个 SCR 程序段，SCRT 指令位于该程序段内部。当程序执行到 SCRT 指令时，将启动下一个 SCR 段，并停止本段程序的执行。

5）在程序中，SCR 指令和 SCRE 指令是成对出现的，SCR 指令表示步开始，SCRE 指令表示步结束，SCRT 指令的使用次数不受限制，可以根据需要多次使用。

4. 单序列结构顺序功能图

单序列顺序功能图的结构形式简单，其特点是每一步后面只有一个转移，每个转移后面只有一步。各个工作步按顺序执行，上一工作步执行结束，转移条件成立，立即开通下一工作步，同时关断上一工作步。在本任务中，使用单序列结构的顺序功能图设计即可。选择序列顺序功能图和并行序列顺序功能图在使用时再学习。

三、机械手控制任务实施

1. 分析控制要求

根据控制要求可以得知，这是一个典型的顺序控制，如果使用梯形图设计，程序比较复杂，调试时候还容易出现问题。由于只有一个工作流程，适合用单序列结构的顺序功能图进行设计。在掌握顺序功能图设计的基础上，再转化为梯形图，输入 PLC 并调试，观察功能，分析优缺点。

2. 分配 I/O 地址

通过对机械手模拟控制模块相关知识的学习，结合控制要求，可以分析出该任务的 I/O 地址分配，见表 6-5。

表 6-5　机械手控制的 I/O 地址分配

输入			输出		
信号	功能	对应地址	信号	功能	对应地址
SB1	起动按钮	I0.0	HLA	传送带 A 运转	Q0.0
SB2	停止按钮	I0.1	HLB	传送带 B 运转	Q0.1
S	物料检测	I0.2	HL1	下降	Q0.2
SQ1	下降到位	I0.3	HL2	上升	Q0.3
SQ2	上升到位	I0.4	HL3	夹紧	Q0.4

任务六　机械手控制		日期：	知识页
班级：	姓名：	学号：	

（续）

输入			输出		
信号	功能	对应地址	信号	功能	对应地址
SQ3	夹紧到位	I0.5	HL4	右转	Q0.5
SQ4	右转到位	I0.6	HL5	左转	Q0.6
SQ5	左转到位	I0.7			

3. 设计电气原理图

根据 I/O 地址分配情况，画出机械手控制系统的电气原理图，如图 6-6 所示。

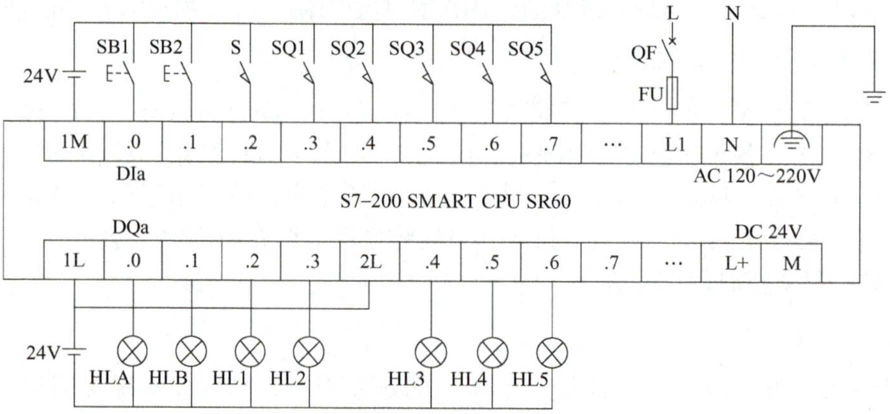

图 6-6　机械手控制系统的电气原理图

4. 进行线路安装和检测

1）线路的安装方法和步骤请扫描二维码观看。

2）线路的检查和检测方法与任务三一致，参见任务三线路的检测方法。

机械手控制线路的安装

5. 机械手控制系统的顺序功能图

通过分析任务的控制要求可知，机械手控制为典型的顺序控制，以编程元件 S 代表步画出单序列结构的顺序功能图，通过使用 SCR 指令来设计机械手搬运机构的 PLC 控制程序。

首先，根据机械手的动作流程图确定顺序功能图的步数，共 9 步。设备的起停控制在顺序功能图的外面设置，不放到顺序控制里面。

由于任务要求有上电复位功能，因此初始步 S0.0 中应包含机械手的初始化状态，执行的动作为手臂上升（Q0.3 置位，Q0.2 复位）、手臂右转（Q0.5 置位，Q0.6 复位）、手爪松开（Q0.4 复位）。S0.0 向下一步转移的条件是系统起动和检测到有物料。由于系

任务六　机械手控制		日期：	知识页
班级：	姓名：	学号：	

统运行中传送带 B 始终得电，把传送带 B 得电运转作为系统运行的标志，可作为 S0.0 向下转移的条件。因此，S0.0 转移到 S0.1 的条件是 I0.2（S）得电和 Q0.1 得电。步 S0.0 的顺序功能图如图 6-7 所示。

步 S0.1 中执行的动作为传送带 A 停转（Q0.0 复位）、手臂下降（Q0.3 复位，Q0.2 置位），S0.1 转移到 S0.2 的条件是下降到位 I0.3（SQ1）得电。步 S0.1 的顺序功能图如图 6-8 所示。

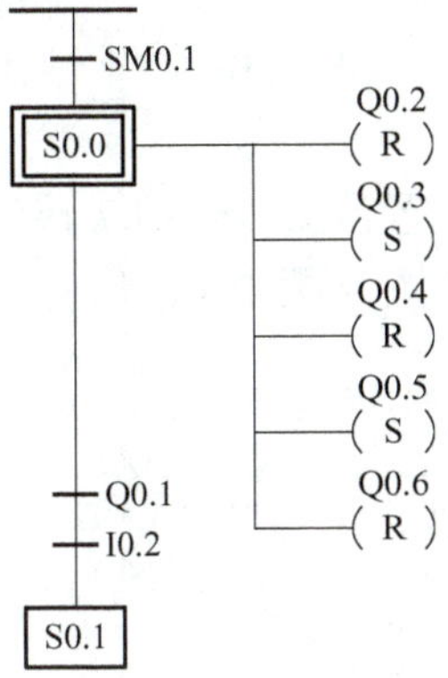

图 6-7　步 S0.0 的顺序功能图

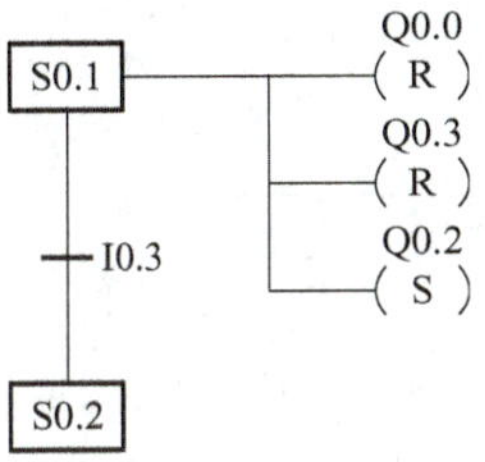

图 6-8　步 S0.1 的顺序功能图

步 S0.2 中执行的动作为手爪夹紧（Q0.4 置位），同时当夹紧检测到位后对 T37 定时器进行定时，步 S0.2 转移到步 S0.3 的条件是夹紧时间 1s 后，即 T37 常开触点得电。步 S0.2 的顺序功能图如图 6-9 所示。

步 S0.3 中执行的动作为手臂上升（Q0.2 复位，Q0.3 置位），同时传送带 A 起动运行（Q0.0 置位），步 S0.3 转移到步 S0.4 的条件是上升到位 I0.4（SQ2）得电。步 S0.3 的顺序功能图如图 6-10 所示。

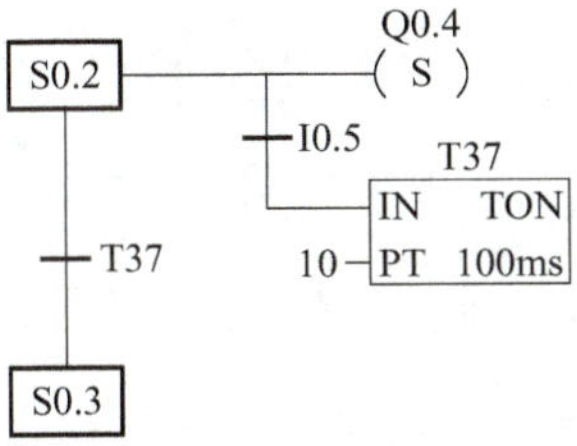

图 6-9　步 S0.2 的顺序功能图

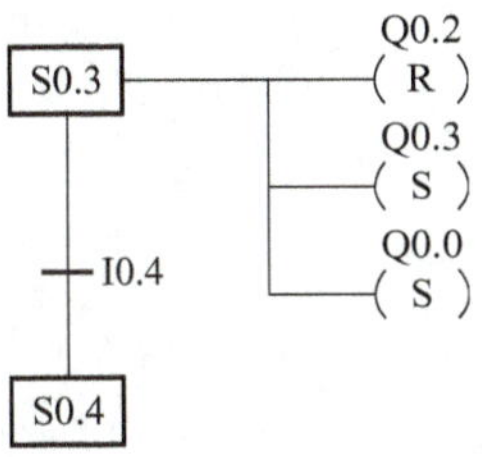

图 6-10　步 S0.3 的顺序功能图

步 S0.4 中执行的动作为手臂左转（Q0.5 复位，Q0.6 置位），步 S0.4 转移到步 S0.5 的条件是左转到位 I0.7（SQ5）得电。步 S0.4 的顺序功能图如图 6-11 所示。

步 S0.5 中执行的动作为手臂下降（Q0.3 复位，Q0.2 置位），步 S0.5 转移到步 S0.6 的条件是下降到位 I0.3（SQ1）得电。步 S0.5 的顺序功能图如图 6-12 所示。

任务六　机械手控制		日期：	知识页
班级：	姓名：	学号：	

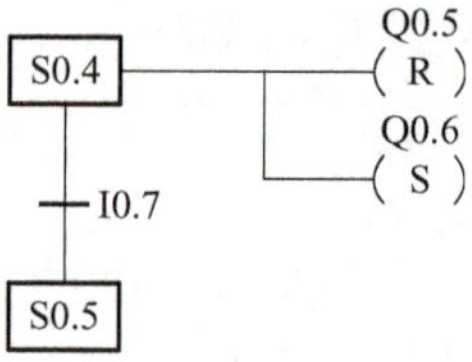

图 6-11　步 S0.4 的顺序功能图

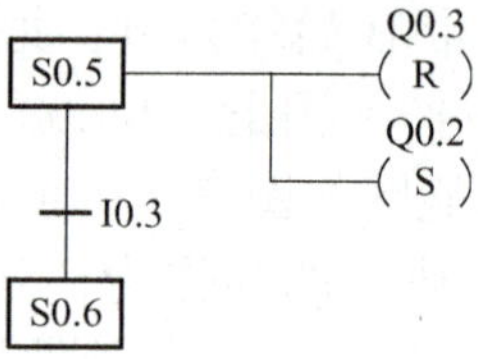

图 6-12　步 S0.5 的顺序功能图

步 S0.6 中执行的动作为手爪松开（Q0.4 复位），松开到位，同时对 T38 定时器进行定时，步 S0.6 转移到步 S0.7 的条件是松开时间 1s 后，即 T38 常开触点得电。步 S0.6 的顺序功能图如图 6-13 所示。

步 S0.7 中执行的动作为手臂上升（Q0.2 复位，Q0.3 置位），步 S0.7 转移到步 S1.0 的条件是上升到位 I0.4（SQ2）得电。步 S0.7 的顺序功能图如图 6-14 所示。

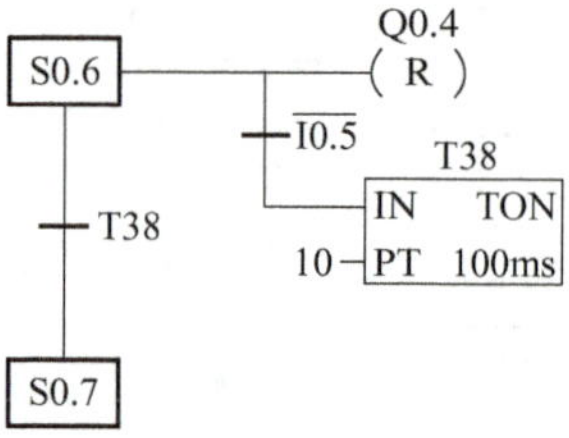

图 6-13　步 S0.6 的顺序功能图

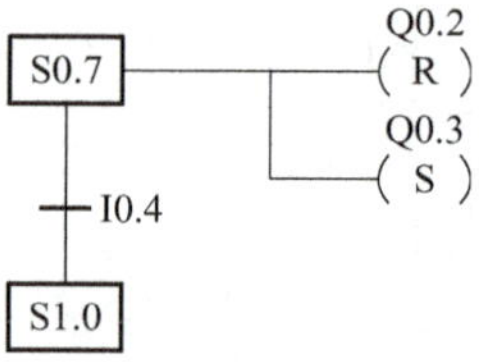

图 6-14　步 S0.7 的顺序功能图

步 S1.0 中执行的动作为手臂右转（Q0.6 复位，Q0.5 置位）。步 S1.0 为机械手一个完整动作流程的最后一步，通过控制要求可知，机械手走完一个完整动作流程后要回到初始状态 S0.0，等待下一个物料被检测到，重新开始工作循环，因此步 S1.0 的下一个状态就是回到步 S0.0。步 S1.0 转移到步 S0.0 的条件是右转到位 I0.6（SQ4）得电。步 S1.0 的顺序功能图如图 6-15 所示。

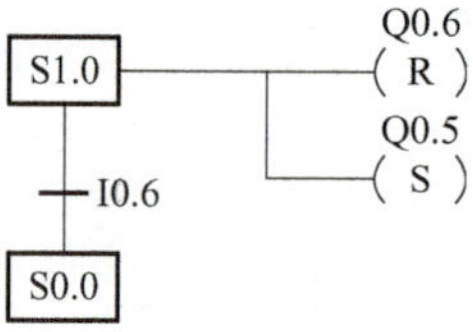

图 6-15　步 S1.0 的顺序功能图

整个任务的顺序功能图如图 6-16 所示。

6. 机械手控制梯形图

由控制要求可知，机械手整个系统的起停由起动按钮 SB1 和停止按钮 SB2 控制，系统起动后，传送带 A 和传送带 B 同时起动，且传送带 B 在机械手运行期间一直处于运行状态，因此可以将传送带 B 作为系统起动的运行标志。机械手起停控制程序如图 6-17 所示。

任务六 机械手控制		日期：	知识页
班级：	姓名：	学号：	

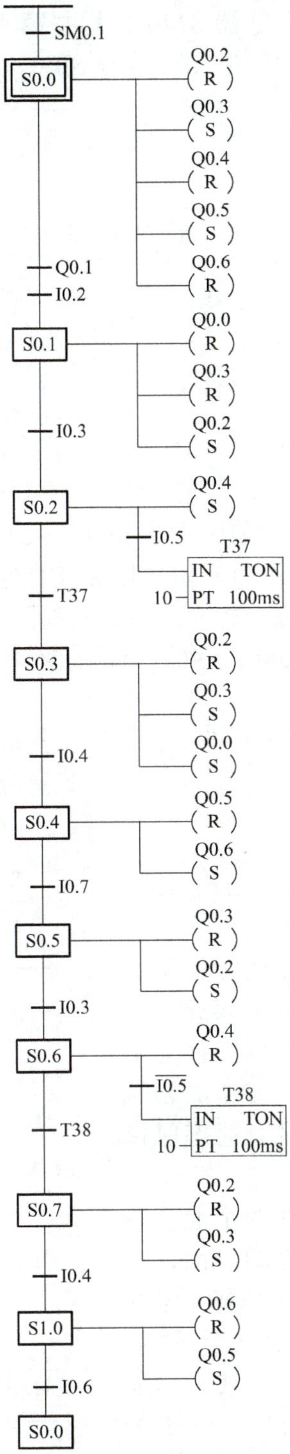

图 6-16 机械手的顺序功能图

任务六　机械手控制		日期：	知识页
班级：	姓名：	学号：	

上电后，通过特殊辅助继电器 SM0.1 上电第一次扫描将所有步 S0.0 ～ S1.0 先复位，然后置位 S0.0，使程序进入初始步 S0.0。机械手上电第一次扫描程序如图 6-18 所示。

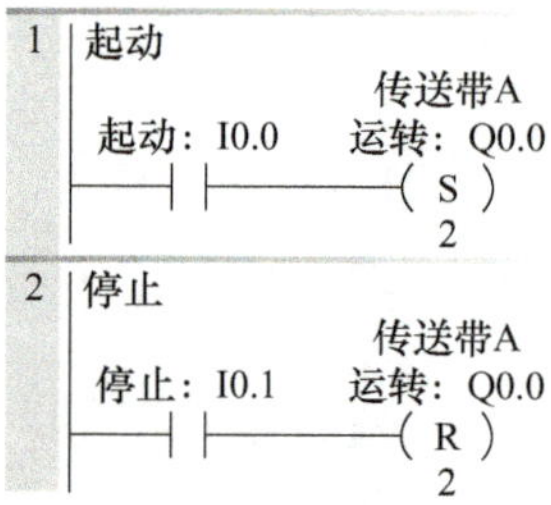

图 6-17　机械手起停控制程序

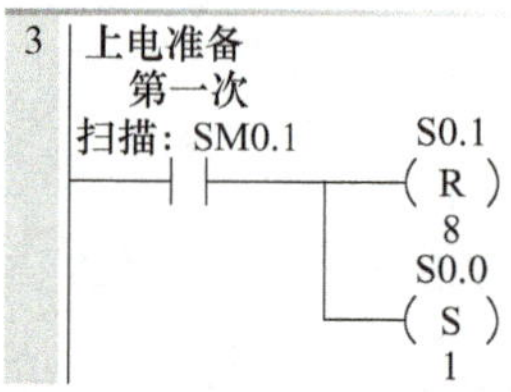

图 6-18　机械手上电第一次扫描程序

接下来需要将机械手的顺序功能图中步 S0.0 ～ S1.0 转换为梯形图。下面以步 S0.0 为例进行说明。步 S0.0 以 SCR 作为开始，以 SCRE 作为结束。步 S0.0 的输出为 Q0.3 和 Q0.5 置位，Q0.2、Q0.4 和 Q0.6 复位，多个线圈同时输出前面需要加特殊辅助继电器 SM0.0 常开触点作为连接，S0.0 转移的条件为 Q0.1 和 I0.2 常开触点同时闭合，所用指令为 SCRT，如图 6-19 所示。

步 S0.1 ～ S1.0 的梯形图与 S0.0 类似，最终得到机械手的梯形图如图 6-20 所示。

7. 触摸屏组态

（1）触摸屏介绍

人机交互（Human Machine Interaction，HMI）的一个主要技术是人机界面。人机界面（又称为用户界面或使用者界面）是系统和用户之间进行交互和信息交换的媒介，它用于实现信息的内部形式与人类可以接受形式之间的转换。凡参与人机信息交流的领域都存在着人机界面。本任务以昆仑通态触摸屏为例来学习人机界面。

昆仑通态是专门做组态软件的企业，是国内第一家推出嵌入式组态软件的厂商，也是国内一流的组态软件厂商。MCGS（监视与控制通用系统）组态软件包括三个版本，分别是网络版、通用版、嵌入版，具有功能完善、操作简便、可视性好、可维护性强的突出特点。通过与其他相关硬件设备结合，

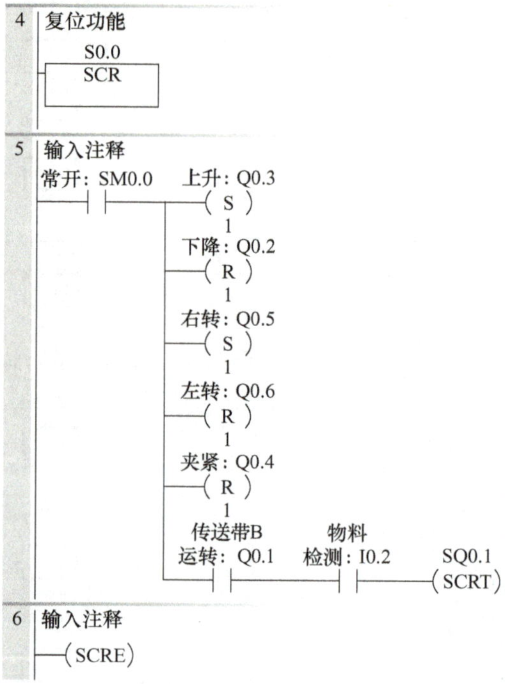

图 6-19　步 S0.0 的梯形图

任务六　机械手控制		日期：	知识页
班级：	姓名：	学号：	

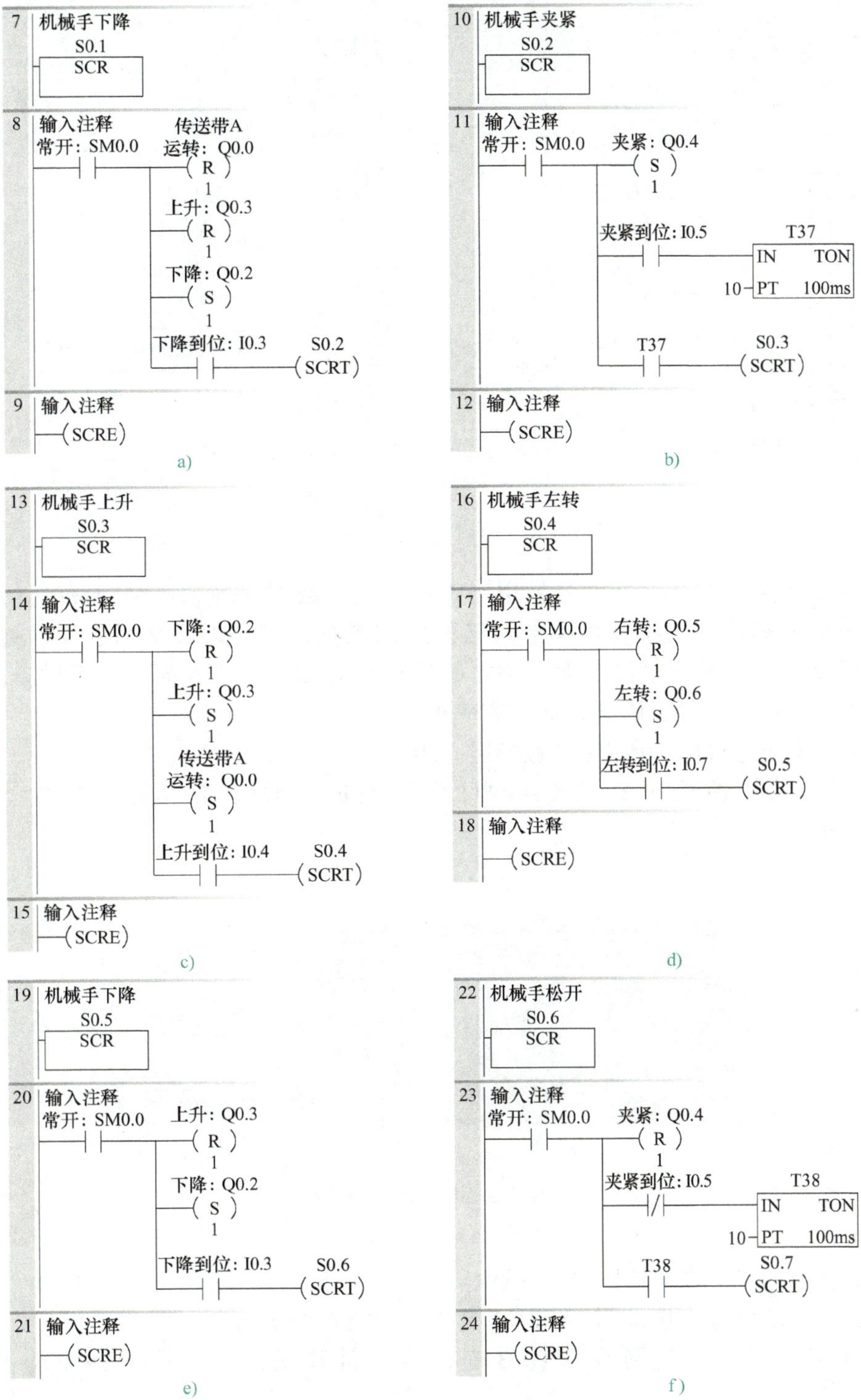

图 6-20　机械手控制梯形图

任务六　机械手控制		日期：	知识页
班级：	姓名：	学号：	

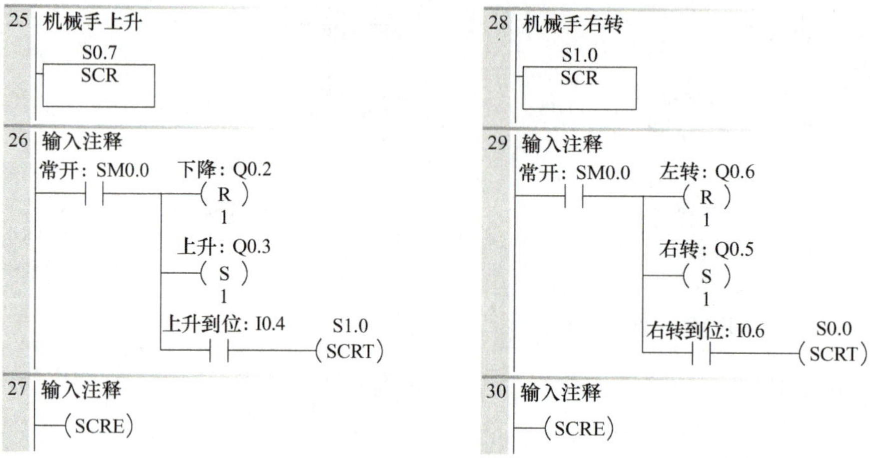

g)　　h)

图 6-20　机械手控制梯形图（续）

MCGS 可以快速、方便地开发各种用于现场采集、数据处理和控制的设备，用户只需要通过简单的模块化组态就可构造自己的应用系统，如可以灵活组态各种智能仪表、数据采集模块、无纸记录仪、无人值守的现场采集站、人机界面等专用设备。由于产品功能强大、性价比高，因此市场占有率很高。

（2）昆仑通态 TPC7062TI 型触摸屏介绍

本任务采用昆仑通态 TPC7062TI 型触摸屏，触摸屏的正视图和背视图如图 6-21 所示。

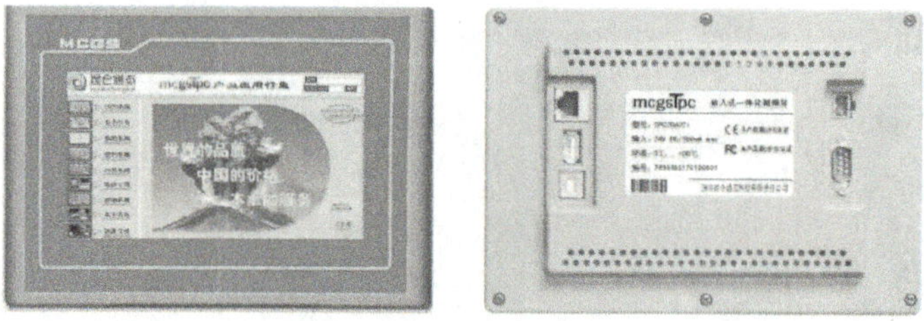

a) 正视图　　b) 背视图

图 6-21　触摸屏的正视图和背视图

该触摸屏的接口说明如图 6-22 所示。

该触摸屏的电源连接采用 DC 24V 供电，如图 6-23 所示。

该触摸屏可以通过网线和 USB 连接线与计算机连接，用于程序的下载，如图 6-24 所示。

任务六　机械手控制		日期：	知识页
班级：	姓名：	学号：	

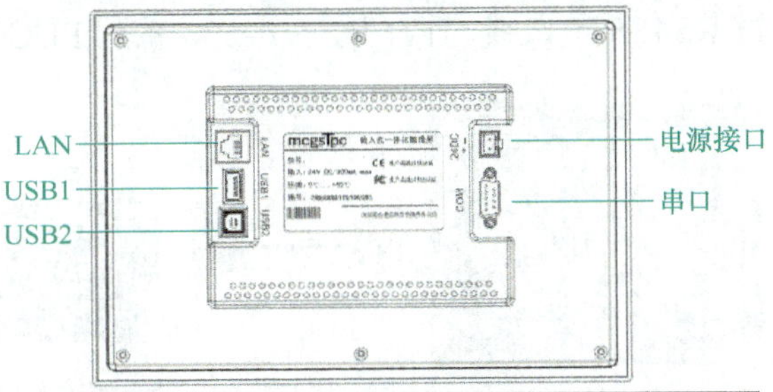

项目	TPC7062TD/TX	TPC7062Ti	TPC1061TD	TPC1061Ti
LAN(RJ45)	无	10M/100M自适应		
串口(DB9)	1×RS232，1×RS485			
USB1(主口)	1×USB2.0			
USB2(从口)	有			
电源接口	DC 24V±4.8V			

图 6-22　触摸屏的接口说明

接线步骤：

步骤1：将24V电源线剥线后插入电源插头接线端子中。
步骤2：使用一字螺丝力将电源插头紧固螺钉锁紧。
步骤3：将电源插头插入产品的电源插座。
建议：采用直径为1.02mm(AWG18)的电源线。

电源插头示意图及引脚定义如下：

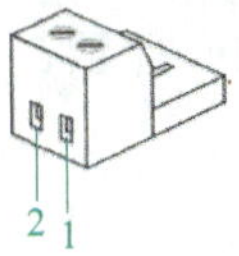

PIN	定义
1	+
2	−

仅限DC 24V!建议独立供电，电源的输出功率为15W。

图 6-23　触摸屏的电源说明

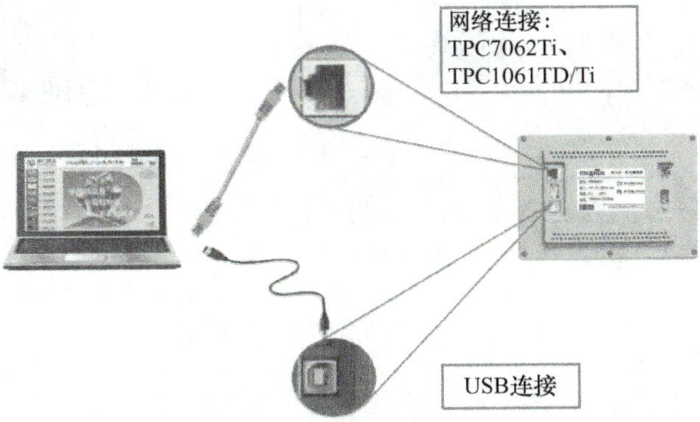

图 6-24　触摸屏与计算机的连接方式

任务六　机械手控制		日期：	知识页
班级：	姓名：	学号：	

该触摸屏可以通过 RS485 串口线与西门子 S7-200 系列 PLC 连接，如图 6-25 所示。

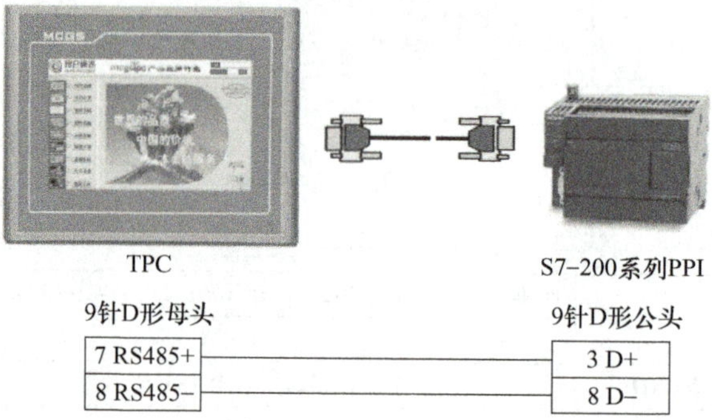

图 6-25　触摸屏与西门子 S7-200 系列 PLC 的连接方法

（3）昆仑通态触摸屏组态软件的安装和使用

昆仑通态触摸屏组态软件的安装步骤请扫描二维码观看。

MCGS 组态软件的安装

昆仑通态触摸屏组态软件的使用方法请扫描二维码观看。

MCGS 组态软件的使用方法

（4）使用昆仑通态触摸屏实现起停控制

根据控制要求，在程序中添加起停功能和运行指示功能，起动按钮用 M0.0，停止按钮用 M0.1，运行指示灯用 Q0.1 来实现。机械手触摸屏的组态界面如图 6-26 所示，触摸屏的组态步骤请扫描二维码观看。

机械手起停控制和运行指示触摸屏组态

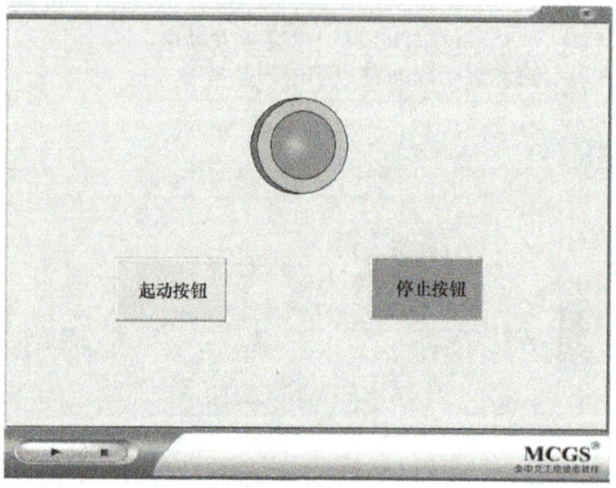

图 6-26　机械手触摸屏的组态界面

8. 传输调试

（1）编译程序

单击工具栏中的“编译”按钮，编译用户程序，检查是否存在语法错误。

任务六　机械手控制		日期：	知识页
班级：	姓名：	学号：	

（2）保存项目

单击工具栏中的“保存项目”按钮，保存用户程序。

（3）下载项目

单击工具栏中的“下载”按钮，下载用户程序。

（4）调试

程序下载完成后，按照表 6-6 进行调试。

表 6-6　功能调试

操作步骤	操作内容	观察内容	观察结果	思考内容
1	单击工具栏中的“程序状态”监视按钮，监控程序	PLC 的指示灯状态和编程界面状态		监控状态的重要性
2	单击“RUN”按钮运行 PLC	“STOP”“RUN”指示灯的状态		
3	在 HL2、HL4 得电的情况下，闭合开关 SQ2（机械手上升到位），闭合开关 SQ4（机械手右转到位）	I/O 指示灯的状态，指示灯的工作情况		顺序功能图的实用性
4	按下起动按钮 SB1			
5	闭合开关 S（模拟传感器检测到物料）			
6	HL1 得电后，断开开关 SQ2（机械手下降，上限位感应不到）			
7	闭合开关 SQ1（下限位感应到）			
8	HL3 得电后，闭合开关 SQ3（手爪抓住物料）			
9	HL2 得电后，断开开关 SQ1（机械手上升，下限位感应不到）			
10	断开开关 S（模拟物料被抓走，传感器检测不到物料）			
11	闭合开关 SQ2（上限位感应到）			
12	HL5 得电后，断开开关 SQ4（机械手左转，右限位感应不到）			
13	闭合开关 SQ5（左限位感应到）			
14	HL1 得电后，断开开关 SQ2（机械手下降，上限位感应不到）			
15	闭合开关 SQ1（下限位感应到）			
16	HL3 失电，断开开关 SQ3（手爪松开物料）			

任务六　机械手控制		日期：	知识页
班级：	姓名：	学号：	

（续）

操作步骤	操作内容	观察内容	观察结果	思考内容
17	HL2 得电后，断开开关 SQ1（机械手上升，下限位感应不到）	I/O 指示灯的状态，指示灯的工作情况		顺序功能图的实用性
18	闭合开关 SQ2（上限位感应到）			
19	HL4 得电后，断开开关 SQ5（机械手右转，左限位感应不到）			
20	闭合开关 SQ4（机械手右转到位）			
21	重复步骤 5 ～ 20 的操作			
22	第二个周期结束后，再次重复步骤 5 ～ 20，在任意状态下按下停止按钮 SB2，继续该状态的下一步操作			
23	第四次重复第 5 步			
24	通过编程软件停止 CPU 模块的运行	“STOP”“RUN”指示灯的状态		
25	调试完毕，关断电源开关 QF，整理设备和器材			

任务七　简易十字路口交通信号灯控制

——任务页、信息页、实施页、拓展页、评价页、知识页

<table>
<tr><td colspan="2">任务七　简易十字路口交通信号灯控制</td><td>日期：</td><td rowspan="2">任务页</td></tr>
<tr><td>班级：</td><td>姓名：</td><td>学号：</td></tr>
</table>

学习任务描述

交通信号灯在我们的生活中随处可见，是交通疏导最有效和最常见的设备之一。简易交通信号灯如图 7-1 所示。做好交通信号灯控制对保障交通安全、交通秩序、快捷运行具有重要意义。为了实现智慧交通，根据路况、行人和车流量的不同，通过 PLC 控制可以实现交通信号灯不同的显示控制方式，交通信号灯多样化的工作方式体现了交通管理的科学性。

在本任务中，请同学们结合所学习的知识和设备设计一个简易交通信号灯控制程序。图 7-2 所示为十字路口交通信号灯示意图。要求实现以下功能。

图 7-1　简易交通信号灯

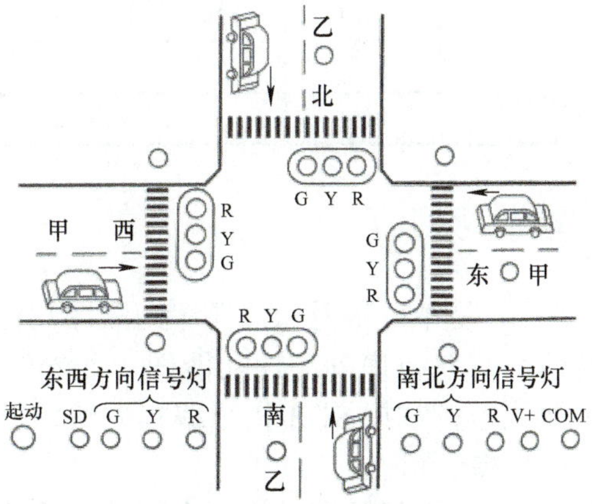

图 7-2　十字路口交通信号灯示意图

1）交通信号灯控制系统的起动、停止由一个自复位钮子开关控制（钮子开关向上拨动为 ON，向下拨动为 OFF，也可以用 SB1 和 SB2 来替代）。

2）一个运行指示灯用于指示十字路口交通信号灯的运行状态。交通信号灯控制系统起动后，运行指示灯点亮；交通信号灯控制系统停止后，运行指示灯熄灭。

3）交通信号灯控制的具体要求如下，也可见表 7-1。

① 起动后，南北方向红灯亮，同时东西方向绿灯亮，南北方向红灯持续亮 25s。

② 东西方向绿灯亮 20s 后，由常亮变为亮 0.5s、灭 0.5s 的闪烁，持续 3s 后熄灭，

任务七　简易十字路口交通信号灯控制		日期：	任务页
班级：	姓名：	学号：	

同时东西方向黄灯亮。

③ 东西方向黄灯亮 2s 后熄灭，同时东西方向红灯亮，南北方向红灯熄灭、绿灯亮。

④ 南北方向绿灯亮 20s 后，由常亮变为亮 0.5s、灭 0.5s 的闪烁，持续 3s 后熄灭，同时南北方向黄灯亮。

⑤ 南北方向黄灯亮 2s 后熄灭，同时南北方向红灯亮，东西方向红灯熄灭、绿灯亮。

⑥ 循环重复以上过程。

⑦ 将钮子开关拨向停止，交通信号灯运行完当前周期后停止。

⑧ 在车流量和人流量较小的夜间，交通信号灯的显示控制要求：东西、南北两个方向的黄灯一直以亮 1s、灭 1s 的频率同时闪烁，两个方向的绿灯和红灯均处于熄灭状态，提醒人们过路口要减速。在交通信号灯基本控制功能的基础上增加一个转换开关用来实现交通信号灯两种不同工作模式的切换。

⑨ 在触摸屏上绘制一个十字路口，四个方向上分别绘制一个红绿灯，触摸屏上的红绿灯与外接实物的红绿灯同时工作。在触摸屏上绘制一个转换开关，无论操作外接的转换开关还是触摸屏上的转换开关，都可以切换交通信号灯的工作状态。

表 7-1　交通信号灯控制的具体要求

东西	信号	绿灯亮	绿灯闪	黄灯亮	红灯亮		
	时间	20s	3s	2s	25s		
南北	信号	红灯亮			绿灯亮	绿灯闪	黄灯亮
	时间	25s			20s	3s	2s

学习目标

1）掌握并行序列和选择序列顺序功能图的编程方法；能绘制基本功能的十字路口交通信号灯并行序列顺序功能图；能绘制带切换功能的十字路口交通信号灯选择序列顺序功能图；掌握 SCR 指令编程方法，能将两种结构的十字路口交通信号灯顺序功能图转换为梯形图。

2）能够使用触摸屏绘制十字路口交通信号灯，熟练掌握转换开关的绘制方法，并能够根据控制要求对控制系统进行调试。

3）在生活中，不断总结生活经验，善于发现生活中的各种问题，能够利用所学知识帮助解决生活中的各种实际问题。提高逻辑思维能力，能利用所学 PLC 知识解决稍微复杂的实际问题。

任务分组

小组成员可根据自己的能力、特长、主观意愿认领具体工作并填写附表 1，根据工作的难易程度设置三个级别，分别对应相应分值，工作内容见表 7-2，每个组员所选工

任务七　简易十字路口交通信号灯控制		日期：	任务页
班级：	姓名：	学号：	

作不得少于两项。

表 7-2　工作内容

工作内容	简单（每项 1 分）	一般（每项 2 分）	较难（每项 3 分）
分工完成	① 制作 I/O 地址分配表	④ 设计电气原理图	⑦ 程序设计、调试
	② 材料准备	⑤ 电气安装	⑧ 线路检查和检测
	③ 整理收拾	⑥ 制作任务备料单和预算表	⑨ 触摸屏组态
合作完成	总结提高		

任务准备

根据任务要求，经小组成员商议，共同完成任务备料单，见附表 2。

任务七　简易十字路口交通信号灯控制		日期：	信息页
班级：	姓名：	学号：	

获取信息

引导问题 1：“红灯停，绿灯行，黄灯亮了等一等”，交通规则大家都很熟悉。简单描述十字路口交通信号灯的工作流程。

引导问题 2：根据步与步之间转移的不同情况，顺序功能图有三种不同的基本结构形式：________、________、________。

引导问题 3：并行序列的开始也称为分支，通常是用单线还是双线来表示并行序列分支的开始？

引导问题 4：并行序列的结束也称为合并，通常是用单线还是双线来表示并行序列分支的合并？

引导问题 5：选择序列的开始也称为分支，如何对选择序列的分支进行编程？

引导问题 6：选择序列的结束也称为合并，如何对选择序列的合并进行编程？

任务七 简易十字路口交通信号灯控制		日期：	实施页
班级：	姓名：	学号：	

任务分析

根据任务要求分析任务中有哪些控制方式，并回答以下问题。

1）输入信号有哪些？

2）输出信号有哪些？

3）有哪些控制要求？

4）有哪些知识盲点？

输入 / 输出信号的分配

根据任务分析情况，结合 PLC 选型和特点，分配输入 / 输出地址并填写附表 3。将分配地址时出现的问题和解决办法记录到附表 6 中。

设计电气原理图

根据所选 PLC 的型号，认真阅读该型号 PLC 的说明书，明确该 PLC 的电源电压类型和电压等级，掌握输入信号和输出负载的连接方法及注意事项，根据每个设备、器材的图形符号和连接方法设计电气原理图并填入附表 4。将设计电气原理图时出现的问题和解决办法记录到附表 6 中。

线路安装

本任务建议采用插线方式进行线路的连接。由组员根据任务备料单准备实训器材，然后根据电气原理图进行线路的连接后进行检查，无误后再由组长进行检查和检测。无误后，邀请其他小组进行交叉检验。线路检测按照附表 5 进行，将线路安装、检验时出现的问题和解决办法记录到附表 6 中。

设计程序

根据控制任务，要求先采用经验设计法，利用梯形图设计程序。按照控制功能逐步解决的方式，先尝试利用自己所学的知识和技能完成控制任务。遇到问题通过查阅资料、学习知识页内容，再次尝试完成。最后，尝试完成拓展页的拓展内容。

功能调试

总结任务实施过程中出现的问题及解决方法（包含分工、用时、工艺、收获、问题及解决办法、改进措施和调整内容等）。

____

____

任务七　简易十字路口交通信号灯控制		日期：	实施页
班级：	姓名：	学号：	

任务七 简易十字路口交通信号灯控制		日期：	拓展页
班级：	姓名：	学号：	

任务拓展

在完成基本控制任务的基础上，尝试完成以下拓展任务，任务完成由指导教师在表 7-3 的完成情况处做记录。

表 7-3 任务拓展

序号	拓展任务描述	完成情况
1	在基本功能的十字路口交通信号灯任务中增加急停功能，即按下急停按钮，交通信号灯立刻熄灭	
2	在带切换功能的十字路口交通信号灯任务中增加瞬时切换功能，即转换开关 SA 从基本功能切换为黄灯闪烁模式时，可以实现瞬时切换，而不必等基本功能的交通信号灯变换完一个周期后再切换	

任务七　简易十字路口交通信号灯控制		日期：	评价页
班级：	姓名：	学号：	

检查验收

根据表 7-4 进行验收和评价，将验收过程中出现的问题和整改措施记录到附表 7 中。

表 7-4　验收标准及评分

序号	验收项目	验收标准	分值	评分
1	I/O 地址分配表	1. 地址分配不正确、不完整，每错一个或漏一个扣 1 分 2. 地址分配标注不清晰、不整洁、表述不正确，每个扣 1 分	10	
2	PLC 外部接线图	1. 接线图中绘制的图形符号或文字符号不正确，每处扣 1 分 2. 接线图绘制与分配表不一致，每处扣 1 分 3. 接线图绘制不规范、不美观，扣 4 分	15	
3	安装与检测	1. 电器元件选用与任务书要求不符，每处扣 1 分 2. 电路连接错误，但没有造成元器件损坏和短路，每处扣 1 分 3. 连接导线颜色不符合要求，每根或每处扣 1 分 4. 导线连接接头超过三根线或连接不牢固、不可靠，每处扣 1 分	20	
4	功能调试	未按要求实现起停控制，扣 5 分	5	
		东西方向交通信号灯亮灭变化不符合要求，每处扣 2 分	6	
		南北方向交通信号灯亮灭变化不符合要求，每处扣 2 分	6	
		不能实现两种工作模式的切换，扣 10 分	10	
		黄灯提醒功能不符合要求，扣 8 分	8	
5	任务拓展	每独立完成一个拓展任务得 10 分	20	
6	职业素养	1. 任务完成后，工位上工具、插线、元器件、资料、计算机、设备等摆放不规范、卫生不整洁，扣 5 分 2. 任务完成后，导线、压线端子等出现浪费（导线长度超过 20cm，废弃能用的压线端子、螺钉、螺母等器材数量超过两个），扣 5 分 3. 任务实施过程中，工具使用不规范、不正确，导致元器件出现滑丝、松动，扣 5 分 4. 任务实施过程中，不听从安排、大声喧哗、不尊敬教师，扣 10 分 5. 任务实施过程中，由于操作不当，导致元器件烧坏或损毁，除按原价赔偿外，扣 10 分 6. 任务实施过程中，由于连接错误，导致线路出现短路烧坏熔丝或造成跳闸的，成绩为 0 7. 任务实施过程中，由于操作不当导致核心器材（包括 PLC、触摸屏、直流电源等）损坏，除按原价赔偿外，成绩按 0 分计	职业素养不配分，违反从总分中扣除	
	合计		100	

任务七　简易十字路口交通信号灯控制		日期：	评价页
班级：	姓名：	学号：	

总结提高

各组展示作品，介绍任务的完成过程并提交阐述材料，进行学生自评、学生组内互评、教师评价，完成考核评价表。考核评价表见附表 8。

引导问题 7：在本次任务的实施中，你认为有哪些需要改进的地方？

引导问题 8：将自己设计的电气原理图与知识页中的电气原理图对比，有哪些不一样的地方？有什么问题？

引导问题 9：根据电气原理图进行线路的安装，是否一次安装正确？如果不是，哪里出现了错误？

任务七　简易十字路口交通信号灯控制		日期：	知识页
班级：	姓名：	学号：	

相关知识点

一、交通信号灯模拟控制模块介绍

交通信号灯模拟控制模块如图 7-3 所示。模块上有一个自复位钮子开关，用法与之前任务模块中一致，起动为 ON，停止为 OFF，南北方向有红（R）、黄（Y）、绿（G）信号灯，东西方向有红（R）、黄（Y）、绿（G）信号灯。

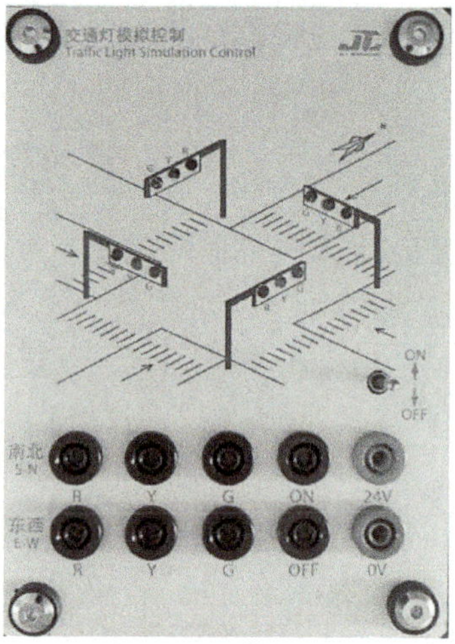

图 7-3　交通信号灯模拟控制模块

二、任务分析

通过任务六的学习，我们知道顺序功能图有三种不同的基本结构形式：单序列结构、选择序列结构和并行序列结构，如图 7-4 所示。分析控制要求可知，十字路口交通

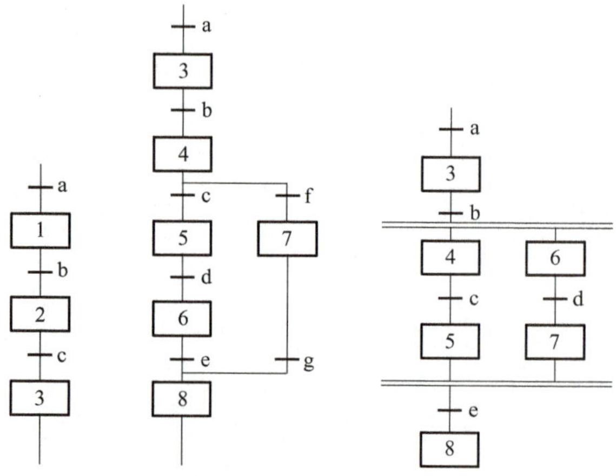

a) 单序列结构　b) 选择序列结构　c) 并行序列结构

图 7-4　顺序功能图的基本结构形式

任务七　简易十字路口交通信号灯控制		日期：	知识页
班级：	姓名：	学号：	

信号灯东西、南北方向为两个相对独立的工作过程，属于典型的并行序列结构；而增加转换开关控制后，十字路口交通信号灯能实现两种工作模式的切换，属于典型的选择序列结构。

并行序列和选择序列的基本结构在任务六中已经做了详细介绍，本任务不再赘述。下面详细介绍使用 SCR 指令的顺序控制梯形图设计方法。

三、并行序列和选择序列顺序功能图的编程方法

1. 并行序列顺序功能图的编程方法

并行序列顺序功能图用来表示几个状态支路互相独立、同时工作的情况，当转移条件满足时，同时转移到几条支路，并行序列的开始称为分支，并行序列的结束称为合并。为了强调转移的同步实现，水平连线用双线表示。并行序列顺序功能图的编程主要分两部分进行：并行序列分支的编程和并行序列合并的编程。

（1）并行序列分支的编程方法

在进行并行序列分支的编程时，如果某一步的后面有 *N* 条并行序列的分支，则该步的 SCR 程序段中应有同一转移条件控制的 *N* 条不同转移目标的支路，即在一个 SCR 程序段中应同时激活 *N* 个 SCR 程序段。

如图 7-5 所示，在步 S0.1 之后有一个并行序列分支，当步 S0.1 是活动步且转移条件 I0.1 满足时，步 S0.2 与步 S0.3 同时变为活动步，与此同时，S0.1 变为不活动步，其程序如图 7-6 所示。

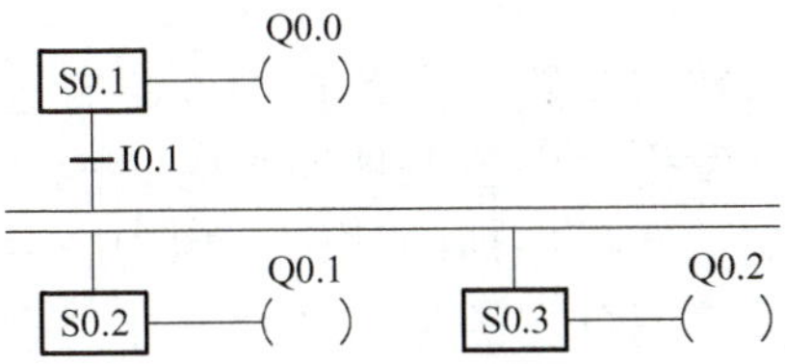

图 7-5　并行序列分支

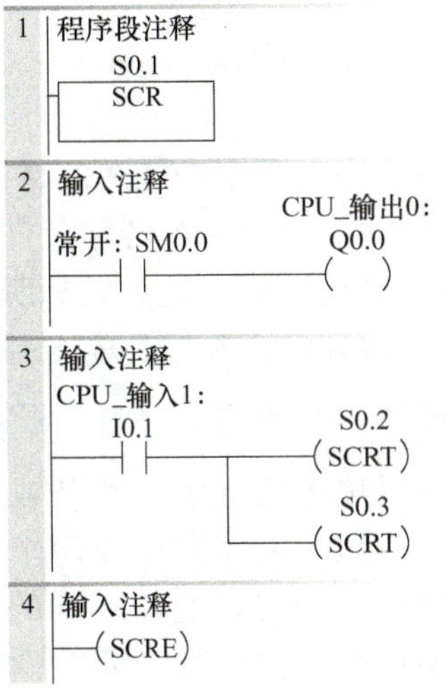

图 7-6　并行序列分支的梯形图

（2）并行序列合并的编程方法

在进行并行序列合并的编程时，如果某一步的前面有一个由 *N* 条支路组成的并行

任务七　简易十字路口交通信号灯控制		日期：	知识页
班级：	姓名：	学号：	

序列的合并，并行序列是多个分支同时工作的，合并时必须等到所有分支的最后一个状态都处于活动状态，并且满足转移条件，才能共同进入下一个 SCR 程序段。

如图 7-7 所示，在步 S0.6 之前有一个并行序列的合并，当步 S0.4 和 S0.5 都是活动步且转移条件 I0.4 满足时，步 S0.6 变为活动步，与此同时，步 S0.4 和 S0.5 变为不活动步，其程序如图 7-8 所示。

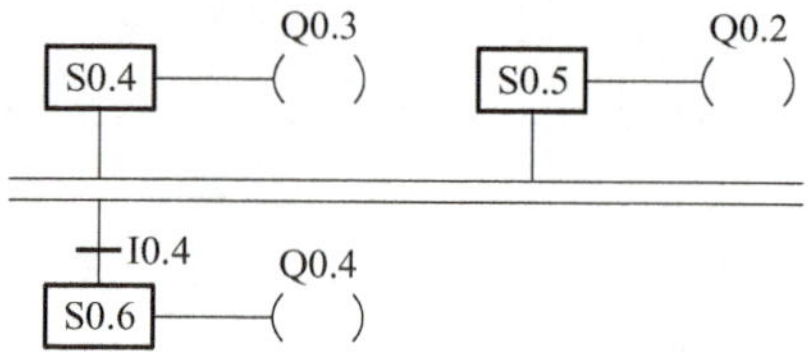

图 7-7　并行序列合并

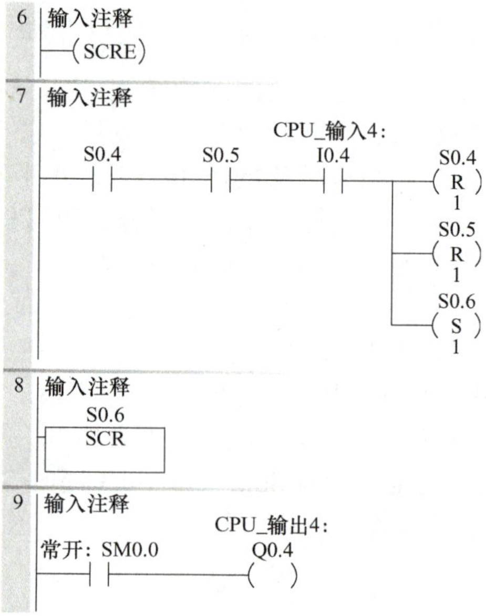

图 7-8　并行序列合并的梯形图

（3）并行序列顺序功能图的特点

1）并行序列由同一个转移条件控制同时激活各分支的第一个状态。

2）并行序列在分支处是先标明条件后分支。

3）并行序列在合并处是先合并后标明条件。

2. 选择序列顺序功能图的编程方法

选择序列顺序功能图有两条或两条以上的状态转移支路，由各自条件决定选择转移到各分支，但不能有两个或两个以上的转移同时发生，即当条件满足时只能选择转移到其中的一个分支。选择序列的开始也称为分支，选择序列的结束也称为合并。选择序列顺序功能图的编程主要分两部分进行：选择序列分支的编程和选择序列合并的编程。

（1）选择序列分支的编程方法

对选择序列分支进行编程时，如果某一步的后面有 N 条选择序列的分支，则该步的 SCR 程序段中应有 N 条分别指明各转移条件和转移目标的程序。

任务七　简易十字路口交通信号灯控制		日期：	知识页
班级：	姓名：	学号：	

如图 7-9 所示，在步 S0.0 之后有两个选择序列分支步 S0.1 和步 S0.2，这两个分支不能同时执行，只选择其中的一个分支执行。当步 S0.0 是活动步时，若转移条件 I0.0 满足，则步 S0.1 变成活动步，而步 S0.0 变为不活动步；同理，若转移条件 I0.1 满足，则步 S0.2 变成活动步，而步 S0.0 变为不活动步。

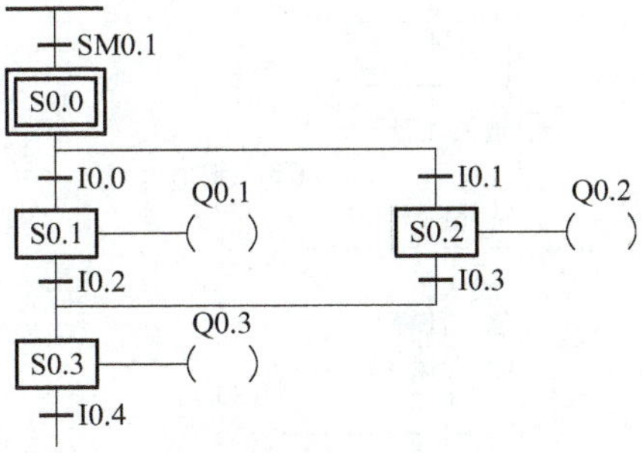

图 7-9　选择序列顺序功能图

（2）选择序列合并的编程方法

对选择序列合并进行编程时，如果某一步的前面有一个由 N 条支路组成的选择序列的合并，则该步的 SCR 程序段之前也应有 N 条分别指明各转移条件和同一转移目标的程序。

在图 7-9 中，步 S0.3 之前有一个选择序列的合并。当步 S0.1 为活动步且转移条件 I0.2 满足，或步 S0.2 为活动步且转移条件 I0.3 满足时，步 S0.3 都变为活动步，同时，步 S0.1 或步 S0.2 变为不活动步。

选择序列分支和合并的梯形图如图 7-10 所示。

（3）选择序列顺序功能图的特点

1）选择序列各分支状态的转移通过各自的转移条件选择执行，不能进行两个或两个以上的分支状态同时转移。

2）选择序列在分支处是先分支后标明条件。

3）选择序列在合并处是先标明条件后合并。

四、简易十字路口交通信号灯控制任务实施

1. 分析控制要求

根据控制要求，红绿灯控制是并行序列，两种工作模式的切换是选择序列，并行序列和选择序列的分支和合并需要留意。

2. 分配 I/O 地址

根据控制要求，PLC 的输入信号包括起动和停止按钮，以及工作模式转换开关 SA，输出信号包括运行指示灯和四个方向信号灯，其中南北方向和东西方向的红、黄、绿信号灯可以两个信号灯占用一个输出。该任务的 I/O 地址分配见表 7-5。

任务七　简易十字路口交通信号灯控制		日期：	知识页
班级：	姓名：	学号：	

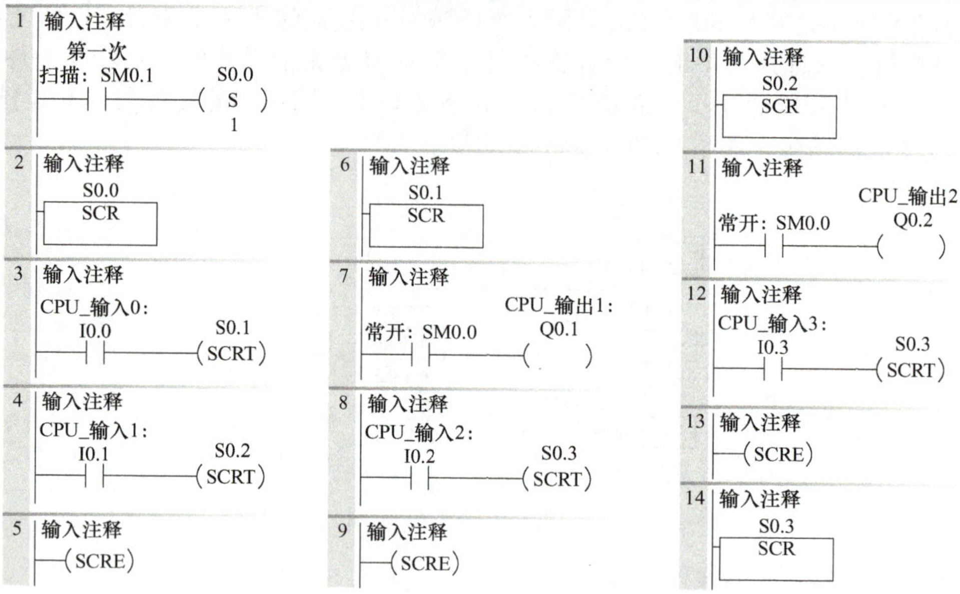

图 7-10　选择序列分支和合并的梯形图

表 7-5　十字路口交通信号灯 I/O 地址分配

输入			输出		
信号	功能	对应地址	信号	功能	对应地址
SB1（ON）	起动	I0.0	HL1	运行指示灯	Q0.0
SB2（OFF）	停止	I0.1	HL2	南北红灯（R）	Q0.1
SA	转换开关	I0.2	HL3	南北黄灯（Y）	Q0.2
			HL4	南北绿灯（G）	Q0.3
			HL5	东西红灯（R）	Q0.4
			HL6	东西黄灯（Y）	Q0.5
			HL7	东西绿灯（G）	Q0.6

3. 设计电气原理图

根据 I/O 地址分配情况，结合 PLC 接线规则，设计出十字路口交通信号灯控制系统的电气原理图，如图 7-11 所示。

4. 进行线路安装和检测

简易十字路口交通信号灯线路的安装

1）线路的安装方法和步骤请扫描二维码观看。

2）线路的检查和检测方法与任务三一致，参见任务三线路的检测方法。

任务七　简易十字路口交通信号灯控制		日期：	知识页
班级：	姓名：	学号：	

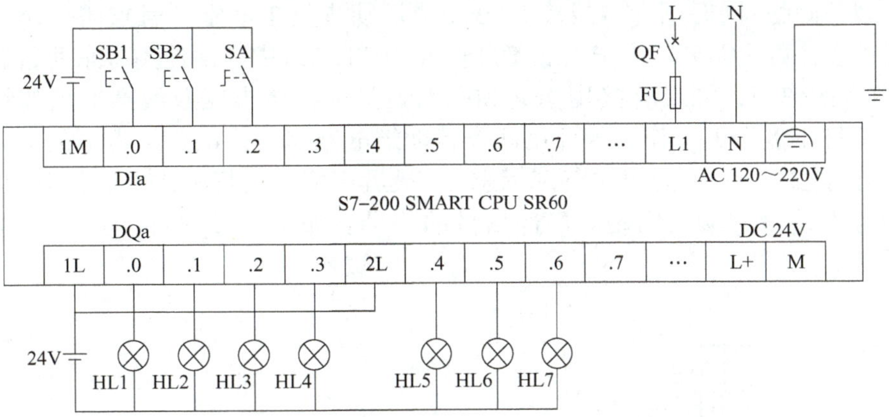

图 7-11　十字路口交通信号灯控制系统电气原理图

5. 十字路口交通信号灯控制系统的顺序功能图

按照经验设计法，先根据控制要求设计实现十字路口交通信号灯的基本控制要求，在基本控制要求的基础上再添加多种模式的切换。

（1）基本功能的十字路口交通信号灯控制系统顺序功能图

分析控制要求可知，十字路口交通信号灯南北方向和东西方向是并行工作的，将南北方向和东西方向的运行流程分别作为一个分支，以编程元件 S 代表步，绘制并行序列顺序功能图如图 7-12 所示。

步 S0.0 是整个顺序功能图的初始步，即十字路口交通信号灯的初始状态。将运行指示灯 Q0.0 作为并行序列分支开始的转移条件，在双线的上方。两条分支分别为南北方向、东西方向的信号灯变化。南北方向分支依次是南北红灯亮（步 S1.0）→南北绿灯亮和闪烁（步 S1.1）→南北黄灯亮（步 S1.2），各步向下转移的条件是亮灯时间到或闪烁次数够。东西方向分支同理。并行序列分支结束的转移条件是南北方向黄灯和东西方向红灯的亮灯时间到，即 T41、T46 常开触点同时闭合，在双线的下方。由于交通信号灯的指示信号是循环往复的，因此再次回到 S0.0 循环。需要注意的是，当转移条件或控制条件用常闭时，用元件上面加横线的方式来表示，如图 7-12 中 $\overline{T38}$。

（2）带切换功能的十字路口交通信号灯控制系统的顺序功能图

分析控制要求可知，带切换功能的十字路口交通信号灯有两个分支：一个是交通信号灯依次交替变化的基本工作模式；另一个是黄灯闪烁的提醒工作模式。通过转换开关 SA 实现两个分支的切换，是典型的选择序列结构。步 S0.0 是整个顺序功能图的初始步，即十字路口交通信号灯的初始状态。将运行指示灯 Q0.0 作为初始步向下一步运行的总转移条件。M1.0 为受转换开关 I0.2 和触摸屏切换开关控制的工作模式切换标志，当 M1.0 不得电时，选择左侧红、黄、绿交通信号灯依次交替变化的分支执行；当 M1.0 得电时，选择右侧黄灯闪烁的分支执行。当步 S1.2 和 S2.2 都变成活动步且

任务七　简易十字路口交通信号灯控制		日期：	知识页
班级：	姓名：	学号：	

T41、T46 常开触点同时闭合，或步 S3.0 变成活动步且 T48 常开触点闭合时，步 S0.0 都变成活动步，再次循环。由于南北黄灯在 S1.2 和 S3.0 中多次使用，东西黄灯在 S2.1 和 S3.0 中多次使用，如果直接用南北和东西黄灯，就会出现双线圈输出的情况，导致前面的黄灯不能得电工作，因此用两个辅助继电器作为两次黄灯得电的标志，一个为南北黄灯标志 1，一个为南北黄灯标志 2，最后用两个黄灯标志并联控制南北黄灯，就可以解决双线圈的输出问题。内部信号的符号表如图 7-13 所示，其顺序功能图如图 7-14 所示。

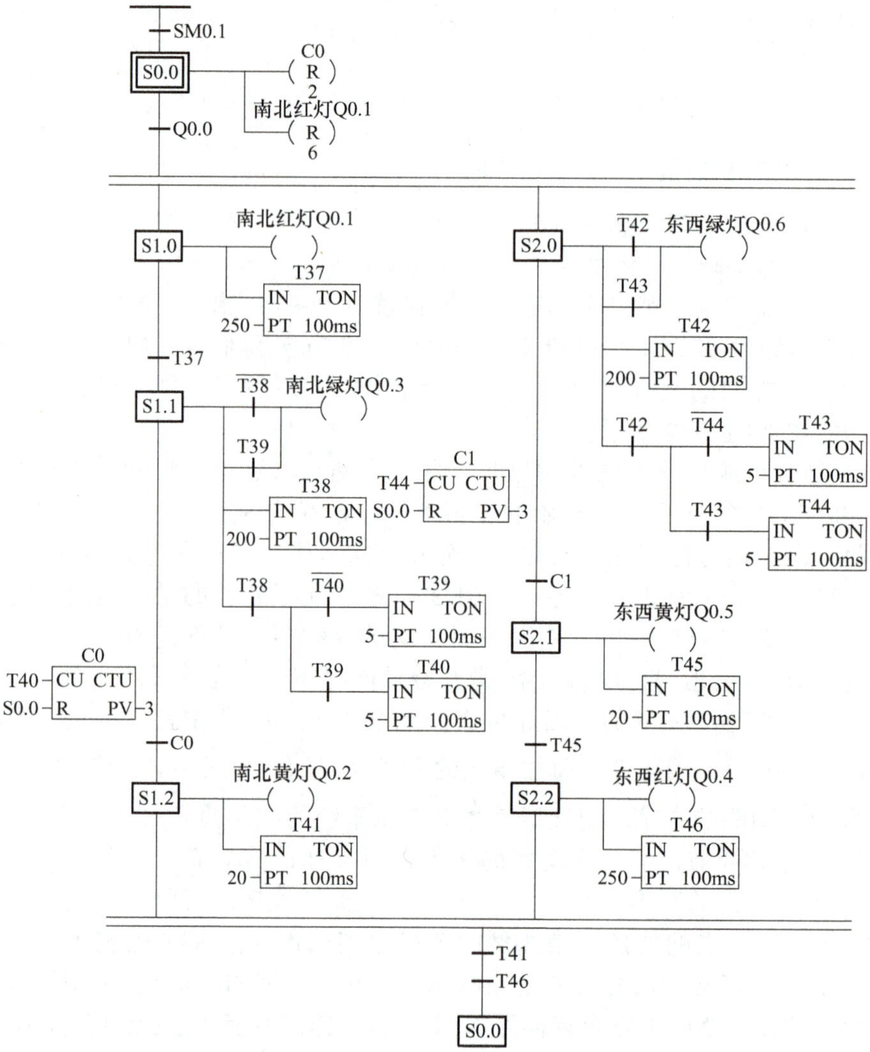

图 7-12　基本功能的十字路口交通信号灯控制系统的顺序功能图

任务七　简易十字路口交通信号灯控制		日期：	知识页
班级：	姓名：	学号：	

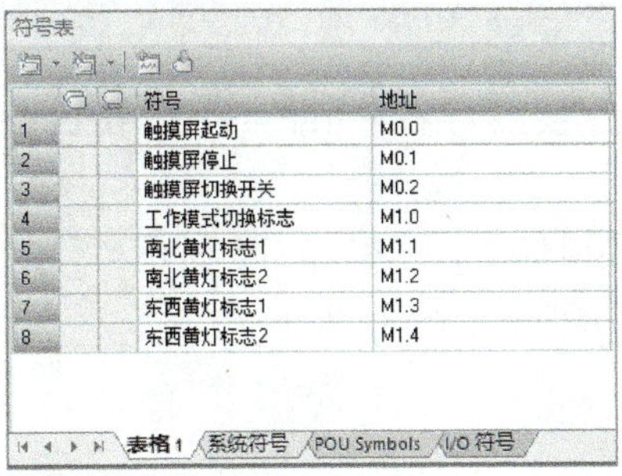

	符号	地址
1	触摸屏起动	M0.0
2	触摸屏停止	M0.1
3	触摸屏切换开关	M0.2
4	工作模式切换标志	M1.0
5	南北黄灯标志1	M1.1
6	南北黄灯标志2	M1.2
7	东西黄灯标志1	M1.3
8	东西黄灯标志2	M1.4

图 7-13　内部信号的符号表

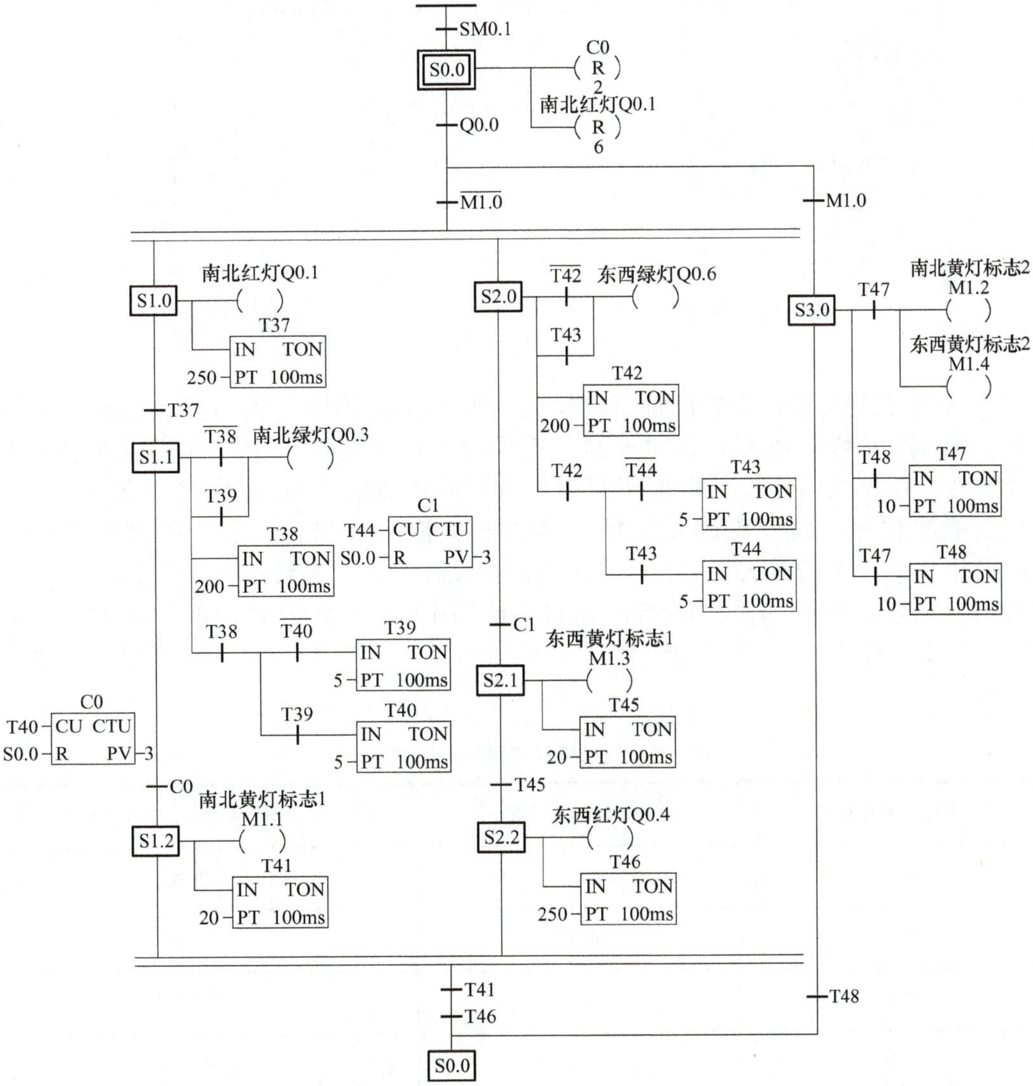

图 7-14　带切换功能的十字路口交通信号灯控制系统的顺序功能图

任务七　简易十字路口交通信号灯控制		日期：	知识页
班级：	姓名：	学号：	

6. 十字路口交通信号灯控制梯形图

采用 SCR 指令的编程方法，将两种功能的十字路口交通信号灯控制系统的顺序功能图转换为梯形图。

1）系统的起动、停止控制梯形图如图 7-15 所示。

2）系统的上电复位梯形图如图 7-16 所示。

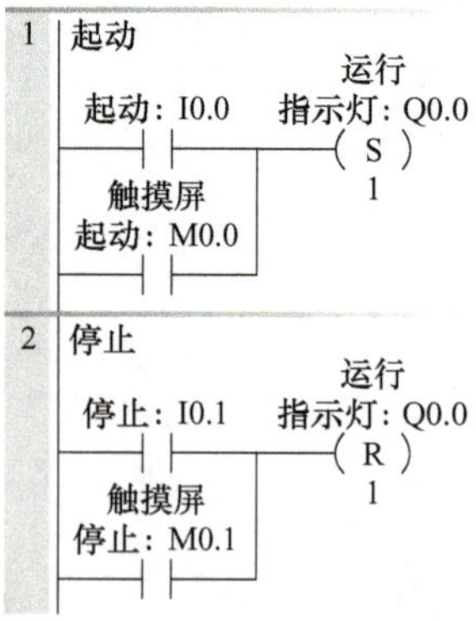

图 7-15　起停控制梯形图

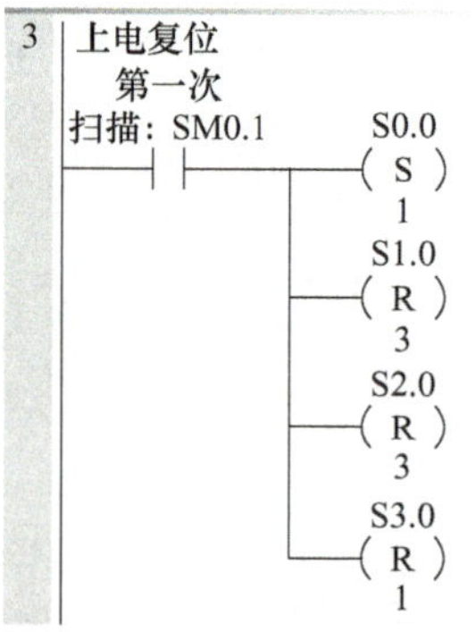

图 7-16　上电复位梯形图

3）根据控制要求，需要添加工作模式切换的控制程序，因需要实现外接转换开关 SA 和触摸屏切换开关的共同控制，任意时刻按下任意一个工作模式切换开关都可以实现工作模式的切换，类似于照明控制电路里面的“双控”，我们设计一个“双控”功能的程序。设计思路是：如果两个开关都没有闭合，工作模式切换标志失电；操作其中一个转换开关，工作模式切换标志得电；如果两个开关都闭合，工作模式切换标志也失电，其控制条件见表 7-6。因此，工作模式切换标志的得电条件是闭合其中一个开关，所以应当用一个开关和另一个开关的常开常闭交替实现，如图 7-17 所示。

表 7-6　工作模式切换标志的控制条件

外部切换开关	触摸屏切换开关	工作模式切换标志的工作状态
断开	断开	失电
闭合	断开	得电
断开	闭合	得电
闭合	闭合	失电

<table>
<tr><td colspan="2">任务七　简易十字路口交通信号灯控制</td><td>日期：</td><td rowspan="2">知识页</td></tr>
<tr><td>班级：</td><td>姓名：</td><td>学号：</td></tr>
</table>

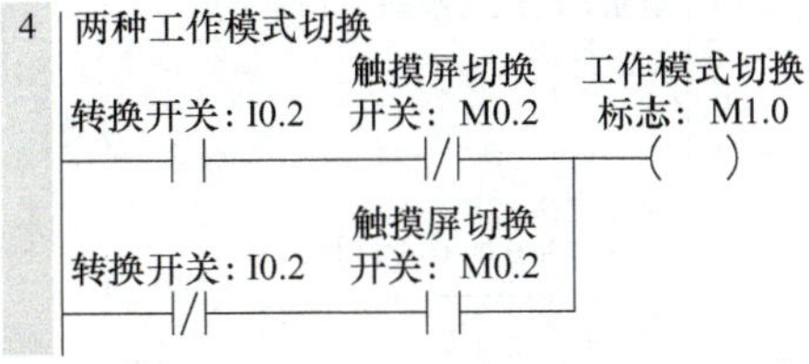

图 7-17　工作模式切换控制

4）根据顺序功能图，启动 PLC 后，在初始状态里将计数器和输出指示灯全部复位，步 S0.0 的控制程序如图 7-18 所示。在步 S0.0 之后有两个选择分支步 S1.0、S2.0（看作一个整体，正常工作模式）和步 S3.0（黄灯闪烁模式），这两个分支不能同时执行，只选择其中的一个分支执行。当步 S0.0 是活动步时，若转移条件 $\overline{M1.0}$ 满足，则步 S1.0、S2.0 同时变为活动步，而步 S0.0 变为不活动步；同理，若转换条件 M1.0 满足，则步 S3.0 变为活动步，而步 S0.0 变为不活动步，其梯形图如图 7-18 所示。

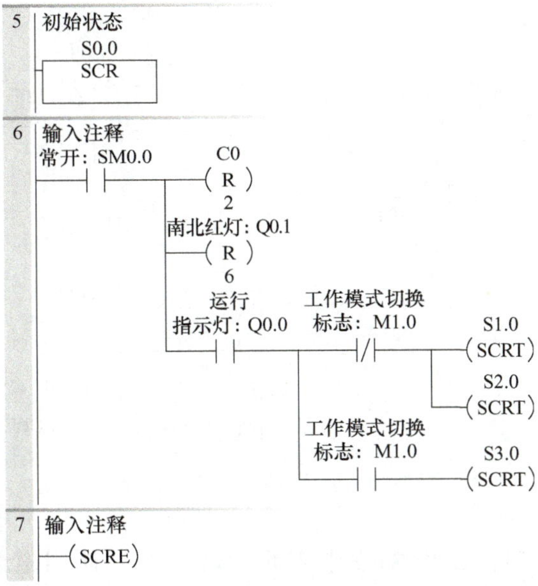

图 7-18　初始状态的梯形图

5）根据顺序功能图，在步 S1.0 中南北红灯亮 25s 的控制梯形图如图 7-19 所示。

6）根据顺序功能图，在步 S1.1 中南北绿灯首先亮 20s，然后闪烁 3s，其控制梯形图如图 7-20 所示。

任务七　简易十字路口交通信号灯控制		日期：	知识页
班级：	姓名：	学号：	

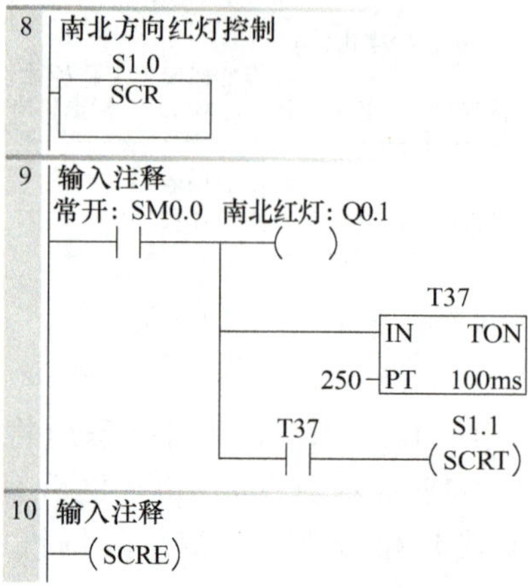

图 7-19　南北方向红灯控制梯形图

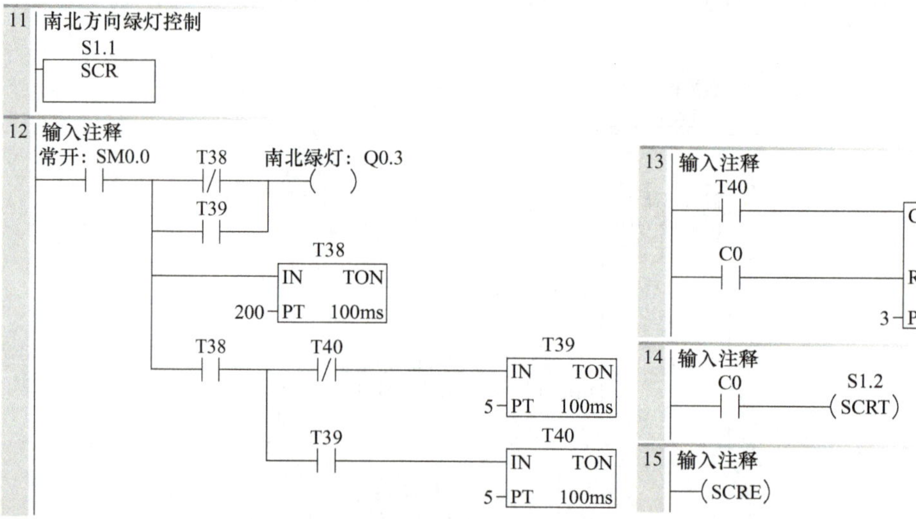

图 7-20　南北方向绿灯控制梯形图

7）根据顺序功能图，在步 S1.2 中南北黄灯亮 2s，使用南北黄灯标志解决双线圈输出问题，其控制梯形图如图 7-21 所示。

8）根据顺序功能图，步 S2.0 中东西绿灯首先亮 20s，然后闪烁 3s，其控制梯形图如图 7-22 所示。

9）根据顺序功能图，在步 S2.1 中东西黄灯亮 2s，与南北方向黄灯控制一样，用两个标志来解决双线圈问题，其控制梯形图如图 7-23 所示。

10）根据顺序功能图，在步 S2.2 中东西红灯亮 25s，其控制梯形图如图 7-24 所示。

任务七　简易十字路口交通信号灯控制		日期：	知识页
班级：	姓名：	学号：	

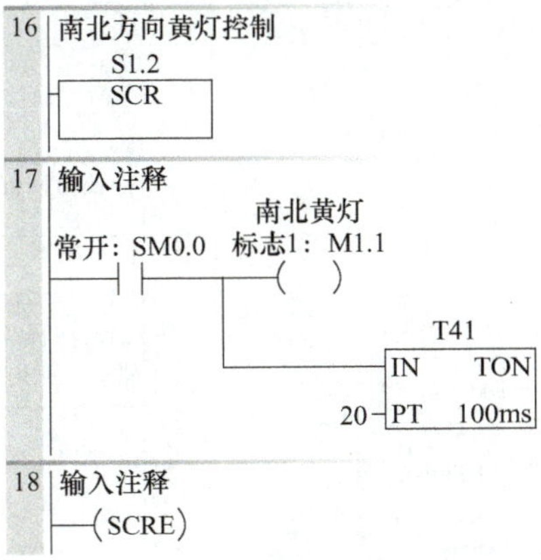

图 7-21　南北方向黄灯控制梯形图

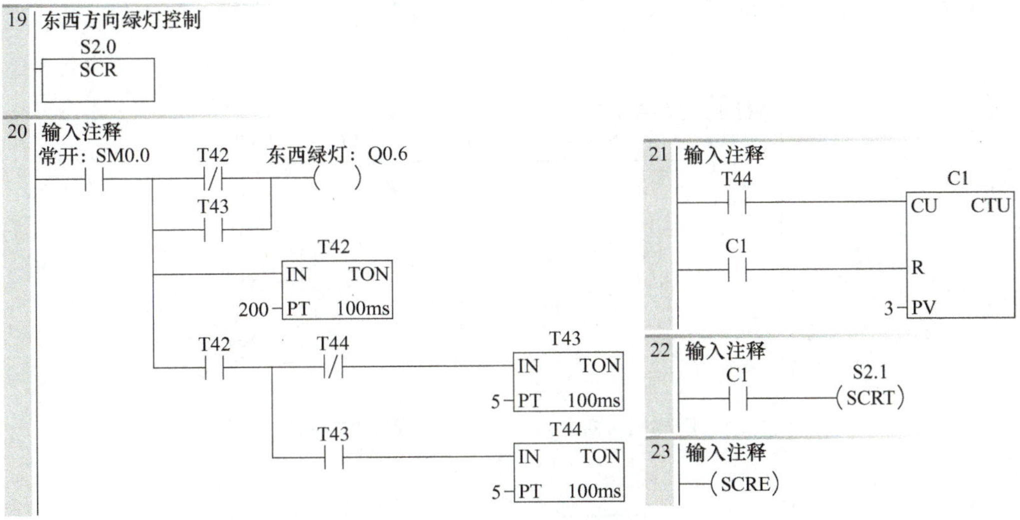

图 7-22　东西方向绿灯控制梯形图

11）根据顺序功能图，南北和东西两个方向并行工作流程合并，当步 S1.2 和 S2.2 都是活动步且转移条件 T41 和 T46 满足时，步 S0.0 变为活动步，与此同时，步 S1.2 和 S2.2 变为不活动步。十字路口交通信号灯开始下一次循环，其控制梯形图如图 7-25 所示。

12）南北方向黄灯和东西方向黄灯的显示控制梯形图如图 7-26 所示。

13）根据顺序功能图，右侧选择序列分支步 S3.0 实现黄灯闪烁功能，当步 S3.0 为活动步且转移条件 T48 的常开触点闭合时，步 S0.0 变成活动步，其梯形图如图 7-27 所示。

任务七　简易十字路口交通信号灯控制		日期：	知识页
班级：	姓名：	学号：	

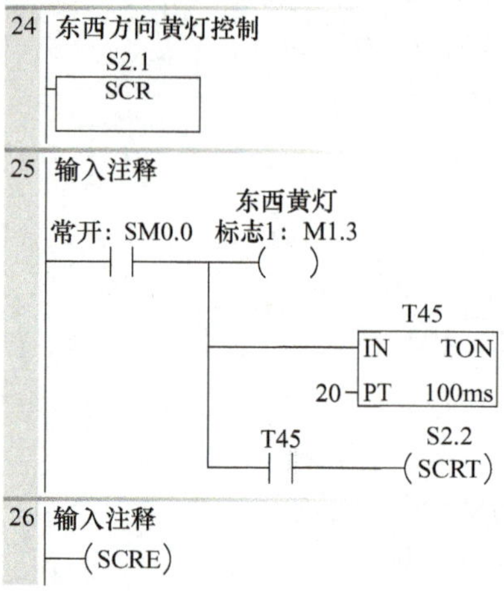

图 7-23　东西方向黄灯控制梯形图

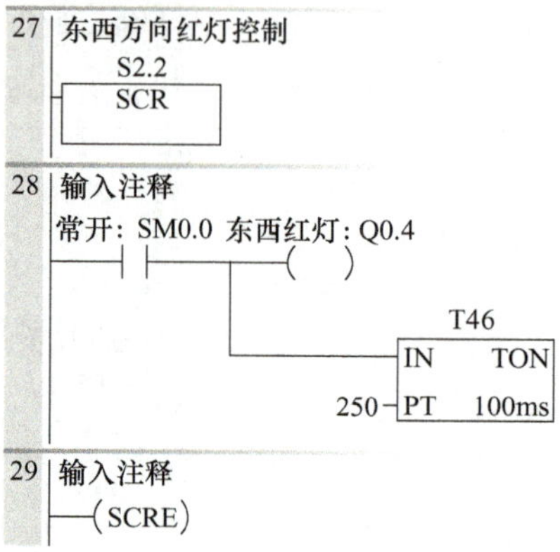

图 7-24　东西方向红灯控制梯形图

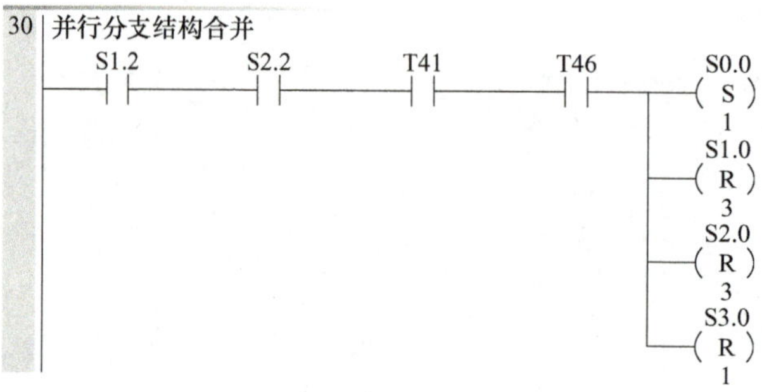

图 7-25　南北和东西方向并行工作流程合并控制梯形图

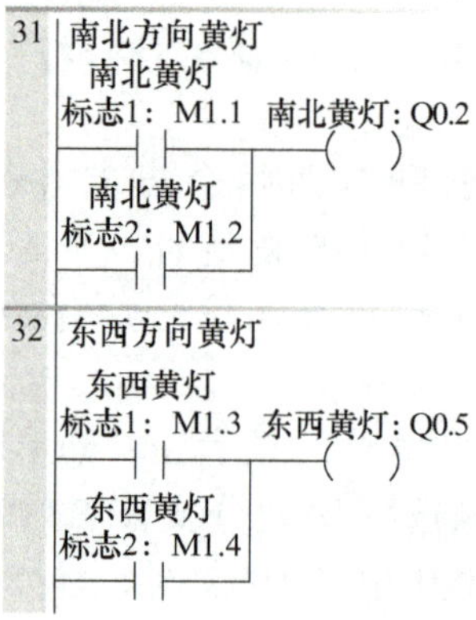

图 7-26　南北方向黄灯和东西方向黄灯显示控制梯形图

任务七　简易十字路口交通信号灯控制		日期：	知识页
班级：	姓名：	学号：	

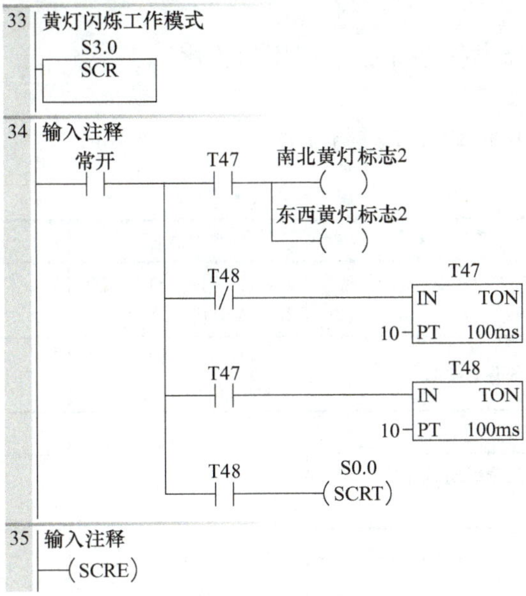

图 7-27　黄灯闪烁模式控制梯形图

7. 简易十字路口交通信号灯触摸屏组态界面

触摸屏的组态界面如图 7-28 所示，触摸屏的组态步骤请扫描二维码观看。

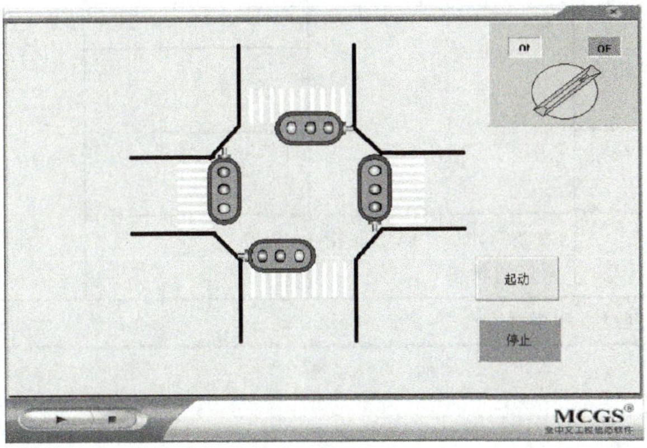

图 7-28　带切换功能的十字路口交通信号灯触摸屏组态界面

简易十字路口交通信号灯控制的触摸屏组态

8. 传输调试

（1）编译程序

单击工具栏中的“编译”按钮，编译用户程序，检查是否存在语法错误。

（2）保存项目

单击工具栏中的“保存项目”按钮，保存用户程序。

任务七　简易十字路口交通信号灯控制		日期：	知识页
班级：	姓名：	学号：	

（3）下载项目

单击工具栏中的“下载”按钮，下载用户程序。

（4）调试

程序下载完成后，按照表 7-7 进行调试。

表 7-7　功能调试

操作步骤	操作内容	观察内容	观察结果	思考内容
1	单击工具栏中的“程序状态”监视按钮，监控程序	PLC 的指示灯状态和编程界面状态		监控状态的重要性
2	单击“RUN”按钮运行 PLC	“STOP”“RUN”指示灯的状态		
3	按下起动按钮 SB1	I/O 指示灯的状态，交通信号灯模块的工作情况、触摸屏组态画面的工作情况		并行序列和选择序列的分支和合并
4	交通信号灯工作一个周期后，按下停止按钮 SB2			
5	交通信号灯停止工作后，按下触摸屏起动按钮			
6	交通信号灯工作一个周期后，按下触摸屏停止按钮			
7	交通信号灯停止工作后，闭合外部转换开关 SA，按下起动按钮 SB1			
8	黄灯闪烁运行一段时间后，按下停止按钮 SB2			
9	停止工作后，操作触摸屏上的转换开关，按下触摸屏起动按钮			
10	交通信号灯工作一个周期后，按下触摸屏停止按钮			
11	通过编程软件停止 CPU 模块的运行	“STOP”“RUN”指示灯的状态		
12	调试完毕，关断电源开关 QF，整理设备和器材			

项目三

功能指令及其应用

任务八　花式喷泉控制

任务九　LED 数码管显示控制

任务十　带倒计时显示的十字路口交通信号灯控制

任务八　花式喷泉控制

——任务页、信息页、实施页、拓展页、评价页、知识页

任务八　花式喷泉控制		日期：	任务页
班级：	姓名：	学号：	

学习任务描述

在公园、广场上，我们经常可以看到喷泉随着音乐的节奏起舞，在夜晚加入灯光效果，为人们带来了视觉和听觉上的极致享受，丰富了人们的生活美景。图 8-1 所示为喷泉景观。那么，花式喷泉是如何实现的呢？本次任务就来学习花式喷泉的实现方法。

图 8-1　喷泉景观

在本任务中，同学们结合所学习的知识和设备，设计一个花式喷泉的控制程序，具体要求如下。

1）用两个按钮实现系统的起动和停止，按下起动按钮，系统运行；按下停止按钮，系统停止。

2）共 8 个喷头，每个喷头受一个电磁阀控制，电磁阀得电，喷头喷水；电磁阀失电，喷头停止喷水，实训时可以用灯来模拟喷头。

3）系统起动后，按下面的要求实现花式喷泉。

第一步：所有喷头全部喷水，持续时间 5s。

第二步：所有喷头全部停止喷水，持续时间 3s。

第三步：从第一个喷头逐个开始喷水，间隔时间为 1s，全部喷水后持续 3s。

任务八 花式喷泉控制		日期：	任务页
班级：	姓名：	学号：	

第四步：从第一个喷头逐个停止喷水，间隔时间为 1s，全部停止喷水后持续 3s。

第五步：奇数喷头喷水，持续 5s，然后奇数喷头停止喷水，停 2s。

第六步：偶数喷头喷水，持续 5s，然后偶数喷头停止喷水，停 2s。

第七步：从第一个喷头喷水，持续 2s，然后换成第二个喷头喷水，以此类推，第八个喷头喷水 2s 后停止，停止持续 3s 后从第一步开始……

4）在触摸屏界面上设置两个按钮，分别用于起动和停止，功能与实际按钮功能一致；在触摸屏界面中设置 8 个指示灯，用来表示喷泉的 8 个喷头，与实际指示灯联动。

学习目标

1）通过查阅资料了解花式喷泉的工作原理和类别；通过观察了解花式喷泉不同花式的控制方式。

2）通过学习熟练掌握数制的概念和不同数制之间的转换；掌握位、字节、字、双字的概念，能够使用寻址方式完成相应控制功能；掌握传送、比较、移位指令的功能和使用方法。

3）熟练掌握触摸屏按钮和指示灯的组态方法，实现控制功能。在掌握基本功能的基础上，观察生活中喷泉的实际控制方式，独立撰写控制要求，培养独立思考和举一反三的能力。小组共同完成实训任务，提高学生的动手能力，培养学生的职业素养、沟通能力和团队协作能力。

任务分组

小组成员可根据自己的能力、特长、主观意愿认领具体工作并填写附表 1，根据工作的难易程度设置三个级别，分别对应相应分值，工作内容见表 8-1，每个组员所选工作不得少于两项。

表 8-1 工作内容

工作内容	简单（每项 1 分）	一般（每项 2 分）	较难（每项 3 分）
分工完成	① 制作 I/O 地址分配表	④ 设计电气原理图	⑦ 程序设计、调试
	② 材料准备	⑤ 电气安装	⑧ 线路检查和检测
	③ 整理收拾	⑥ 制作任务备料单和预算表	⑨ 触摸屏组态
合作完成	总结提高		

任务准备

根据任务要求，经小组成员商议，共同完成任务备料单，见附表 2。

任务八　花式喷泉控制		日期：	信息页
班级：	姓名：	学号：	

获取信息

引导问题 1：你在哪里看到过花式喷泉？喷泉是如何喷水的（什么花式）？

引导问题 2：什么是二进制？什么是十进制？什么是十六进制？

引导问题 3：什么是数制中的位权？

引导问题 4：什么是功能指令的指令助记符？

引导问题 5：功能指令的操作数分为哪几类？

引导问题 6：使用顺序功能图设计 PLC 控制梯形图包括哪几个步骤？

任务八 花式喷泉控制		日期：	实施页
班级：	姓名：	学号：	

任务分析

根据任务要求分析任务中有哪些控制方式，并回答以下问题。

1）输入信号有哪些？

2）输出信号有哪些？

3）有哪些控制要求？

4）有哪些知识盲点？

输入 / 输出信号的分配

根据任务分析情况，结合 PLC 选型和特点，分配输入 / 输出地址并填写附表 3。将分配地址时出现的问题和解决办法记录到附表 6 中。

设计电气原理图

根据所选 PLC 的型号，认真阅读该型号 PLC 的说明书，明确该 PLC 的电源电压类型和电压等级，掌握输入信号和输出负载的连接方法及注意事项，根据每个设备、器材的图形符号和连接方法设计电气原理图并填入附表 4。将设计电气原理图时出现的问题和解决办法记录到附表 6 中。

线路安装

本任务建议采用插线方式进行线路的连接。由组员根据任务备料单准备实训器材，根据电气原理图进行线路的连接并进行检查，无误后由组长进行检查和检测。最后，邀请其他小组进行交叉检验。线路检测按照附表 5 进行，将线路安装、检验时出现的问题和解决办法记录到附表 6 中。

设计程序

根据控制任务，要求先采用经验设计法，利用梯形图设计程序。按照控制功能逐步解决的方式，自己先尝试利用所学的知识和技能完成控制任务。遇到问题通过查阅资料、学习知识页内容，再次尝试完成。最后，尝试完成拓展页的拓展内容。

功能调试

总结任务实施过程中出现的问题及解决方法（包含分工、用时、工艺、收获、问题及解决办法、改进措施和调整内容等）。

____

____

任务八　花式喷泉控制		日期：	实施页
班级：	姓名：	学号：	

任务八　花式喷泉控制		日期：	拓展页
班级：	姓名：	学号：	

任务拓展

在完成基本控制任务的基础上，尝试完成以下拓展任务，任务完成由指导教师在表 8-2 的完成情况处做记录。

表 8-2　任务拓展

序号	拓展任务描述	完成情况
1	使用比较指令和传送指令实现控制要求步骤三和步骤四的功能	
2	设计一个流水灯程序，一共有 8 个指示灯，用 Q0.0 ～ Q0.7 表示。按下起动按钮，开始第一个流程，Q0.0 和 Q0.1 点亮，1s 后，Q0.0 灭、Q0.2 亮；1s 后，Q0.1 灭、Q0.3 亮；以此类推，Q0.6 和 Q0.7 亮 1s 后全部熄灭。1s 后，开始第二个流程，Q0.0 和 Q0.1 点亮，1s 后，Q0.0 和 Q0.1 熄灭、Q0.2 和 Q0.3 点亮，1s 后，Q0.2 和 Q0.3 熄灭、Q0.4 和 Q0.5 点亮，1s 后，Q0.4 和 Q0.5 熄灭、Q0.6 和 Q0.7 点亮，1s 后，Q0.6 和 Q0.7 熄灭，1s 后，从第一个流程重新开始	
3	设计一个流水灯程序，一共有 8 个指示灯，用 Q0.0 ～ Q0.7 表示。按下起动按钮，流水灯开始工作。首先，从第一个灯开始，亮 1 个灯，每秒向左移动 1 位，第八个灯灭后，再从第一个灯开始，亮 2 个灯，每秒向左移动 1 位，第八个灯灭后，再从第一个灯开始，亮 3 个灯，每秒向左移动 1 位，第八个灯灭后，重新开始（说明：两个灯亮时，先亮第一个，再亮第二个，然后两个灯开始移动，到第七、八个灯亮完后，第七个灯灭、第八个灯亮，然后第八个灯再灭，三个灯的控制方式同理）	
4	尝试设计一个流水灯控制实例并完成	

任务八　花式喷泉控制		日期：	评价页
班级：	姓名：	学号：	

检查验收

根据表8-3进行验收和评价，将验收过程中出现的问题和整改措施记录到附表7中。

表8-3　验收标准及评分

序号	验收项目	验收标准	分值	评分
1	I/O地址分配表	1. 地址分配不正确、不完整，每错一个或漏一个扣1分 2. 地址分配标注不清晰、不整洁、表述不正确，每个扣1分	10	
2	PLC外部接线图	1. 接线图中绘制的图形符号或文字符号不正确，每处扣1分 2. 接线图绘制与分配表不一致，每处扣1分 3. 接线图绘制不规范、不美观，扣4分	15	
3	安装与检测	1. 电器元件选用与任务书要求不符，每处扣1分 2. 电路连接错误，但没有造成元器件损坏和短路，每处扣1分 3. 连接导线颜色不符合要求，每根或每处扣1分 4. 导线连接接头超过三根线或连接不牢固、不可靠，每处扣1分	20	
4	功能调试	未按要求实现起停控制，扣5分	5	
		不能按要求完成相应步骤的花式喷水，步骤一、二、五、六每个步骤扣2分，步骤三、四、七每个步骤扣3分	30	
		工作时间不符合要求，每处扣2分		
		不能重复循环工作，扣2分		
5	任务拓展	每独立完成一个拓展任务得5分	20	
6	职业素养	1. 任务完成后，工位上工具、插线、元器件、资料、计算机、设备等摆放不规范、卫生不整洁，扣5分 2. 任务完成后，导线、压线端子等出现浪费（导线长度超过20cm，废弃能用的压线端子、螺钉、螺母等器材数量超过两个），扣5分 3. 任务实施过程中，工具使用不规范、不正确，导致元器件出现滑丝、松动，扣5分 4. 任务实施过程中，不听从安排、大声喧哗、不尊敬教师，扣10分 5. 任务实施过程中，由于操作不当，导致元器件烧坏或损毁，除按原价赔偿外，扣10分 6. 任务实施过程中，由于连接错误，导致线路出现短路烧坏熔丝或造成跳闸的，成绩为0 7. 任务实施过程中，由于操作不当导致核心器材（包括PLC、触摸屏、直流电源等）损坏，除按原价赔偿外，成绩按0分计	职业素养不配分，违反从总分中扣除	
	合计		100	

任务八　花式喷泉控制		日期：	评价页
班级：	姓名：	学号：	

总结提高

各组根据任务完成情况回答下面的引导问题。

引导问题 7：设计电气原理图时应注意哪些问题?

引导问题 8：将自己设计的电气原理图与知识页中的电气原理图对比，有哪些不一样的地方？有什么问题?

引导问题 9：根据电气原理图进行线路的安装，是否一次安装正确？如果不是，哪里出现了错误?

引导问题 10：功能指令编程与位逻辑指令编程相比有哪些优点?

引导问题 11：在本次任务的实施中，你认为有哪些需要改进的地方?

引导问题 12：这个任务你能用顺序功能图编写吗？把编程思路写下来。

回答完引导问题，各组展示作品，介绍任务的完成过程并提交阐述材料，进行学生自评、学生组内互评、教师评价，完成考核评价表。考核评价表见附表 8。

任务八　花式喷泉控制		日期：	知识页
班级：	姓名：	学号：	

相关知识点

一、花式喷泉的工作原理

在生活中，经常在广场、酒店、公园、景点看到各式各样的喷泉，喷泉是一种将水或其他液体经过一定的压力通过喷头喷洒出来具有特定形状的组合体。喷泉喷射出优美的水姿，供人们观赏，它是一种水景艺术，体现了动静结合，带给人们美的享受。

1. 喷泉的工作原理

喷泉就是用水泵将水从水面或地面通过喷头喷射出来，有的喷泉是一个水泵带一个喷头，有的是一个水泵带多个喷头，如果几个喷头喷射的时间和高低相同，就可以用一个功率大点的水泵带多个喷头；如果喷头喷射的时间和高低不同，就需要每个喷头用一个水泵驱动。

喷射出水柱的形状是由喷头的形状决定的，常用的喷头有直射喷头、冰塔喷头、涌泉喷头、花柱喷头、雾状喷头、孔雀开屏喷头、扇形喷头、旋转喷头等二十多种。图 8-2 ～图 8-6 所示为常见的几种喷头和喷射出水花的形状。

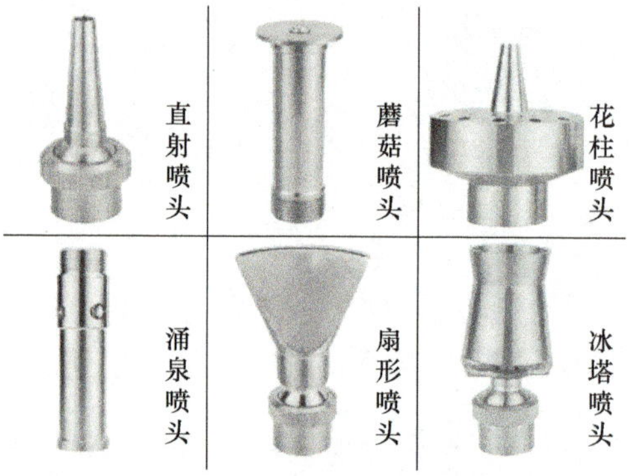

图 8-2　常见的喷头

图 8-3　直射喷头

任务八　花式喷泉控制		日期：	知识页
班级：	姓名：	学号：	

图 8-4　冰塔喷头

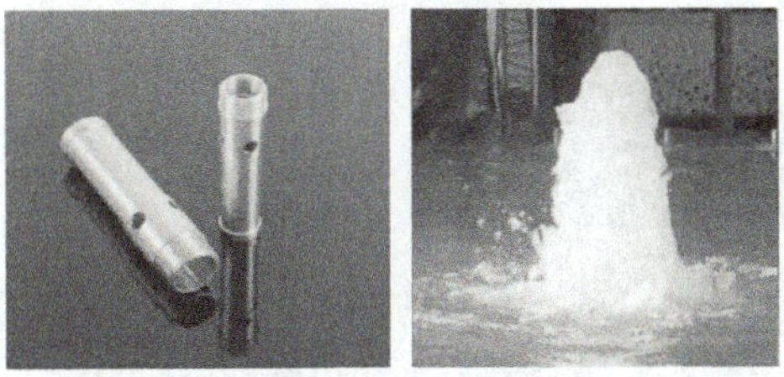

图 8-5　涌泉喷头

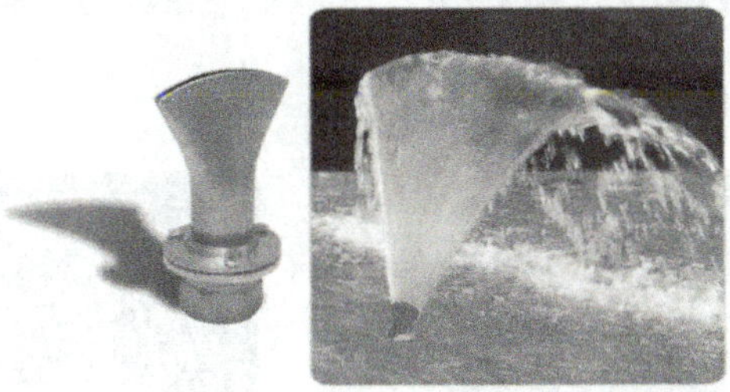

图 8-6　扇形喷头

喷头喷射出水柱的高低取决于水压和喷头的截面积。喷头的水压大小取决于水泵的功率大小，水泵输出的功率越大，喷头水压越大，喷出的水柱就越高，相反，水泵输出的功率越小，喷头水压越小，喷出的水柱就越低。在水泵输出压力恒定的情况下，喷头的截面积越小，喷头的水压越大，喷出的水柱越高；喷头的截面积越大，喷头的水压越小，喷出的水柱越低。

通常喷头的形状和截面积是固定的，如果水泵输出功率也是不变的，则水压也是固定的，那么喷出的水柱高低就不变。如果想实现喷泉水柱高低变化，就需要改变水泵的输出功率，可以通过变频器改变水泵电动机的转速来实现，在此不做详细讲解。本任务中不考虑水压变化。

2. 喷泉的种类

喷泉根据控制方式的不同，大致可以分为音乐喷泉和程控喷泉两大类。音乐喷泉就是喷头喷出水的压力大小根据音量的大小自动调整，通常音量大，压力就大，喷出的水柱就高；音量小，压力就小，喷出的水柱就低。程控喷泉是按照预先编辑好的程

任务八　花式喷泉控制		日期：	知识页
班级：	姓名：	学号：	

序变换喷水的造型、强弱和高低，程序一般可以随时修改，也可以存储多种程序，随意调用。

比较大型和复杂的喷泉通常集声、光、色为一体，采用多种控制方式，通过改变水流的方向、颜色、大小等方式，构成一幅五彩缤纷、优美动人的场景，丰富了人们在视觉、听觉上的双重感受，令人流连忘返。

图 8-7 ～图 8-13 所示为常见的喷泉。常见的喷泉有音乐喷泉、旱地喷泉、跑动喷泉、波光喷泉、趣味喷泉、激光水幕电影、超高喷泉等。这些喷泉也不是独立的，根据需要可以综合使用。

图 8-7　音乐喷泉

图 8-8　旱地喷泉

图 8-9　跑动喷泉

图 8-10　波光喷泉

图 8-11　趣味喷泉

图 8-12　激光水幕电影

任务八　花式喷泉控制		日期：	知识页
班级：	姓名：	学号：	

图 8-13　超高喷泉

二、PLC 的数据类型与寻址方式

1. 数制

在 PLC 中经常会用到二进制、十进制、十六进制三种数制形式，掌握数制的表示形式和数制的转换是学习 PLC 的必要基础。

（1）二进制

二进制数的 1 位只能为 0 或 1，可以用 1 位二进制数表示一个开关量的两种不同状态。例如，PLC 中的数字量输入端外接的输入信号接通为 1（ON），断开为 0（OFF），数字量输出端的负载得电为 1，断电为 0。二进制的数据类型为 BOOL（布尔）型。在 PLC 中用“2#”来表示二进制数。

二进制数按照从右往左的方式表示，最低位（最右位）为第 0 位，向左依次加 1，计数时采用“逢二进一”原则，即满 2 进 1，当低位满 2 之后，就在高位加 1，低位变成 0。例如，二进制数 0，加 1 变为 1，再加 1 呢？再加 1 就加到了 2，就需要进 1 位，本位数归 0，所以二进制数 1 再加 1 就变为 10。有符号的二进制数用补码的形式来表示，最高位为符号位，最高位为 0 时表示正数，最高位为 1 时表示负数。正数的补码就是它本身，负数的补码为其正数的补码逐位取反（0 变为 1，1 变为 0）后加 1。例如，将 1158 的补码 2#0000 0100 1000 0110 逐位取反后加 1，得到 -1158 的补码 2#1111 1011 0111 1010。

（2）十六进制

十六进制数用于化简二进制数，16 个数码分别为 0、1、2、3、4、5、6、7、8、9、A（10）、B（11）、C（12）、D（13）、E（14）、F（15），4 位二进制数对应 1 位十六进制数。十六进制数满足“逢十六进一”，PLC 中用 16# 来表示十六进制数。

（3）BCD（Binary Coded Decimal）码

BCD 码是各位按二进制编码的十进制数，满足“逢十进一”，用 4 位二进制数来表示 1 位十进制数，每一位 0 ～ 9 的十进制数用 2#0000 ～ 2#1001 来表示，4 位 BCD

任务八　花式喷泉控制		日期：	知识页
班级：	姓名：	学号：	

码对应于十六进制数，即 16#0000 ～ 16#9999。

（4）数制的转换

要明白数制之间的转换必须要理解什么是位权，位权是指数制中每一个固定位置对应的单位值。例如，十进制数中常说的“百千万亿”等就是十进制数的位权，衡量一个数值大小就需要用位权和数值两部分来描述。例如，十进制数 3125，它的含义如下：

$$
\begin{aligned}
3125&=3\times1000+1\times100+2\times10+5\times1\\
&=3000+100+20+5\\
&=3125
\end{aligned}
$$

其中，最低位为 0 位，1 是第 0 位的位权，10 是第 1 位的位权，100 是第 2 位的位权，1000 是第 3 位的位权。它们满足什么关系呢？ 1 是 10^0，10 是 10^1，100 是 10^2，1000 是 10^3，也就是我们所说的“个十百千”。由此可见，10 是指十进制，几次方就是第几位。

这就是位权的概念和计算方式，以此类推，二进制和十六进制的位权就是 2^n、16^n。

1）二进制数与十进制数之间的转换。二进制数转换为十进制数的方法：将所有二进制数的数值乘以位权相加即可。例如，将二进制数 2#10100101 转换成十进制数（PLC 中十进制数不需另加标注）的过程如下。

$$
\begin{aligned}
2\#10100101&=1\times2^7+0\times2^6+1\times2^5+0\times2^4+0\times2^3+1\times2^2+0\times2^1+1\times2^0\\
&=1\times2^7+1\times2^5+1\times2^2+1\times2^0\\
&=128+32+4+1\\
&=165
\end{aligned}
$$

十进制数转换为二进制的方法：利用“除二取余倒计法”，就是将所要求的数除以 2，直到商为 0，将余数保留下来，倒计即可。例如，将十进制数 315 转换为二进制数的过程如下。

$$
\begin{aligned}
&315\div2=157\cdots\cdots1\\
&157\div2=78\cdots\cdots1\\
&78\div2=39\cdots\cdots0\\
&39\div2=19\cdots\cdots1\\
&19\div2=9\cdots\cdots1\\
&9\div2=4\cdots\cdots1\\
&4\div2=2\cdots\cdots0\\
&2\div2=1\cdots\cdots0\\
&1\div2=0\cdots\cdots1
\end{aligned}
\uparrow
$$

将上面所有算式的余数倒计，则 315 转换成二进制数为 2#100111011。学生可以自

任务八 花式喷泉控制		日期：	知识页
班级：	姓名：	学号：	

行验算。

2）十六进制数与十进制数之间的转换。十六进制数转换为十进制数的方法与二进制数转换为十进制数的方法一样，只是位权不一样，即将所有十六进制数的数值乘以位权相加。例如，将十六进制数 16#21DA 转换为十进制数的过程如下。

$$16\#21DA=2\times16^3+1\times16^2+D\times16^1+A\times16^0$$
$$=2\times4096+1\times256+13\times16+10\times1$$
$$=8192+256+208+10$$
$$=8666$$

将十进制数转换为十六进制数的方法与十进制数转换为二进制数的方法一样，只是除数为 16，即“除十六取余倒计法”。例如，将十进制数 3524 转换为十六进制数的过程如下。

3524 ÷ 16=220……4
220 ÷ 16=13……12（C）
13 ÷ 16=0……13（D）

将上面算式的余数倒计，则 3524 转换成十六进制数为 16#DC4。学生可以自行验算。

3）二进制数与十六进制数之间的转换。十六进制数在 PLC 中可以用于化简二进制数，所以二进制数和十六进制数之间的转换比较常用，也比较方便。

将二进制数转换为十六进制数的方法：利用“取四合一法”，从第 0 位开始向左，每四位取成一位，接着将这四位二进制数按权相加，得到的数就是一位十六进制数，然后，按顺序进行排列，得到的数字就是所求的十六进制数。在此暂不进行浮点数的计算和转换。例如，将二进制数 2#111101001 转换为十六进制数的过程如下，结果由学生自行验算。

2#111101001=1 1110 1001
=16#1E9

将十六进制数转换为二进制数的方法：利用“取一分四法”，从最低位开始，把十六进制数的每一位数转换为四位二进制数，然后从低到高排列在一起即可。例如，将 16#248F 转换为二进制数的过程如下，结果由学生自行验算。

16#248F=2 4 8 F
=0010 0100 1000 1111
=2#10010010001111

2. 数据类型

在 PLC 中如果对变量进行赋值，则必须为每个变量定义数据类型。PLC 中的数据是以二进制进行存储的，所以数据类型的大小用二进制位来表示。PLC 中的数据类型见表 8-4。

任务八　花式喷泉控制		日期：	知识页
班级：	姓名：	学号：	

表 8-4　PLC 中的数据类型

数据类型	符号	类型大小	说明	范围
位	BOOL	1 位	布尔	0 ～ 1
字节	BYTE	8 位	包含有符号和无符号两种形式	有符号为 -128 ～ +127 无符号为 0 ～ 255
字	WORD	16 位	无符号整数	0 ～ 65535
整数	INT	16 位	有符号整数	-32768 ～ +32767
双字	DWORD（Double Word）	32 位	无符号双整数	0 ～ 4294967295
双整数	DINT（Double INT）	32 位	有符号双整数	-2147483648 ～ +2147483647
实数	REAL	32 位	32 位浮点数	+1.175495E-38 ～ +3.402823E+38 -1.175495E-38 ～ -3.402823E+38
字符串	STRING	1 ～ 255 字节	存储在 PLC 存储器中的 ASCII 字面字符串，形式为 1 字符串长度字节后接 ASCII 数据字节	ASCII 字符代码为 0 ～ 255

3. 寻址方式

在 PLC 中的存储区包括过程映像输入寄存器（I）、过程映像输出寄存器（Q）、变量存储器（V）、位存储器（M）、定时器存储器（T）、计数器存储器（C）、高速计数器（HC）、累加器（AC0 ～ AC3）、特殊存储器（SM）、局部存储器（L）、模拟量输入（AI）、模拟量输出（AQ）、顺序控制继电器（S）等，其中 I、Q、V、M、S、SM 和 L 存储区均可以按位、字节、字和双字来访问。

PLC 中的寻址方式包括直接寻址和间接寻址两种。直接寻址指定了存储器的区域、长度和位置，如 VB200、MW10 等，VB200 表示 V 存储区编号为 200 的字节，对应位为 V200.0 ～ V200.7，MW10 表示 M 存储区首地址为 10 的一个字，占用 MB10、MB11 两个字节，对应位为 M10.0 ～ M10.7、M11.0 ～ M11.7。间接寻址给出一个被称为地址指针的存储单元的地址，32 位地址指针里存放的是真正的操作数的地址，间接寻址可用于访问 I、Q、V、M、S、AI、AQ、SM，以及 T 和 C 的当前值，不能访问单个位（bit）地址、HC、L 存储区和累加器。直接寻址和间接寻址在后面用到时再进行介绍。

三、功能指令的表示形式

功能指令又称为应用指令，是 PLC 在完成基本逻辑控制、定时控制、计数控制、顺序控制的基础上，厂商为满足不同应用场合的需要开发出来的具有特殊功能的指令。这些功能指令拓宽了 PLC 的应用范围，使编程更加方便快捷，深受工程技术人员的欢迎。

任务八　花式喷泉控制		日期：	知识页
班级：	姓名：	学号：	

西门子 S7-200 SMART PLC 中的功能指令包括传送指令、比较指令、数学运算指令、逻辑运算指令、移位和循环移位指令、程序控制指令等。图 8-14 所示为西门子 S7-200 SMART PLC 指令系统。

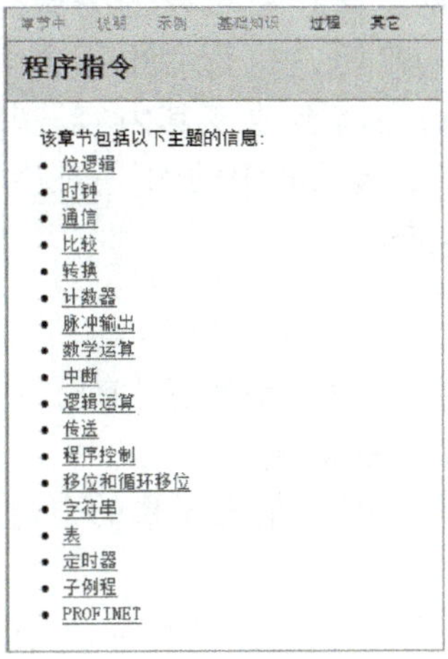

图 8-14　西门子 S7-200 SMART PLC 指令系统

在 PLC 中，功能指令与基本指令类似，都有梯形图、功能块、语句表三种表示形式。根据需要，我们重点介绍梯形图的表示形式。在梯形图中，功能指令的符号通常为功能框，图 8-15 所示为功能指令的表示形式。

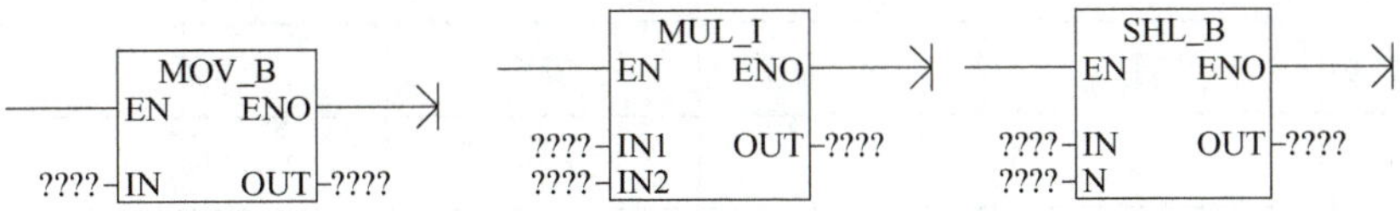

a) 传送指令　b) 乘法指令　c) 左移指令

图 8-15　功能指令的表示形式

在功能框的顶部标有该指令的名称，通常用“指令助记符 + 数据类型”的方式进行表示。前一部分的指令助记符通常为英文单词的缩写，说明该指令的功能，如图 8-15a 中 MOV 是传送指令的助记符，它是英文单词“move”的缩写，在英语中 move 的意思是移动、向前移，在 PLC 中的功能就是传送；图 8-15b 中 MUL 是数学运算指令中乘法指令的助记符，它是英文单词“multiply”的缩写，在英语中 multiply 的意思是乘、相乘，在 PLC 中的功能就是将两个数相乘；图 8-15c 中 SHL 是左移指令的助记符，是英文词组“shift logical left”的缩写，在英语中就是逻辑左移的意思，在 PLC 中的功能就是将数据进行左移。下画线后面的部分是参与运算的数据的数据类型，如图 8-15a 所示的 MOV_B 中的“B”表示字节，图 8-15b 所示的 MUL_I 中的“I”表示整数。

在功能指令框图中，最上面的两个端子是指令的使能端，如图 8-15 所示。EN 为使

任务八　花式喷泉控制		日期：	知识页
班级：	姓名：	学号：	

能输入，当 EN 前面的条件满足或接通时，指令开始执行；ENO 为使能输出，指令执行后，ENO 后面的输出可以触动。

在功能指令框图中，下面几个端子是指令的操作数。通常用 IN、OUT 或 N 等符号表示，是指令涉及或产生的数据。操作数可以分为源操作数、目标操作数和其他操作数。源操作数是指令执行数据的来源，执行后也不会改变其中的数据。目标操作数是指令执行后数据的目的地，执行后将会改变其内容。其他操作数是对功能指令的功能进行补充，也称为辅助操作数，图 8-15c 中的 N 是对移位指令的补充，指移动几位。

四、花式喷泉控制任务实施

1. 分析控制要求

在本任务中有两个按钮，一个为起动按钮 SB1，一个为停止按钮 SB2。按下起动按钮，系统起动；按下停止按钮，系统停止。

系统有运行指示灯，还有 8 个控制花式喷泉的电磁阀，在此使用指示灯来模拟。8 个指示灯用 HL1 ～ HL8 来表示。

2. 分配 I/O 地址

根据任务分析，发送信号的为输入信号，执行功能的为输出信号，将其进行分配。I/O 地址的分配见表 8-5。

表 8-5　I/O 地址分配

输入			输出		
信号	功能	对应地址	信号	功能	对应地址
SB1	起动	I0.1	HL1	1 号喷头	Q0.0
SB2	停止	I0.2	HL2	2 号喷头	Q0.1
			HL3	3 号喷头	Q0.2
			HL4	4 号喷头	Q0.3
			HL5	5 号喷头	Q0.4
			HL6	6 号喷头	Q0.5
			HL7	7 号喷头	Q0.6
			HL8	8 号喷头	Q0.7

3. 设计电气原理图

根据 PLC 的接线规则和地址分配表设计电气原理图，如图 8-16 所示。

任务八　花式喷泉控制		日期：	知识页
班级：	姓名：	学号：	

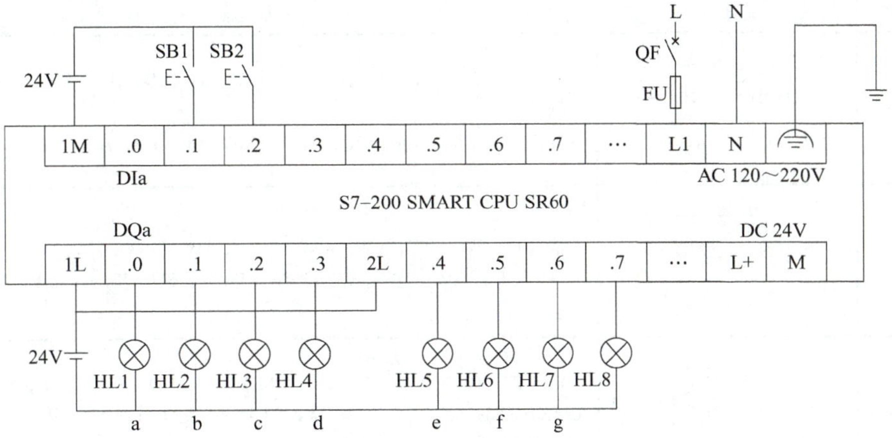

图 8-16　花式喷泉控制电气原理图

4. 进行线路安装和检测

1）线路的安装方法和步骤请扫描二维码观看。

2）线路的检查和检测方法与任务三一致，参见任务三线路的检测方法。

花式喷泉控制线路的安装

5. 程序设计

通过分析任务的控制要求可知，系统的起动和停止可以用置位、复位指令实现，也可以用起保停程序实现，此处不再赘述。整个控制过程包含全喷、全停、逐个喷、逐个停、单数喷、双数喷等多种控制方式，如果采用传统的梯形图设计方法，每个输出端子将会在很多情况下得电，即使使用位存储器，程序也非常复杂且牵一发而动全身，如果使用顺控指令和状态继电器，也要避免双线圈输出或使用大量的置位、复位指令，程序设计起来也过于复杂，因此需要在能够实现功能的情况下简化程序，这时就要用到功能指令，下面将逐个进行介绍。

（1）传送指令

在 PLC 的功能指令中使用最频繁的便是传送指令。传送指令的指令助记符是 MOV，是英文单词 move 的缩写，顾名思义，传送指令就是将数据值从源常数（或存储单元）IN 传送到新存储单元 OUT，而不会更改源存储单元中存储的值。根据传送数据的数据类型不同，分为字节传送、字传送、双字传送和实数传送四种，传送指令的分类见表 8-6。

如何使用传送指令来实现程序的控制呢？下面以控制实例进行讲解。在控制系统中的第一步、第二步、第五步、第六步都是固定模式，不发生变化，可以采用传送指令实现。

任务八　花式喷泉控制		日期：	知识页
班级：	姓名：	学号：	

表 8-6　传送指令的分类

指令名称	梯形图	操作数
字节传送	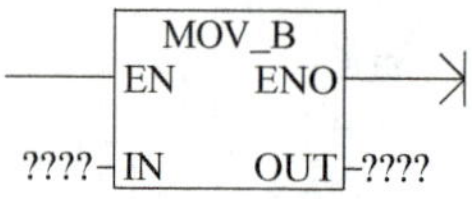	输入 IN：IB，QB，VB，MB，SMB，SB，LB，AC，*VD，*LD，*AC，常数 输出 OUT：IB，QB，VB，MB，SMB，SB，LB，AC，*VD，*LD，*AC
字传送	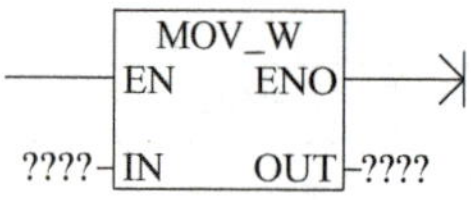	输入 IN：IW，QW，VW，MW，SMW，SW，T，C，LW，AC，AIW，常数 输出 OUT：IW，QW，VW，MW，SMW，SW，T，C，LW，AC，AQW
双字传送	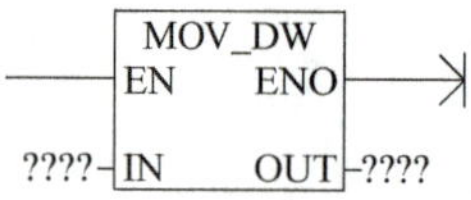	输入 IN：ID，QD，VD，MD，SMD，SD，LD，HC，&VB，&IB，&QB，&MB，&SB，&T，&C，&SMV，*AIW，&AQW，AC，常数 输出 OUT：ID，QD，VD，MD，SMD，SD，LD，AC，*VD，*LD，*AC
实数传送	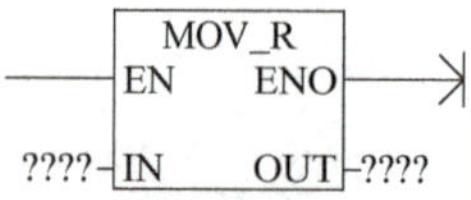	输入 IN：ID，QD，VD，MD、SMD、SD、LD、AC、*VD、*LD、*AC、常数 输出 OUT：ID，QD，VD，MD，SMD，SD，LD，AC，*VD，*LD，*AC

因为传送指令传送的都是字节、字、双字、实数、常数，不能直接传送位，所以要让某一位或某几位得电，则需要将字节转换为位，由于一个字节是 8 位，一个字是 16 位，因此可以利用对应关系让对应位得电。又由于 PLC 的输出是位，因此可以通过传输二进制数将所需要得电的位得电。

控制要求中的第一步，让所有喷头全部喷水，需要让所有输出端子得电，可以通过传送指令让输出都得电，因为 QB0 就是由 Q0.0 ～ Q0.7 这 8 位组成，所以只需要用传送指令 MOV_B 将二进制数 11111111 传送给 QB0 就可以了，喷头全部喷水的控制程序如图 8-17 所示。

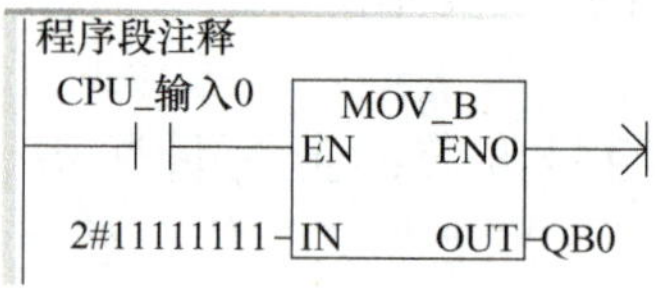

图 8-17　喷头全部喷水的控制程序

控制要求中的第二步，让所有喷头全部停止喷水，就需要让所有输出端子失电，同样道理，用传送指令 MOV_B 将二进制数 00000000 传送给 QB0 就可以了，喷头全部停止喷水的控制程序如图 8-18 所示。

任务八 花式喷泉控制		日期：	知识页
班级：	姓名：	学号：	

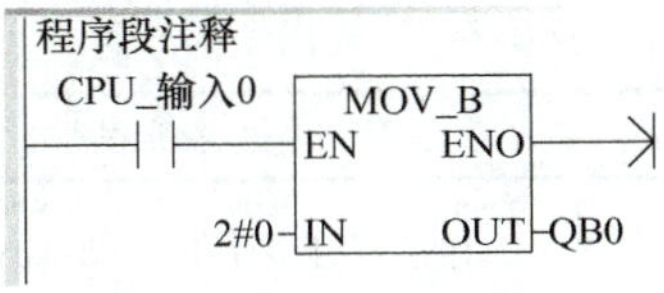

图 8-18 喷头全部停止喷水的控制程序

控制要求中的第五步，喷头中的奇数喷头喷水，就是让 Q0.0、Q0.2、Q0.4、Q0.6 得电即可，用传送指令 MOV_B 将二进制数 01010101 传送给 QB0 就可以了，奇数喷头喷水的控制程序如图 8-19 所示。

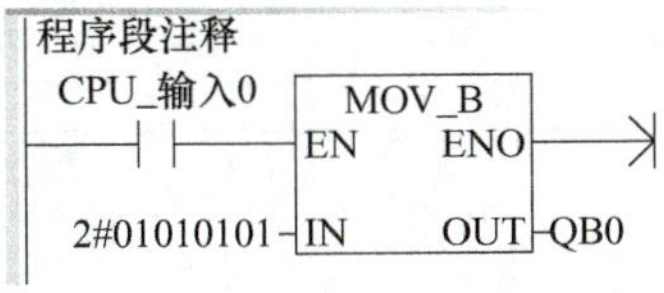

图 8-19 奇数喷头喷水的控制程序

控制要求中的第六步，喷头中的偶数喷头喷水，让 Q0.1、Q0.3、Q0.5、Q0.7 得电即可，用传送指令 MOV_B 将二进制数 10101010 传送给 QB0 就可以了，偶数喷头喷水的控制程序如图 8-20 所示。

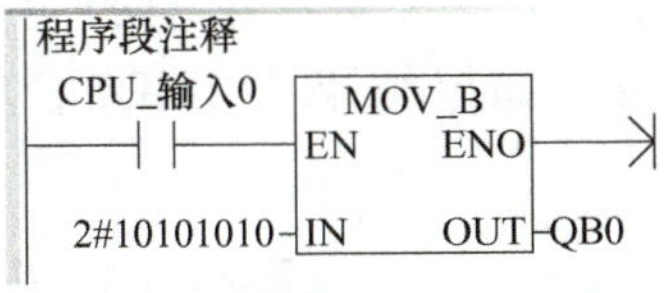

图 8-20 偶数喷头喷水的控制程序

以上传送指令的控制条件都是 I0.0，也就是 I0.0 闭合时执行该操作，学生可以自己试一下。需要说明的是，当输入 I0.0 断开，QB0 里面的数不会自动消失，想将数据清零就传送 0 进去。

以上传送的都是二进制常数，因为二进制常数和输出端子一一对应，更好理解，当然传送十进制数也可以，只不过需要换算，学生可以自己将二进制数转换为十进制数试一下。

还可以输入自己想要的工作方式，观察一下效果，以更好地掌握传送指令的使用方法。

（2）比较指令

在 PLC 的功能指令中，最常用、最好用、最好理解的第二类指令是比较指令。比较指令包括数值比较和字符串比较两类，我们重点学习数值比较指令。数值比较指令可以对两个数据类型相同的数值进行比较，可以比较字节、整数、双整数、实数和常数。比较指令的分类见表 8-7。

任务八　花式喷泉控制		日期：	知识页
班级：	姓名：	学号：	

表 8-7　比较指令的分类

指令名称	梯形图
等于指令	????　????　????　???? ┤==B├　┤==I├　┤==D├　┤==R├ ????　????　????　????
不等于指令	????　????　????　???? ┤<>B├　┤<>I├　┤<>D├　┤<>R├ ????　????　????　????
大于等于指令	????　????　????　???? ┤>=B├　┤>=I├　┤>=D├　┤>=R├ ????　????　????　????
小于等于指令	????　????　????　???? ┤<=B├　┤<=I├　┤<=D├　┤<=R├ ????　????　????　????
大于指令	????　????　????　???? ┤ >B ├　┤ >I ├　┤ >D ├　┤ >R ├ ????　????　????　????
小于指令	????　????　????　???? ┤ <B ├　┤ <I ├　┤ <D ├　┤ <R ├ ????　????　????　????
字符串比较指令	????　???? ┤==S├　┤<>S├ ????　????

在表 8-7 中，所有指令都有两个操作数，上面的为 IN1，下面的为 IN2，比较时，用上面的 IN1 和下面的 IN2 比较，如果结果为 TRUE，触点就会接通。比较指令的操作数见表 8-8。

表 8-8　比较指令的操作数

输入 / 输出	数据类型	操作数
IN1、IN2	B（BYTE，无符号字节）	IB、QB、VB、MB、SMB、SB、LB、AC、*VD、*LD、*AC、常数
	I（INT，有符号整数）	IW、QW、VW、MW、SMW、SW、T、C、LW、AC、AIW、*VD、*LD、*AC、常数
	D（DOUBLE INT，有符号双字整数）	ID、QD、VD、MD、SMD、SD、LD、AC、HC、*VD、*LD、*AC、常数
	R（REAL，有符号实数）	ID、QD、VD、MD、SMD、SD、LD、AC、*VD、*LD、*AC、常数
OUT	BOOL	LAD：能流

那么，比较指令如何使用呢？

本任务控制要求中的第三步、第四步为喷头逐个喷、逐个停，间隔时间为 1s，在位逻辑指令编程中需要用多个定时器串联来实现，而在功能指令编程中应用比较指令和置位、复位指令就可以轻松实现。例如，输入端 I0.0 起动后，用一个定时器累积时

任务八　花式喷泉控制		日期：	知识页
班级：	姓名：	学号：	

间，然后用比较指令在相应的时间将相应的输出点置位就可以了。假设按下起动按钮马上让第一个输出得电，用起动按钮的上升沿来实现。一共 8 个输出，累积间隔 7s，由于是置位指令，当松开按钮时，输出端子不会失电。喷头逐个开始喷水且间隔时间为 1s 的控制程序如图 8-21 所示。需要注意的是，定时器和计数器的设定值均为 16 位字存储，选用比较指令时应选用整型指令。

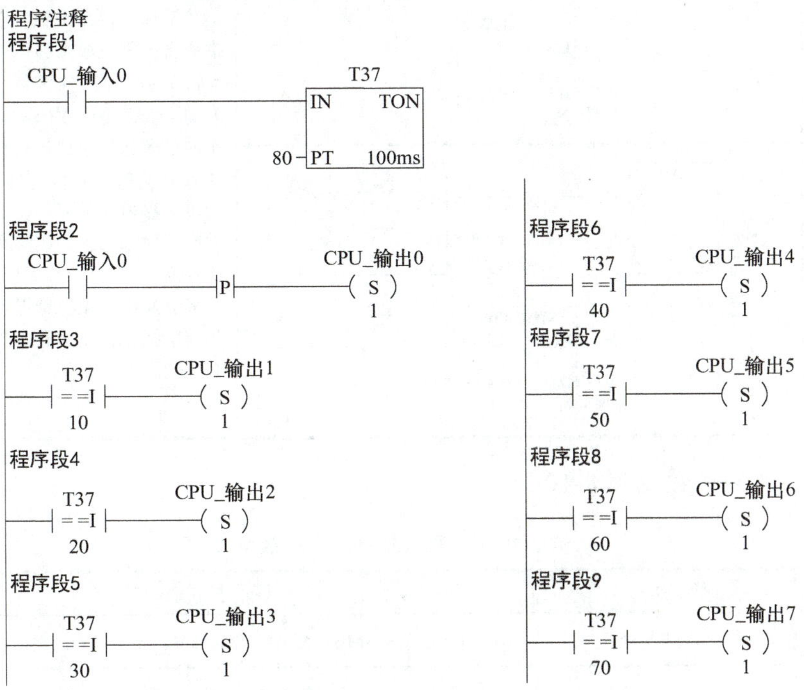

图 8-21　喷头逐个喷水且间隔时间为 1s 的控制程序

有了上面的实例，学生自行尝试实现第四步中喷头逐个停止的功能。

上面的实例是采用比较指令加置位、复位指令实现的，如果采用比较指令加传送指令实现上面的功能，需要如何编程呢？学生可自行尝试。

（3）移位和循环移位指令

在生活中我们经常遇到流水灯的情况，如任务的第七步，这样的程序设计出来并不十分复杂，但是如果控制反复出现，功能经常改变，编写程序还是比较麻烦的。在 PLC 中，厂商为实现这部分功能，专门研制了移位指令。移位指令的意思就是将某个值在指定的存储器中进行移动。移位指令包括移位指令和循环移位指令，下面分别进行介绍。

移位指令的指令助记符是 SHL 和 SHR。SHL 是英文“shift logical left”的缩写，表示逻辑左移，SHR 是英文“shift logical right”的缩写，表示逻辑右移。下面介绍指令的使用方法。移位指令的分类见表 8-9。

<table>
<tr><td colspan="2">任务八　花式喷泉控制</td><td>日期：</td><td rowspan="2">知识页</td></tr>
<tr><td>班级：</td><td>姓名：</td><td>学号：</td></tr>
</table>

表 8-9　移位指令的分类

<table>
<tr><th>指令名称</th><th>梯形图</th><th>指令说明</th></tr>
<tr><td>左移</td><td>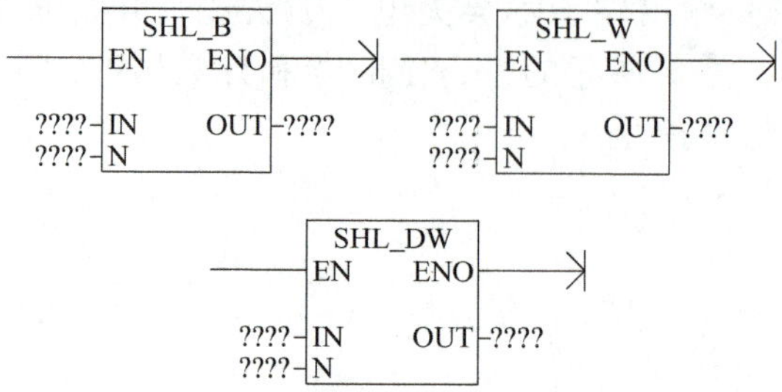
</td><td rowspan="2">移位指令将输入值 IN 的位值右移或左移 N（移位计数）位，然后将结果装载到分配给 OUT 的存储单元中
对于每一位移出后留下的空位，移位指令会补零。如果移位计数大于或等于允许的最大值（字节操作为 8、字操作为 16、双字操作为 32），则会按相应操作的最大次数对值进行移位；如果移位计数大于 0，则溢出存储器位 SM1.1 会置位为移出的最后一位的值；如果移位操作的结果为零，则零存储器位 SM1.0 将置位
字节操作是无符号操作。对于字操作和双字操作，使用有符号数据值时，也对符号位进行移位</td></tr>
<tr><td>右移</td><td>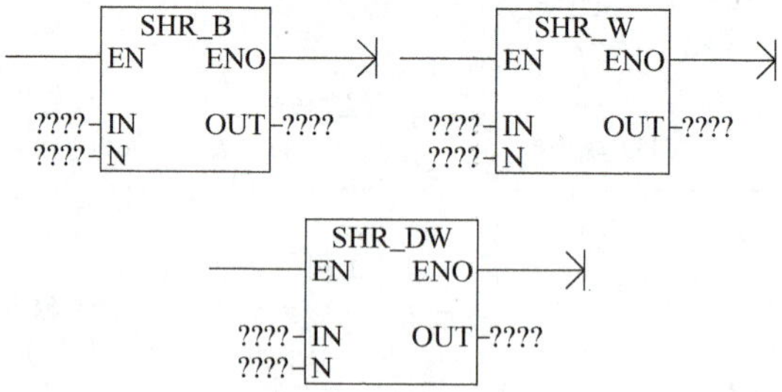
</td></tr>
</table>

移位指令的操作数见表 8-10。

表 8-10　移位指令的操作数

输入 / 输出	数据类型	操作数
IN	字节（BYTE）	IB、QB、VB、MB、SMB、SB、LB、AC、*VD、*LD、*AC、常数
	字（WORD）	IW、QW、VW、MW、SMW、SW、T、C、LW、AC、AIW、*VD、*LD、*AC、常数
	双字（DWORD）	ID、QD、VD、MD、SMD、SD、LD、AC、HC、*VD、*LD、*AC、常数
OUT	字节（BYTE）	IB、QB、VB、MB、SMB、SB、LB、AC、*VD、*LD、*AC
	字（WORD）	IW、QW、VW、MW、SMW、SW、T、C、LW、AC、*VD、*LD、*AC
	双字（DWORD）	ID、QD、VD、MD、SMD、SD、LD、AC、*VD、*LD、*AC
N	字节（BYTE）	IB、QB、VB、MB、SMB、SB、LB、AC、*VD、*LD、*AC、常数

循环移位指令的助记符是 ROL 和 ROR。ROL 是英文“rotate left”的缩写，表示循环左移，ROR 是英文“rotate right”的缩写，表示循环右移。下面介绍指令的使用方法。循环移位指令的分类见表 8-11。

任务八 花式喷泉控制		日期：	知识页
班级：	姓名：	学号：	

表 8-11 循环移位指令的分类

指令名称	梯形图	指令说明
循环左移（ROL）	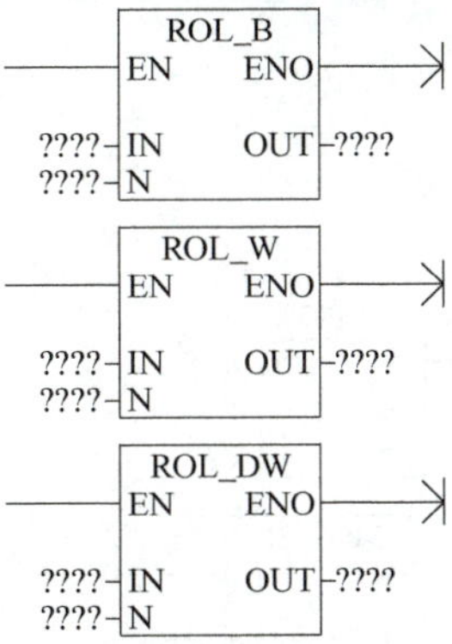	循环移位指令将输入值 IN 的位值循环右移或循环左移 N（循环移位计数）位，然后将结果装载到分配给 OUT 的存储单元中。循环移位操作为循环操作 如果循环移位计数大于或等于操作的最大值（字节操作为 8、字操作为 16、双字操作为 32），则 CPU 会在执行循环移位前对移位计数执行求模运算以获得有效循环移位计数。该结果为移位计数，字节操作为 0 ～ 7，字操作为 0 ～ 15，双字操作为 0 ～ 31 如果循环移位计数为 0，则不执行循环移位操作；如果执行循环移位操作，则溢出存储器位 SM1.1 将置位为循环移出的最后一位的值 如果循环移位计数不是 8 的整倍数（对于字节操作）、16 的整倍数（对于字操作）或 32 的整倍数（对于双字操作），则将循环移出的最后一位的值复制到溢出存储器位 SM1.1。如果要循环移位的值为零，则零存储器位 SM1.0 将置位 字节操作是无符号操作。对于字操作和双字操作，使用有符号数据类型时，也会对符号位进行循环移位
循环右移（ROR）	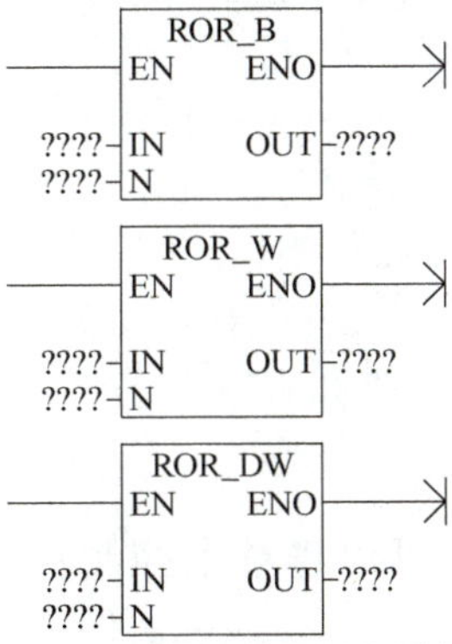	

循环移位指令输入 / 输出的操作数与移位指令的操作数一致，此处不再赘述。

下面介绍移位指令的使用方法。

本任务控制要求中的第七步要求从第一个喷头开始喷水，持续 2s，然后换成第二个喷头喷水，等第八个喷头喷水 2s 后停止。这个要求不用循环，所以可以使用移位指令来实现，指令左移是指从低位向高位移动，右移是指从高位向低位移动，在此应采用左移指令。首先，用起动按钮置位 M0.0，用第八个喷头也就是 Q0.7 的下降沿复位 M0.0，这样 8 个喷头逐个喷水后自动停止。输出 Q0.0 ～ Q0.7 用 QB0 来表示，因为需要先点亮 Q0.0，所以可以用传送指令让 Q0.0 得电。因为每个喷头工作 2s，所以用定时器设计一个 2s 的脉冲，每 2s 移动一位。程序设计如图 8-22 所示。

需要注意的是，在 SHL 指令之前的使能端，选用的应当是脉冲，不能是触点，否则 PLC 每个扫描周期都将移动一位，瞬间就会移动出八位。

学生可根据使用的需要将移位指令换成循环移位指令，观察一下效果，总结两者的区别。还可以根据需要改变移位位数，观察一下效果。

任务八　花式喷泉控制		日期：	知识页
班级：	姓名：	学号：	

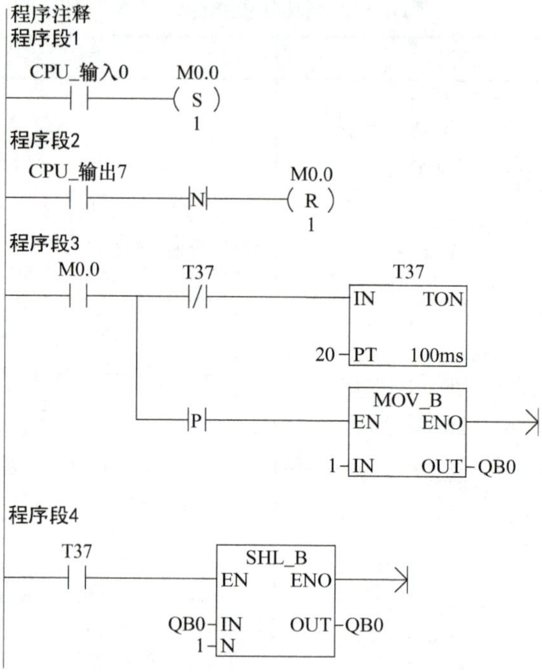

图 8-22　用移位指令实现喷头逐个喷水的控制程序

（4）综合应用

通过使用传送指令、比较指令和移位指令，可以将整个控制任务的 7 个步骤全部实现。下面进行详细讲解。

1）编程思路：系统起动后花式喷水包括七个步骤，整个过程是以时间为主线进行工作的。将 7 个步骤的工作方式、持续时间、累计时间用表格的形式来展现，具体见表 8-12。

表 8-12　工作任务时间

步骤	工作方式	持续时间 /s	累计时间 /s
第一步	全喷	5	5
第二步	全停	3	8
第三步	逐个喷	11	19
第四步	逐个停	11	30
第五步	单数喷	7	37
第六步	双数喷	7	44
第七步	逐个喷（单个喷）	19	63

使用比较指令，可以将整个控制过程用一个定时器来计时，记录总时间，在什么

任务八　花式喷泉控制		日期：	知识页
班级：	姓名：	学号：	

时间做什么用比较指令就可以轻松实现。为了增强程序的可读性，每个步骤用一个程序段。

2）系统的起停：设置起保停电路，也可以使用置位和复位指令实现相应功能。触摸屏的起停功能与起停按钮的功能一致，触摸屏的起动用M0.1、触摸屏的停止用M0.2，将触摸屏的起停按钮与实际的起停按钮并联即可，系统的运行用M0.0指示。需要说明的是，当按下停止按钮时，除了将运行标志停止外，还需要将输出都复位，否则系统停止后，仍将有输出得电工作。用置位、复位指令实现系统的起停控制程序如图8-23所示。

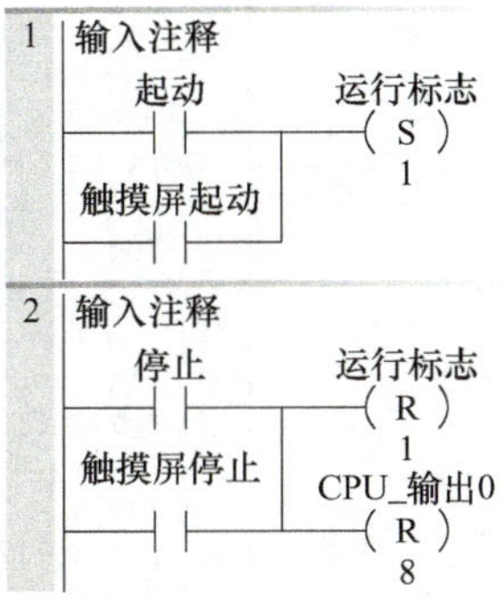

图8-23　用置位复位指令实现系统的起停控制程序

3）时间控制：在程序中用一个定时器实现计时，计时的时间为整个工作过程的总时间。计时时间到，断开定时器重新开始。63s的时间脉冲控制程序如图8-24所示。

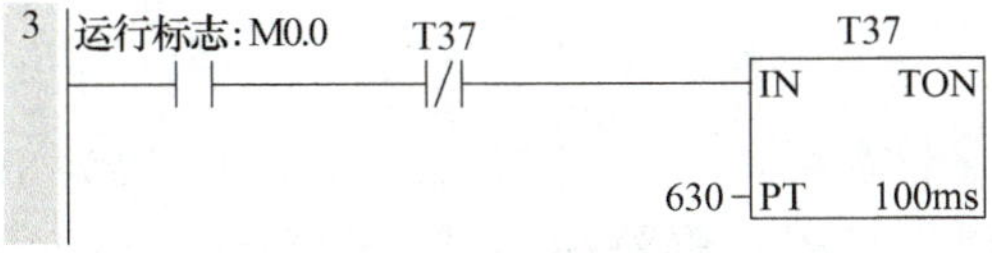

图8-24　63s的时间脉冲控制程序

4）第一步：所有喷头全部喷水，持续5s。这一步用比较指令加传送指令来实现，其控制程序如图8-25所示。

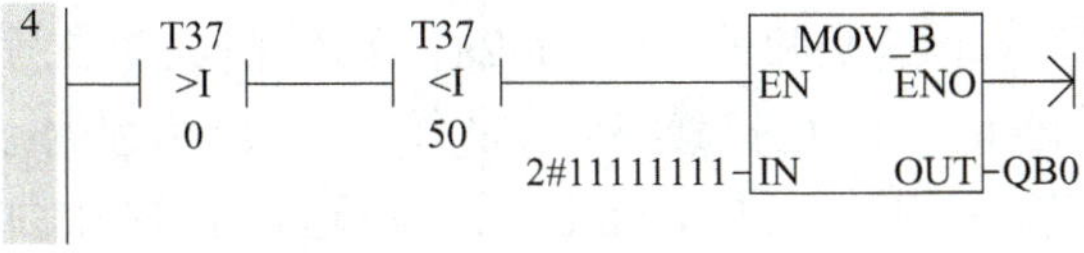

图8-25　喷头全部喷水且持续5s的控制程序

5）第二步：所有喷头停止喷水，持续3s。这一步与上一步类似，其控制程序如图8-26所示。

任务八　花式喷泉控制		日期：	知识页
班级：	姓名：	学号：	

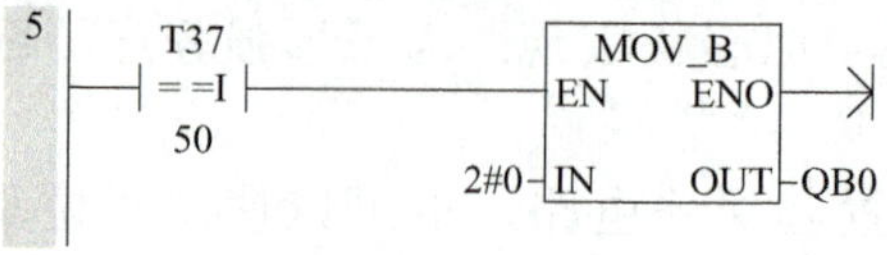

图 8-26　喷头全部停止喷水的控制程序

6）第三步：从第一个喷头逐个开始喷水，间隔时间为 1s，全部喷水后持续 3s。我们把这个程序放到一个程序段中，加上时间控制条件，其控制程序如图 8-27 所示。

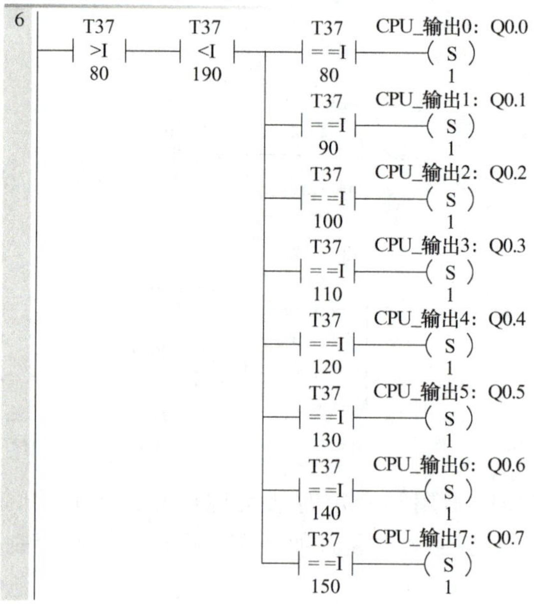

图 8-27　喷头逐个喷水间隔时间为 1s，全部喷水后持续 3s 的控制程序

7）第四步：从第一个喷头逐个停止喷水，间隔时间为 1s，全部停止喷水后持续 3s。这一段与上一段类似，过程不再赘述，其控制程序如图 8-28 所示。

8）第五步：奇数喷头喷水，持续 5s，然后奇数喷头停止喷水，停 2s。设计方法与第一步类似，不再赘述，其控制程序如图 8-29 所示。

9）第六步：偶数喷头喷水，持续 5s，然后偶数喷头停止喷水，停 2s。设计方法与第一步类似，不再赘述，其控制程序如图 8-30 所示。

10）第七步：从第一个喷头喷水，持续 2s，然后换成第二个喷头喷水，以此类推，第八个喷头喷水 2s 后停止，停止持续 3s 后从第一步开始循环。在这个任务中需要用到左移指令，每 2s 左移一位，为了精确起见，在这段程序中加入一个 2s 的脉冲用于移位的需要。另外，需要在进入这个控制任务时首先让第一个喷头得电，所以先用传送指令使 Q0.0 得电。移动结束后为了保险起见再传送数字 0 到 QB0。其控制程序如图 8-31 所示。

任务八　花式喷泉控制		日期：	知识页
班级：	姓名：	学号：	

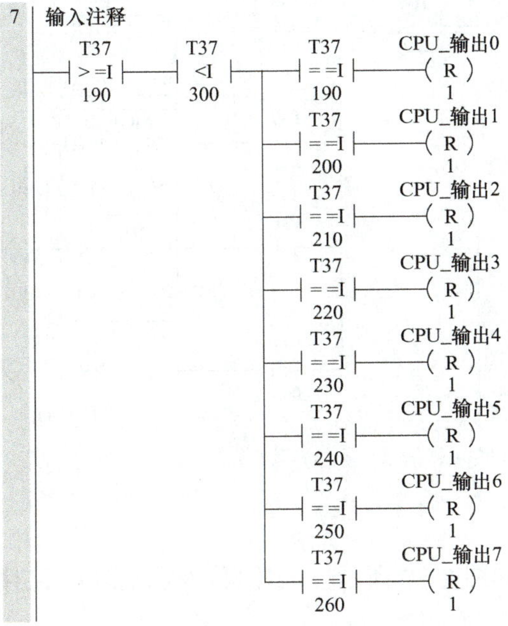

图 8-28　喷头逐个停止喷水，间隔时间为 1s，全部停喷后持续 3s 的控制程序

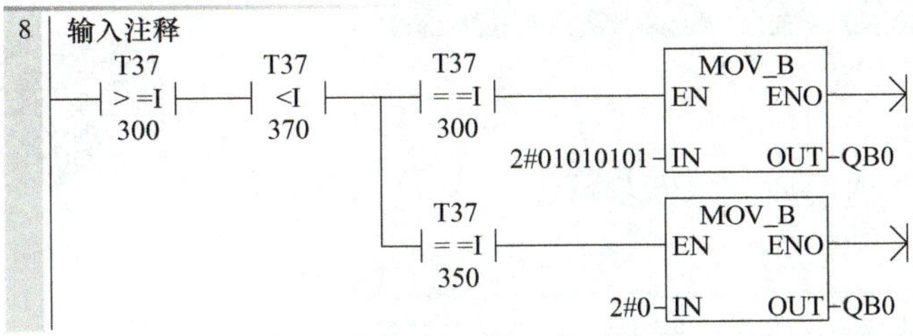

图 8-29　奇数喷头喷水 5s 后停止喷水 2s 的控制程序

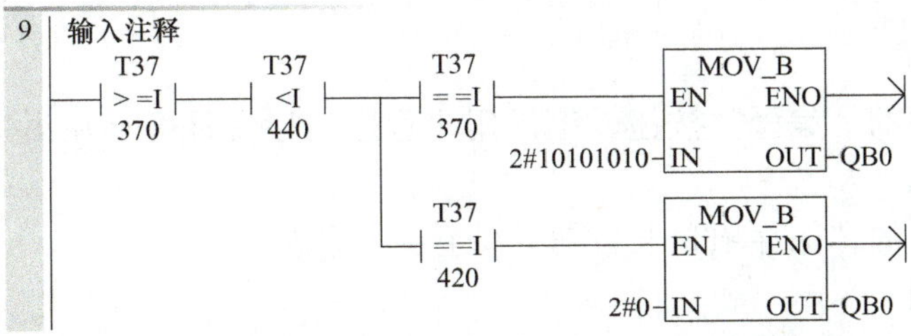

图 8-30　偶数喷头喷水 5s 后停止喷水 2s 的控制程序

任务八　花式喷泉控制		日期：	知识页
班级：	姓名：	学号：	

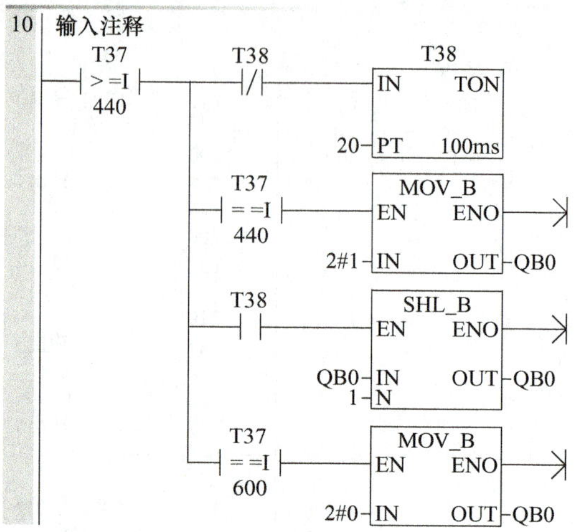

图 8-31　第一个喷头喷水持续 2s，换为第二个，以此类推至第八个喷头喷水的控制程序

6. 触摸屏组态

触摸屏的组态界面如图 8-32 所示。触摸屏的组态步骤请扫描二维码观看。

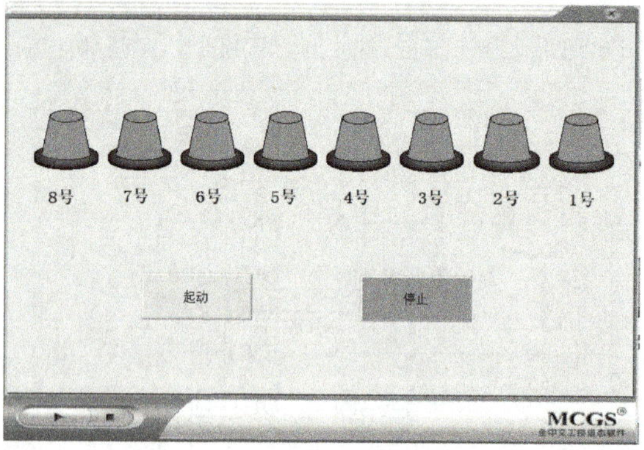

图 8-32　触摸屏的组态界面

花式喷泉控制的触摸屏组态

7. 传输调试

（1）编译程序

单击工具栏中的“编译”按钮，编译用户程序，检查是否存在语法错误。

（2）保存项目

单击工具栏中的“保存项目”按钮，保存用户程序。

（3）下载项目

单击工具栏中的“下载”按钮，下载用户程序。

（4）下载触摸屏程序

在触摸屏组态界面下载触摸屏程序。

任务八　花式喷泉控制		日期：	知识页
班级：	姓名：	学号：	

（5）调试

程序和组态界面下载完成后，按照表 8-13 进行调试。

表 8-13　功能调试

操作步骤	操作内容	观察内容	观察结果	思考内容
1	单击工具栏中的“程序状态”监视按钮，监控程序	PLC 的指示灯状态和编程界面状态		监控状态的重要性
2	单击“RUN”按钮运行 PLC	“STOP”“RUN”指示灯的状态		
3	按下起动按钮 SB1 然后松开	I/O 指示灯的状态、8 个指示灯（模拟喷头）的工作情况和循环工作情况		掌握功能指令的使用方法，还有没有别的方法能够实现这个功能
4	运行一个周期后，按下停止按钮 SB2 然后松开			
5	按下触摸屏上的起动按钮然后松开			
6	运行两个周期后，按下触摸屏上的停止按钮然后松开			
7	通过编程软件停止 CPU 模块的运行	“STOP”“RUN”指示灯的状态		
8	调试完毕，关断电源开关 QF，整理设备和器材			

任务九　LED 数码管显示控制

——任务页、信息页、实施页、拓展页、评价页、知识页

任务九　LED 数码管显示控制		日期：	任务页
班级：	姓名：	学号：	

学习任务描述

在生产生活中，经常遇到需要显示数字的情况，如十字路口交通信号灯的倒计时显示、送料小车的计数显示、电梯的楼层显示等。目前市场上最常用的是用 LED 数码管进行数字显示，图 9-1 所示为十字路口交通信号灯七段 LED 数码管显示。例如，在任务五　抢答器控制中，有人抢答采用的是在抢答位置放置一个灯来进行指示，如果采用 LED 数码管进行显示则更加直观；又如在任务四中，要求实现小车多位置送料，如果想要实现送料小车送货数量的实时显示，最简易的方法就是增加 LED 数码管进行数字显示，因此学习用 PLC 实现 LED 数码管显示控制非常实用和必要。

图 9-1　十字路口交通信号灯七段 LED 数码管显示

在本任务中，我们结合所学习的知识和设备，设计一个 LED 数码管显示控制程序，具体要求如下。

1）有三个控制按钮，按钮 SB1 为顺序显示控制，按钮 SB2 为逆序显示控制，按钮 SB3 为停止按钮。

2）按下按钮 SB1，数码管从 0 依次加 1 到 9，到 9 之后再从 0 开始，间隔时间为 1s。

3）按下按钮 SB2，数码管从 9 依次减 1 到 0，到 0 之后再从 9 开始，间隔时间为 1s。

任务九　LED数码管显示控制		日期：	任务页
班级：	姓名：	学号：	

4）两种显示方式具有联锁功能，顺序和逆序数字显示期间不得随意切换，要想切换必须先停止，再切换。在显示期间按下另一种方式的起动按钮，不起作用。

5）在触摸屏上设置三个按钮，分别为顺序起动、逆序起动、停止，功能与三个实物按钮功能一致；在触摸屏上设置一个七段LED数码管，当外接七段LED数码管工作时，触摸屏上的LED数码管与实物LED数码管一起显示。

学习目标

1）通过查阅资料了解LED数码管显示的常用控制方式，掌握PLC控制七段LED数码管的方法；能熟练使用PLC中的定时器、计数器进行程序设计；能够使用梯形图位逻辑指令设计程序实现LED数码管的控制显示。

2）灵活掌握符号表、程序注释、程序段注释的使用方法，并能够熟练应用；掌握SEG指令的使用方法，能够使用传送指令、比较指令、SEG指令实现七段LED数码管显示功能。

3）熟练掌握触摸屏的组态方法，能利用可见度实现七段LED数码管显示；能够在基本控制要求的基础上实现拓展功能，培养独立思考和举一反三的能力。

任务分组

小组成员可根据自己的能力、特长、主观意愿认领具体工作并填写附表1，根据工作的难易程度设置三个级别，分别对应相应分值，工作内容见表9-1，每个组员所选工作不得少于两项。

表9-1　工作内容

工作内容	简单（每项1分）	一般（每项2分）	较难（每项3分）
分工完成	① 制作I/O地址分配表	④ 设计电气原理图	⑦ 程序设计、调试
	② 材料准备	⑤ 电气安装	⑧ 线路检查和检测
	③ 整理收拾	⑥ 制作任务备料单和预算表	⑨ 触摸屏组态
合作完成	总结提高		

任务准备

根据任务要求，经小组成员商议，共同完成任务备料单，见附表2。

任务九　LED 数码管显示控制		日期：	信息页
班级：	姓名：	学号：	

获取信息

引导问题 1：说出你都在哪些场合看到过 LED 数码管显示的应用实例？

引导问题 2：七段 LED 数码管中的七段 LED 分别为 a、b、c、d、e、f、g，显示数字和字母时分别有哪些得电和失电？完成表 9-2。

表 9-2　七段 LED 数码管显示与得失电对应关系

显示字母或数字	得电的 LED	失电的 LED
0		
1		
2		
3		
4		
5		
6		
7		
8		
9		
A		
B		
C		
D		
E		
F		

引导问题 3：从内部结构上来分，LED 数码管主要分为哪两类？

引导问题 4：什么是顺序控制？

引导问题 5：顺序功能图中的一个状态或一个步包括哪几部分？

引导问题 6：使用顺序功能图设计 PLC 控制梯形图包括哪几个步骤？

任务九　LED 数码管显示控制		日期：	实施页
班级：	姓名：	学号：	

任务分析

根据任务要求分析任务中有哪些控制方式，并回答以下问题。

1）输入信号有哪些？

2）输出信号有哪些？

3）有哪些控制要求？

4）有哪些知识盲点？

输入 / 输出信号的分配

根据任务分析情况，结合 PLC 选型和特点，分配输入 / 输出地址并填写附表 3。将分配地址时出现的问题和解决办法记录到附表 6 中。

设计电气原理图

根据所选 PLC 的型号，认真阅读该型号 PLC 的说明书，明确该 PLC 的电源电压类型和电压等级，掌握输入信号和输出负载的连接方法及注意事项，根据每个设备、器材的图形符号和连接方法设计电气原理图并填入附表 4。将设计电气原理图时出现的问题和解决办法记录到附表 6 中。

线路安装

本任务建议采用插线方式进行线路的连接。由组员根据任务备料单准备实训器材，根据电气原理图进行线路的连接并进行检查，无误后由组长进行检查和检测。最后，邀请其他小组进行交叉检验。线路检测按照附表 5 进行，将线路安装、检验时出现的问题和解决办法记录到附表 6 中。

设计程序

根据控制任务，要求先采用经验设计法，利用梯形图设计程序，按照控制功能逐步解决的方式，自己先尝试利用所学的知识和技能完成控制任务。遇到问题通过查阅资料、学习知识页内容，再次尝试完成。最后，尝试完成拓展页的拓展内容。

功能调试

总结任务实施过程中出现的问题及解决方法（包含分工、用时、工艺、收获、问题及解决办法、改进措施和调整内容等）。

____

____

任务九　LED 数码管显示控制		日期：	实施页
班级：	姓名：	学号：	

任务九　LED 数码管显示控制		日期：	拓展页
班级：	姓名：	学号：	

任务拓展

在完成基本控制任务的基础上尝试完成以下拓展任务，任务完成由指导教师在表 9-3 的完成情况处做记录。

表 9-3　任务拓展

序号	拓展任务描述	完成情况
1	设计一个抢答器控制程序，有 4 个抢答台，编号为 1、2、3、4 号，主持人有起动、停止和复位 3 个按钮。当某一个同学抢答后，七段 LED 数码管显示出对应的桌号数字，主持人按下复位按钮，七段 LED 数码管熄灭	
2	设计一个一位 LED 数码管显示程序，用 LED 数码管记录按钮按下的次数，设备通电以后，LED 数码管上显示数字“0”，每按下一次按钮 SB1，数字加 1，超出范围后从 0 开始重新计数显示	
3	设计一个一位 LED 数码管显示程序，有两个按钮，每按下一次按钮 SB1，LED 数码管显示数字加 1；每按下一次按钮 SB2，LED 数码管显示数字减 1	
4	在用顺序功能图完成基本任务的基础上设计程序，原来的停止按钮是急停按钮，按下急停按钮，LED 数码管马上停止工作。现加入一个正常停止按钮，按下正常停止按钮，无论是顺序还是倒序，显示完一个周期后停止	
5	使用位逻辑指令编程来实现 LED 数码管显示控制，控制要求与本任务一致	
6	使用顺序功能图编程来实现 LED 数码管显示控制，控制要求与本任务一致	

任务九 LED 数码管显示控制		日期：	评价页
班级：	姓名：	学号：	

检查验收

根据表 9-4 进行验收和评价，将验收过程中出现的问题和整改措施记录到附表 7 中。

表 9-4 验收标准及评分

序号	验收项目	验收标准	分值	评分
1	I/O 地址分配表	1. 地址分配不正确、不完整，每错一个或漏一个扣 1 分 2. 地址分配标注不清晰、不整洁、表述不正确，每个扣 1 分	10	
2	PLC 外部接线图	1. 接线图中绘制的图形符号或文字符号不正确，每处扣 1 分 2. 接线图绘制与分配表不一致，每处扣 1 分 3. 接线图绘制不规范、不美观，扣 4 分	15	
3	安装与检测	1. 电器元件选用与任务书要求不符，每处扣 1 分 2. 电路连接错误，但没有造成元器件损坏和短路，每处扣 1 分 3. 连接导线颜色不符合要求，每根或每处扣 1 分 4. 导线连接接头超过三根线或连接不牢固、不可靠，每处扣 1 分	20	
4	功能调试	未按要求实现起停控制，扣 5 分	5	
		LED 不能正确显示数字，每错显一个数字扣 1 分	12	
		LED 不能正确按要求实现顺序和逆序显示，每处扣 1 分	20	
5	任务拓展	每独立完成一个拓展任务得 3 分	18	
6	职业素养	1. 任务完成后，工位上工具、插线、元器件、资料、计算机、设备等摆放不规范、卫生不整洁，扣 5 分 2. 任务完成后，导线、压线端子等出现浪费（导线长度超过 20cm，废弃能用的压线端子、螺钉、螺母等器材数量超过两个），扣 5 分 3. 任务实施过程中，工具使用不规范、不正确，导致元器件出现滑丝、松动，扣 5 分 4. 任务实施过程中，不听从安排、大声喧哗、不尊敬教师，扣 10 分 5. 任务实施过程中，由于操作不当，导致元器件烧坏或损毁，除按原价赔偿外，扣 10 分 6. 任务实施过程中，由于连接错误，导致线路出现短路烧坏熔丝或造成跳闸的，成绩为 0 7. 任务实施过程中，由于操作不当导致核心器材（包括 PLC、触摸屏、直流电源等）损坏，除按原价赔偿外，成绩按 0 分计	职业素养不配分，违反从总分中扣除	
	合计		100	

任务九　LED 数码管显示控制		日期：	评价页
班级：	姓名：	学号：	

总结提高

各组根据任务完成情况回答下面的引导问题。

引导问题 7：设计电气原理图时应注意哪些问题？

引导问题 8：将自己设计的电气原理图与知识页中的电气原理图对比，有哪些不一样的地方？有什么问题？

引导问题 9：根据电气原理图进行线路的安装，是否一次安装正确？如果不是，哪里出现了错误？

引导问题 10：顺序功能图程序设计方法有哪些优点？

引导问题 11：在本次任务的实施中，你认为有哪些需要改进的地方？

引导问题 12：你对顺序功能图编程了解多少？能不能把之前学过的任务通过顺序功能图方式编写出来？

回答完引导问题，各组展示作品，介绍任务的完成过程并提交阐述材料，进行学生自评、学生组内互评、教师评价，完成考核评价表。考核评价表见附表 8。

任务九　LED 数码管显示控制		日期：	知识页
班级：	姓名：	学号：	

相关知识点

一、LED 数码管简介

1. LED 数码管

LED 数码管（LED Segment Displays）是由多个发光二极管封装在一起组成“8”字形的器件，引线已在内部连接完成，只需引出它们的各个笔画和公共电极即可。数码管实际上是由七个发光二极管组成“8”字形构成的，加上小数点就是 8 个。这些段分别由字母 a、b、c、d、e、f、g、dp 来表示，如图 9-2 所示。

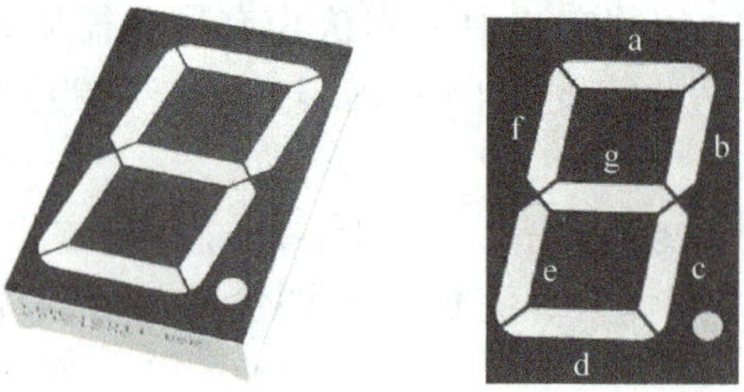

图 9-2　七段 LED 数码管的实物和图示

当数码管特定的段加上电压后，这些特定的段就会点亮，以形成人眼所看到的字样。例如，显示一个数字“2”，应当是 a、b、g、e、d 亮，f、c、dp 不亮。小尺寸数码管的显示笔画常用一个发光二极管组成，而大尺寸的数码管则由两个或多个发光二极管组成。常用 LED 数码管显示的数字和字符主要是 0、1、2、3、4、5、6、7、8、9、A、B、C、D、E、F。

2. LED 数码管的分类

LED 数码管的分类方式有很多，可以从控制方式、颜色、尺寸、供电电压等方面进行分类。从数码管的内部结构来分，可分为共阴极和共阳极两种，发光二极管的阳极连接到一起接到电源正极的称为共阳极数码管，发光二极管的阴极连接到一起接到电源负极的称为共阴极数码管。七段 LED 数码管的分类和引脚如图 9-3 所示。

3. LED 数码管的控制方式

一般情况下，单个发光二极管的管压降为 1.8V 左右，电流不超过 30mA。一般小功率的 LED 数码管直接用 5V 直流电源来驱动，功率和体积比较大的 LED 数码管有高压（AC 220V）供电和低压（DC 12V）供电两种方式。由于低压供电方式安全、可靠、稳定、LED 数码管寿命更长，因此应用更为广泛。而 PLC 驱动的负载通常采用 DC 24V，所以在选购 LED 数码管时要注意选用 DC 24V 的数码管，如果不好购买，可以买额定电压为 DC 12V 的数码管，但是必须在电源端连接限流电阻，具体阻值需要根据功率进行计算。

任务九　LED数码管显示控制		日期：	知识页
班级：	姓名：	学号：	

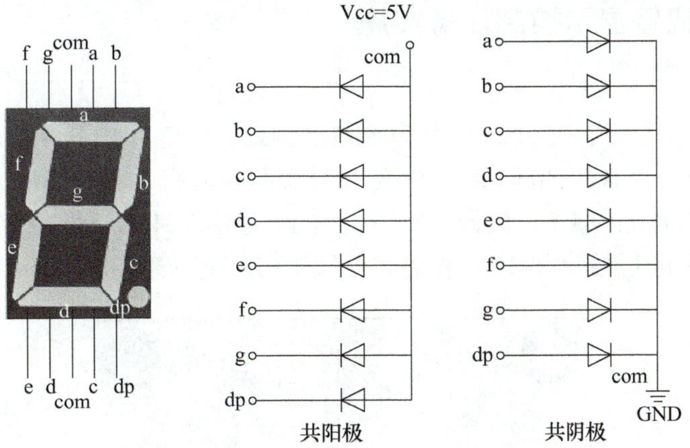

图 9-3　七段 LED 数码管的分类和引脚

4. 七段 LED 数码管的显示

七段 LED 数码管的七段分别由字母 a、b、c、d、e、f、g 来表示，通过不同的段得电发光显示出不同的数字。那么，显示不同数字分别需要哪些段得电呢？七段 LED 数码管显示数字与段的对应关系见表 9-5，其中，1 表示该段得电发光，○表示该段不得电不发光。

表 9-5　七段 LED 数码管显示数字与段的对应关系

显示数字	a 段	b 段	c 段	d 段	e 段	f 段	g 段
0	1	1	1	1	1	1	○
1	○	1	1	○	○	○	○
2	1	1	○	1	1	○	1
3	1	1	1	1	○	○	1
4	○	1	1	○	○	1	1
5	1	○	1	1	○	1	1
6	1	○	1	1	1	1	1
7	1	1	1	○	○	○	○
8	1	1	1	1	1	1	1
9	1	1	1	○	○	1	1

横向分析表 9-5 可以看出，显示数字 0 时，除了 g 段不得电，其余都得电；显示数字 1 时，只有 b 段和 c 段得电，以此类推，很容易理解每个数字对应不同段的得失电状态。纵向分析表 9-5 可以看出，a 段在显示数字 0、2、3、5、6、7、8、9 时得电；b 段在显示数字 0、1、2、3、4、7、8、9 时得电，以此类推能够知道 c、d、e、f、g 段对应每个数字的得失电状态。

任务九　LED 数码管显示控制		日期：	知识页
班级：	姓名：	学号：	

二、LED 数码管显示控制任务实施

1. 分析控制要求

在本任务中，有三个按钮，分别为 SB1、SB2、SB3。按下 SB1，数码管从 0 加 1 到 9 循环运行；按下 SB2，数码管从 9 减 1 到 0 循环运行；按下 SB3，系统停止。

本任务采用的是七段 LED 数码管，额定电压为 DC 24V，通过控制每一段 LED（发光二极管）的亮灭进行数字显示。采用的七段 LED 数码管实训模块如图 9-4 所示。

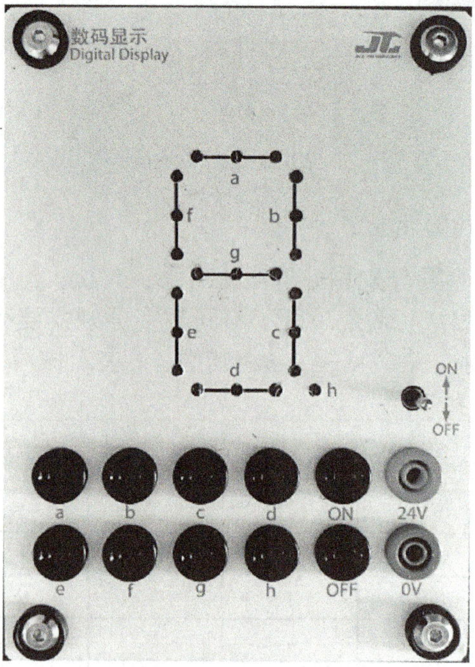

图 9-4　七段 LED 数码管实训模块

两种循环数字显示方式之间有联锁功能，即要么加、要么减，不能同时又要加又要减。数码管从 0 到 9 依次显示和从 9 到 0 依次显示，间隔时间均为 1s，类似时间控制任务中典型的流水灯控制。

需要注意的是，当设备通电后，LED 数码管初始数字显示 0。

2. 分配 I/O 地址

根据任务分析，发送信号的为输入信号，执行功能的为输出信号，将其进行分配。I/O 地址分配见表 9-6。

3. 设计电气原理图

根据所采用 PLC 的接线规则和地址分配表设计电气原理图，如图 9-5 所示。

任务九 LED 数码管显示控制		日期：	知识页
班级：	姓名：	学号：	

表 9-6 I/O 地址分配

输入			输出		
信号	功能	对应地址	信号	功能	对应地址
SB1	顺序起动	I0.1	VLa	a 段发光	Q0.0
SB2	逆序起动	I0.2	VLb	b 段发光	Q0.1
SB3	停止	I0.3	VLc	c 段发光	Q0.2
			VLd	d 段发光	Q0.3
			VLe	e 段发光	Q0.4
			VLf	f 段发光	Q0.5
			VLg	g 段发光	Q0.6

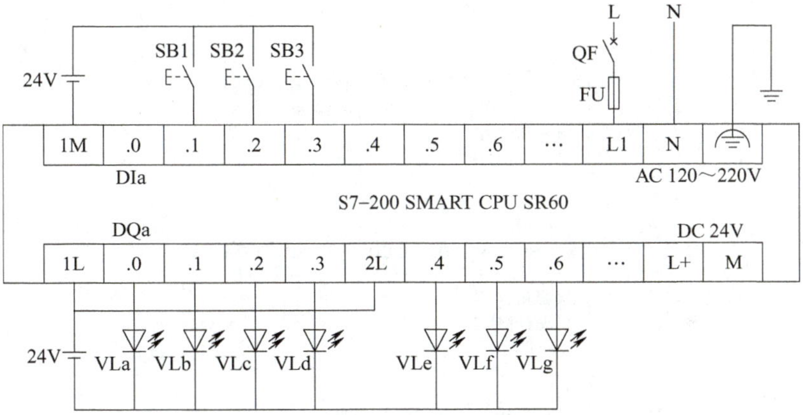

图 9-5 七段 LED 数码管控制系统电气原理图

4. 进行线路安装和检测

1）线路的安装方法和步骤请扫描二维码观看。

2）线路的检查和检测方法与任务三一致，参见任务三线路的检测方法。

LED 数码管显示控制线路的安装

5. 程序设计

根据控制要求，控制主要包含三部分内容。一是有两种工作方式，一个为加 1 显示，一个为减 1 显示，两种工作方式之间不能随意切换，为联锁关系；二是 LED 数码管显示从 0 到 9 或从 9 到 0，每个数字显示间隔 1s，类似于之前学习过的流水灯控制；三是将数字显示到数码管上，程序设计时尽量相对独立，保证清晰的思路，更有助于缩短调试时间和次数。我们可以采用位逻辑指令、顺序功能图、功能指令三种方式分

任务九　LED 数码管显示控制		日期：	知识页
班级：	姓名：	学号：	

别实现相应功能，读者通过学习和训练，分析对比三种方式的优缺点，开阔思路，掌握解决问题的不同方法。在本任务中使用功能指令实现七段 LED 数码管的显示控制。

（1）使用传送、比较指令实现

控制要求：系统有三个控制按钮，SB1 为顺序显示控制起动按钮，SB2 为逆序显示控制起动按钮，SB3 为停止按钮。在触摸屏中，M1.1 为顺序显示控制起动按钮，M1.2 为逆序显示控制起动按钮，M1.3 为停止按钮。两种显示方式具有联锁功能，顺序和逆序数字显示期间不得随意切换，要想切换必须先停止，再切换。在显示期间按下另一种方式的起动按钮，不起作用。

起动和停止控制：用起动按钮或触摸屏上的起动按钮进行起动，两个辅助继电器 M0.0 和 M0.1 标志两种工作状态，M0.0 为顺序标志，M0.1 为逆序标志，两个继电器之间加联锁功能；在程序中传输的数据不会自动消失，因此当按下停止按钮或触摸屏上的停止按钮时，需要将用到的输出映像存储区清零。系统起动、停止控制程序如图 9-6 所示。

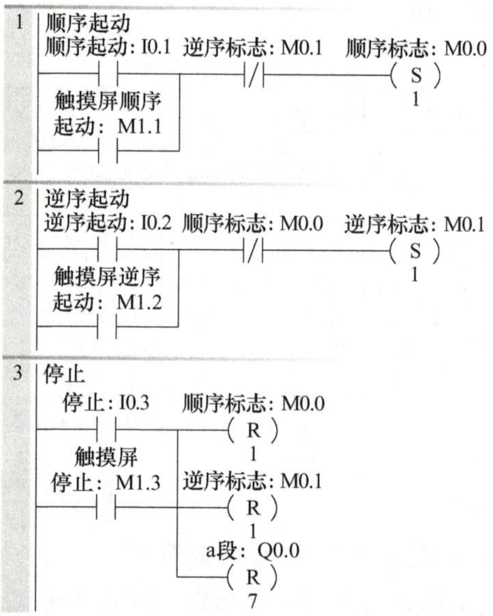

图 9-6　系统起动、停止控制程序

时间控制：用两个定时器对顺序和逆序定时，顺序和逆序的时间均为 10s，我们做一个 10s 循环的定时器，用 T37 来记录顺序时间，T38 来记录逆序时间。顺序时间和逆序时间控制程序如图 9-7 所示。

显示控制：显示数字对应不同的输出点得电，可以将对应的数字转换为二进制、十进制和十六进制，具体见表 9-7。

任务九　LED 数码管显示控制		日期：	知识页
班级：	姓名：	学号：	

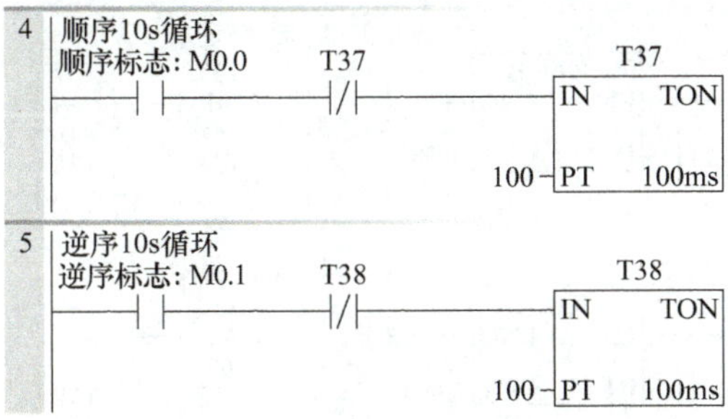

图 9-7　顺序时间和逆序时间控制程序

表 9-7　七段 LED 数码管显示数字与段、数制之间的关系

显示数字	a 段（Q0.0）	b 段（Q0.1）	c 段（Q0.2）	d 段（Q0.3）	e 段（Q0.4）	f 段（Q0.5）	g 段（Q0.6）	二进制	十进制	十六进制
0	1	1	1	1	1	1	○	0111111	63	3F
1	○	1	1	○	○	○	○	0000110	6	06
2	1	1	○	1	1	○	1	1011011	91	5B
3	1	1	1	1	○	○	1	1001111	79	4F
4	○	1	1	○	○	1	1	1100110	102	66
5	1	○	1	1	○	1	1	1101101	109	6D
6	1	○	1	1	1	1	1	1111101	125	7D
7	1	1	1	○	○	○	○	0000111	7	07
8	1	1	1	1	1	1	1	1111111	127	7F
9	1	1	1	○	○	1	1	1100111	103	67

然后将对应的数字传送到对应的输出数据块中就可以了。由于有顺序和逆序两种工作方式，可以用比较指令将用于顺序计时的 T37 和用于逆序计时的 T38 相对应的工作时间并联即可实现控制功能。例如，数字 0 的显示时间为顺序的第一秒和逆序的第十秒，故数字 0 ～ 9 显示控制程序如图 9-8 所示。

（2）使用递增、传送、比较和 SEG 指令实现

使用传送和比较指令实现了七段 LED 数码管的顺序和逆序显示，下面换一种思路进行程序设计。

设计思路：选用一个数据存储区，里面存储需要显示的数据，如果是顺序控制方式，赋初始值 0，然后每秒加 1；如果是逆序控制方式，赋初始值 9，然后每秒减 1，再把数据实时显示到输出端的七段 LED 数码管中。应如何实现呢？需要哪些新的指令呢？

任务九　LED 数码管显示控制		日期：	知识页
班级：	姓名：	学号：	

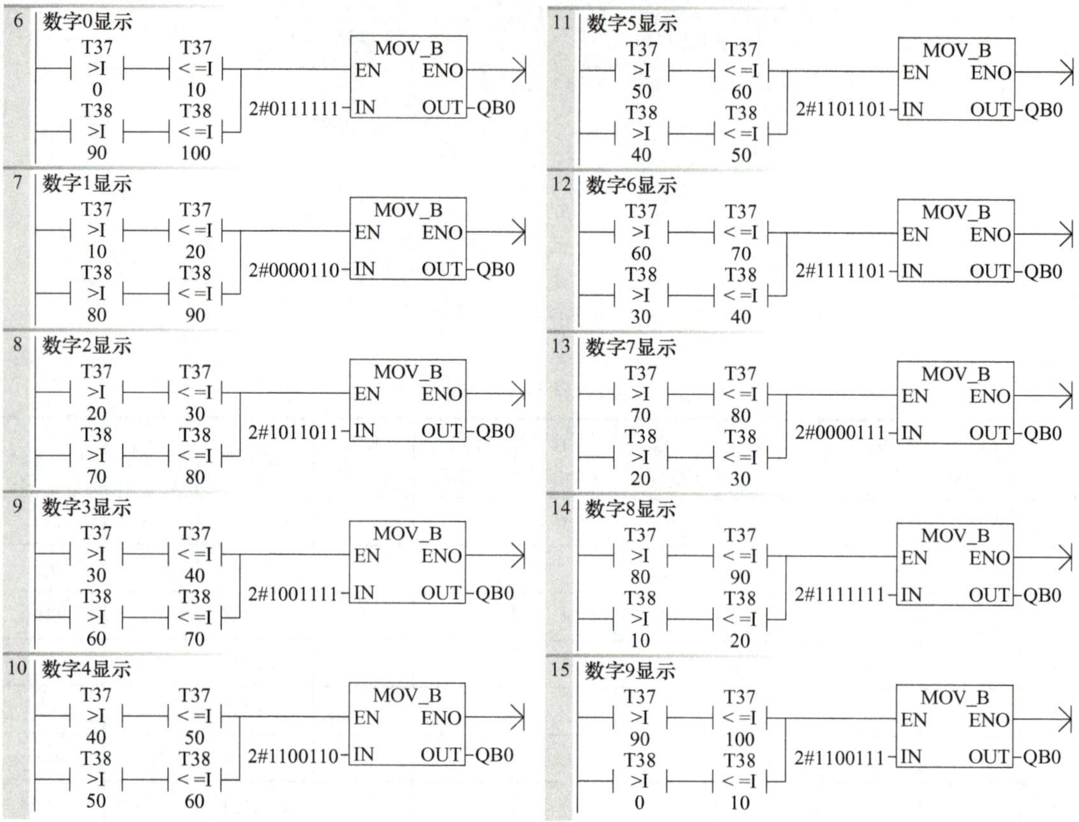

图 9-8　数字 0 ～ 9 显示控制程序

系统的起停控制：系统的起停控制与前面方法一致，需要说明的是，我们选用数据存储器 VB0 来存储临时数据，所以系统停止时需要将 VB0 里面的数据清零，系统起动、停止控制程序如图 9-9 所示。

时间控制：因 LED 数码管的每个动作信号都是 1s，因此需要制作一个 1s 的脉冲信号，每秒时间到的时候发送一个扫描周期的信号，1s 脉冲信号控制程序如图 9-10 所示。需要注意的是，不采用系统自带的 1s 脉冲，因为系统自带的 1s 脉冲是接通 0.5s、断开 0.5s，在使用递增和递减指令时会出现问题，而且系统自带的 1s 脉冲的接通时间不受控制，会出现刚开始工作的 1s 内时间出现偏差。学生可以自行观察。

显示控制：在西门子 S7-200 SMART PLC 的指令系统中，有一个专门用于将数字转换为七段 LED 数码管显示的指令，叫作 SEG 指令。SEG 是英文“segment decoder”的缩写，意思是分段译码器，也称为七段显示译码器，SEG 指令的表示形式如图 9-11 所示。它的使用方法非常简单，当 EN 使能端条件满足时，该指令开始工作，将 IN 端的输入信号进行七段译码后传送给 OUT 端。例如，在图 9-11 中，SEG 指令的功能是将 VB0 存储区的数据进行七段译码后传送到输出端 QB0。

任务九　LED 数码管显示控制		日期：	知识页
班级：	姓名：	学号：	

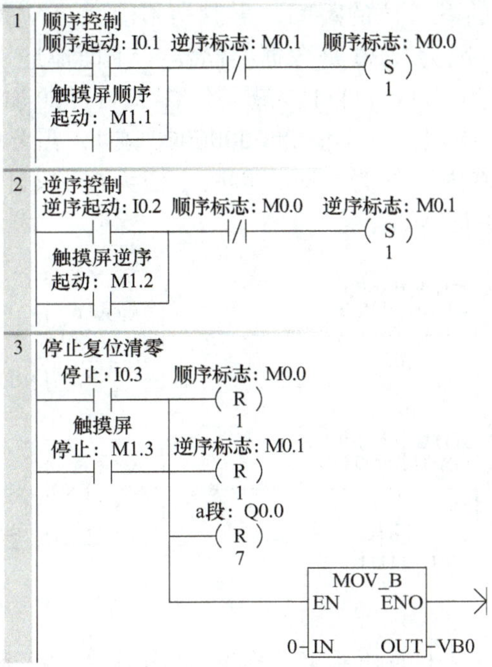

图 9-9　系统起动、停止控制程序

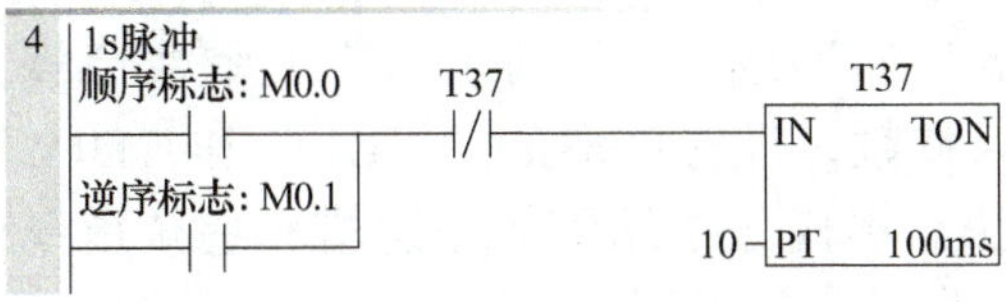

图 9-10　1s 脉冲信号控制程序

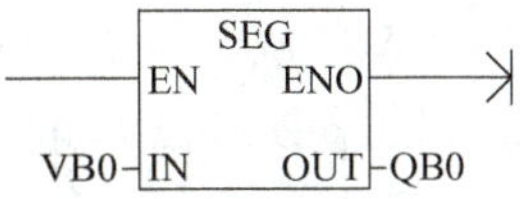

图 9-11　SEG 指令的表示形式

根据控制要求，无论是顺序还是逆序，都需要将数据进行七段译码然后传送到相应的输出端。SEG 指令实现数字显示控制程序如图 9-12 所示。

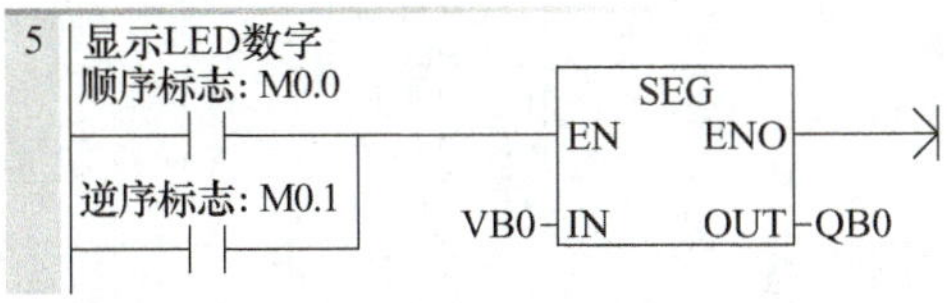

图 9-12　SEG 指令实现数字显示控制程序

顺序和逆序控制：如果是顺序显示，当顺序标志得电瞬间，将初始值 0 传送给 VB0，再将 VB0 里面的数进行每秒加 1，为了能够循环显示，当 VB0 里面的数加到 10 的瞬间再赋初始值给 VB0，顺序显示就能够循环工作了。同样道理，当逆序标志得电瞬间，将初始值 9 传送给 VB0，再将 VB0 里面的数进行每秒减 1，为了能够循环显示，

任务九　LED 数码管显示控制		日期：	知识页
班级：	姓名：	学号：	

当 VB0 里面的数减到 0 的下一位的瞬间，再赋初始值 9 给 VB0，逆序显示就能够循环工作了。需要说明的是，因为 VB0 是数据存储器 V 里面地址为 0 的一个字节，最小值为 2#00000000，最大值为 2#11111111，最大值 2#11111111 加 1，需要向上一位进 1，VB0 的 8 位都将变为 0，同理，最小值 2#00000000 减 1，需要向上一位借 1，VB0 的 8 位都将变为 1。所以 VB0 内数值为 0 时，再减 1 变为 2#11111111。所以顺序、逆序赋初始值的控制程序如图 9-13 所示。

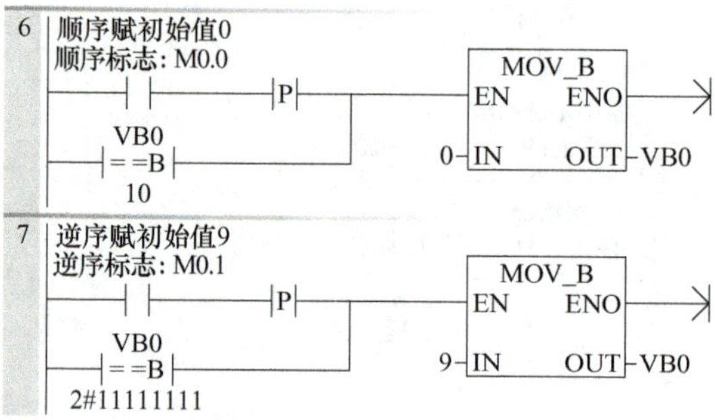

图 9-13　顺序、逆序赋初始值的控制程序

后面就是解决加 1 和减 1 的功能了，在 PLC 中有一类指令叫作整数运算指令，如图 9-14 所示，主要包含加法（ADD）指令、减法（SUB）指令、乘法（MUL）指令、除法（DIV）指令、递增（INC）指令、递减（DEC）指令六种。根据数据长度，指令后面带“_B”的表示字节运算，指令后面带“_W”或“_I”的表示字或整数运算，指令后面带“_DW”或“_DI”的表示双字或双整数，没有后缀的“MUL”和“DIV”是指产生双整数的整数乘法和带余数的整数除法。本任务中用到的是递增和递减指令，接下来重点介绍这两个指令，其余指令学生可以自己尝试学习。

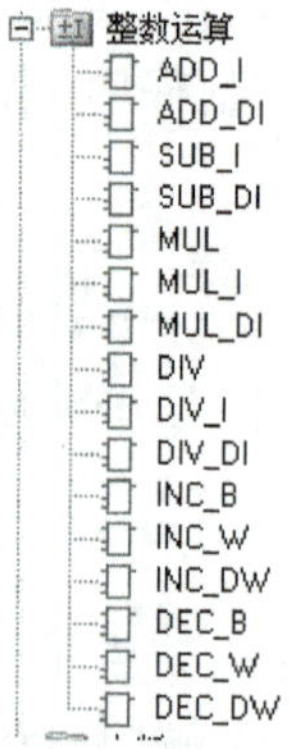

图 9-14　整数运算指令

递增指令和递减指令的介绍见表 9-8。

任务九　LED 数码管显示控制		日期：	知识页
班级：	姓名：	学号：	

表 9-8　递增和递减指令介绍

指令名称	梯形图	指令说明
递增（INC）	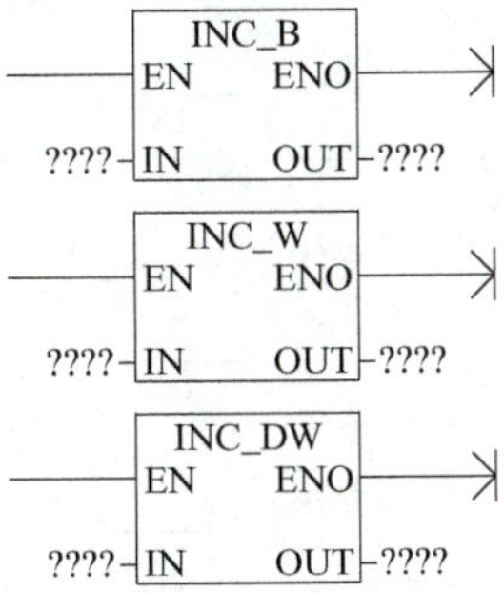	递增指令对输入值 IN 加 1 并将结果输入 OUT 中 字节递增（INC_B）运算为无符号运算，字递增（INC_W）和双字递增（INC_DW）运算为有符号运算
递减（DEC）	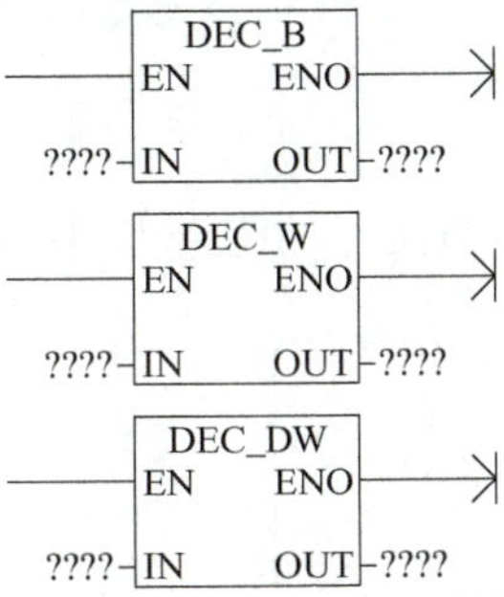	递减指令对输入值 IN 减 1，并在 OUT 中输出结果 字节递减（DEC_B）运算为无符号运算，字递减（DEC_W）和双字递减（DEC_DW）运算为有符号运算

递增和递减指令的操作数见表 9-9。

表 9-9　递增和递减指令的操作数

输入 / 输出	数据类型	操作数
IN	B（BYTE）无符号字节	IB、QB、VB、MB、SMB、SB、LB、AC、*VD、*LD、*AC、常数
	I（INT）有符号整数	IW、QW、VW、MW、SMW、SW、T、C、LW、AC、AIW、*VD、*LD、*AC、常数
	D（DOUBLE INT）有符号双字整数	ID、QD、VD、MD、SMD、SD、LD、AC、HC、*VD、*LD、*AC、常数
OUT	B（BYTE）无符号字节	IB、QB、VB、MB、SMB、SB、LB、AC、*VD、*AC、*LD
	I（INT）有符号整数	IW、QW、VW、MW、SMW、SW、T、C、LW、AC、*VD、*LD、*AC
	D（DOUBLE INT）有符号双字整数	ID、QD、VD、MD、SMD、SD、LD、AC、*VD、*LD、*AC

知道了递增和递减指令的功能和使用方法，本任务的控制程序就好设计了，每秒加 1 或减 1，用定时器 T37 的常开触点即可，如图 9-15 所示。需要注意的是，T37 的常开

任务九　LED 数码管显示控制		日期：	知识页
班级：	姓名：	学号：	

触点只在时间到了以后闭合一个扫描周期，所以每秒加 1 或减 1，如果闭合时间长，将会在每个扫描周期都加 1 或减 1，与设想不太一样。

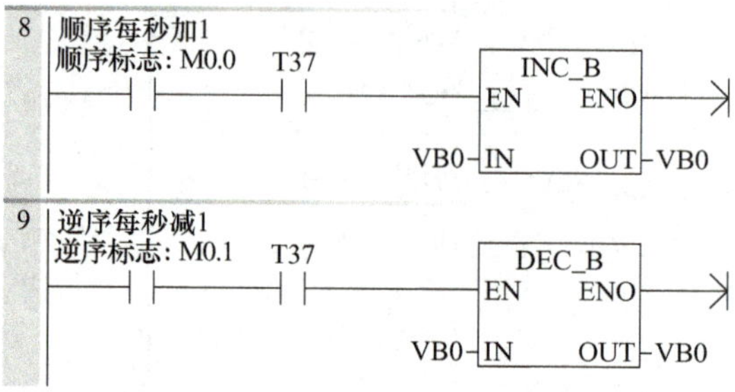

图 9-15　递增、递减指令实现每秒加 1 或减 1 的控制程序

6. 触摸屏组态

触摸屏的组态界面如图 9-16 所示。触摸屏的组态步骤请扫描二维码观看。

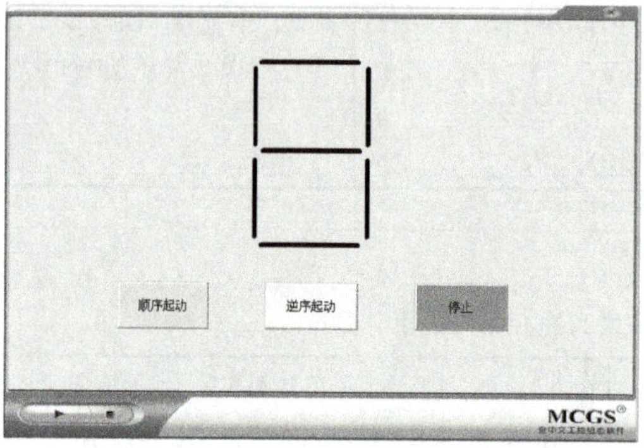

图 9-16　触摸屏的组态界面

LED 数码管显示控制的触摸屏组态

7. 传输调试

（1）编译程序

单击工具栏中的“编译”按钮，编译用户程序，检查是否存在语法错误。

（2）保存项目

单击工具栏中的“保存项目”按钮，保存用户程序。

（3）下载项目

单击工具栏中的“下载”按钮，下载用户程序。

（4）下载触摸屏程序

在触摸屏组态界面下载触摸屏程序。

（5）调试

程序和组态界面下载完成后，按照表 9-10 进行调试。

任务九　LED 数码管显示控制		日期：	知识页
班级：	姓名：	学号：	

表 9-10　功能调试

操作步骤	操作内容	观察内容	观察结果	思考内容
1	单击工具栏中的“程序状态”监视按钮，监控程序	PLC 的指示灯状态和编程界面状态		
2	单击“RUN”按钮运行 PLC	“STOP”“RUN”指示灯的状态		
3	按下顺序起动按钮 SB1 然后松开	I/O 指示灯的状态、数码管的工作情况、触摸屏界面的运行情况		有没有办法暂停
4	按下逆序起动按钮 SB2 然后松开			
5	按下停止按钮 SB3 然后松开			
6	按下触摸屏上的顺序起动按钮然后松开			
7	按下触摸屏上的逆序起动按钮然后松开			
8	按下触摸屏上的停止按钮然后松开			
9	通过编程软件停止 CPU 模块的运行	“STOP”“RUN”指示灯的状态		
10	调试完毕，关断电源开关 QF，整理设备和器材			

任务十　带倒计时显示的十字路口交通信号灯控制

——任务页、信息页、实施页、拓展页、评价页、知识页

任务十　带倒计时显示的十字路口 交通信号灯控制		日期：	任务页
班级：	姓名：	学号：	

学习任务描述

在任务七中已经学习过简易交通信号灯的控制方法。在实际生活中，我们遇到的交通信号灯往往不像任务七中那样简易，有的交通信号灯带限制左转功能，有的交通信号灯带LED倒计时显示功能，有的交通信号灯两个方向的红灯和绿灯显示时间不相同等，图10-1所示为带七段LED数码管倒计时显示功能的十字路口交通信号灯示意图。本任务将在任务七的基础上增加LED倒计时显示功能。

图10-1　带七段LED数码管倒计时显示功能的十字路口交通信号灯示意图

任务要求：需要在人民路（东西方向）和建设大街（南北方向）安装一个交通信号灯，人民路车流量大，建设大街车流量小，所以两个方向的绿灯亮的时间不同，具体控制要求如下。

1）人民路（东西方向）车流量大，绿灯时间长，红灯时间短；建设大街（南北方向）车流量小，绿灯时间短，红灯时间长，信号灯控制的具体要求见表10-1。

任务十　带倒计时显示的十字路口交通信号灯控制		日期：	任务页
班级：	姓名：	学号：	

表 10-1　信号灯控制的具体要求

东西方向（人民路）	信号	绿灯亮	绿灯闪	黄灯亮	红灯亮		
	时间	55s	3s	2s	30s		
南北方向（建设大街）	信号	红灯亮			绿灯亮	绿灯闪	黄灯亮
	时间	60s			25s	3s	2s

2）为了提高通行效率，更好地让行人观察交通信号灯的时间，在十字路口安装两位七段 LED 数码管显示屏，显示当前交通信号灯还有多长时间变换颜色，用 LED 数码管倒计时显示，每秒减 1。

3）由于东西方向绿灯（包含绿灯闪烁、黄灯亮）工作的时间和南北方向红灯工作的时间相同，均为 60s，故数码管从 59 开始每秒减 1 到 0，东西方向红灯工作的时间与南北方向绿灯（包含绿灯闪烁、黄灯亮）工作的时间相同，均为 30s，故数码管从 29 开始每秒减 1 到 0。

4）交通信号灯控制系统的起动、停止分别由起动按钮和停止按钮实现。按下起动按钮，系统开始工作；按下停止按钮，交通信号灯立即停止工作，LED 数码管显示“00”。

5）在触摸屏上制作组态画面，设置起动和停止按钮，功能与实物按钮功能一致；在组态画面中设置南北和东西方向红绿灯模型，与实物红绿灯工作一致；在组态画面中制作两位七段 LED 数码管，实时显示交通信号灯的工作时间。

学习目标

1）通过观察，掌握十字路口交通信号灯的应用场景和常见种类，能够画出十字路口交通信号灯的时序图；能够使用功能指令实现比较复杂的控制功能，养成良好的编程习惯，能够对设计程序进行优化，考虑各种突发情况，提高程序的可读性、规范性、可靠性。

2）掌握触摸屏十字路口交通信号灯的绘制和组态方法，能够完成交通信号灯控制和七段 LED 数码管倒计时显示。

3）培养知识产权保护意识，掌握程序加密的方法，能够对程序进行知识产权保护；提高运用所学知识解决实际问题的应用能力，能够自行设计控制要求，做到举一反三。

任务分组

小组成员可根据自己的能力、特长、主观意愿认领具体工作并填写附表 1，根据工作的难易程度设置三个级别，分别对应相应分值，工作内容见表 10-2，每个组员所选工作不得少于两项。

任务十　带倒计时显示的十字路口交通信号灯控制		日期：	任务页
班级：	姓名：	学号：	

表 10-2　工作内容

工作内容	简单（每项 1 分）	一般（每项 2 分）	较难（每项 3 分）
分工完成	① 制作 I/O 地址分配表	④ 设计电气原理图	⑦ 程序设计、调试
	② 材料准备	⑤ 电气安装	⑧ 线路检查和检测
	③ 整理收拾	⑥ 制作任务备料单和预算表	⑨ 触摸屏组态
合作完成	总结提高		

任务准备

根据任务要求，经小组成员商议，共同完成任务备料单，见附表 2。

任务十 带倒计时显示的十字路口交通信号灯控制		日期：	信息页
班级：	姓名：	学号：	

获取信息

引导问题 1：观察不同的十字路口交通信号灯不少于三个，画出它们的时序图。

引导问题 2：分别写出下面功能指令的功能和含义。

功能指令	功能和含义
MOV_B	
DEC	
INC	
SEG	
==I	
>=I	

引导问题 3：什么是知识产权？我们应当如何注意知识产权的保护？

任务十　带倒计时显示的十字路口交通信号灯控制		日期：	实施页
班级：	姓名：	学号：	

任务分析

根据任务要求分析任务中有哪些控制方式，并回答以下问题。

1）输入信号有哪些？

2）输出信号有哪些？

3）有哪些控制要求？

4）有哪些知识盲点？

输入 / 输出信号的分配

根据任务分析情况，结合 PLC 选型和特点，分配输入 / 输出地址并填写附表 3。将分配地址时出现的问题和解决办法记录到附表 6 中。

设计电气原理图

根据所选 PLC 的型号，认真阅读该型号 PLC 的说明书，明确该 PLC 的电源电压类型和电压等级，掌握输入信号和输出负载的连接方法及注意事项，根据每个设备、器材的图形符号和连接方法设计电气原理图并填入附表 4。将设计电气原理图时出现的问题和解决办法记录到附表 6 中。

线路安装

本任务建议采用插线方式进行线路的连接。由组员根据任务备料单准备实训器材，根据电气原理图进行线路的连接并进行检查，无误后由组长进行检查和检测。最后，邀请其他小组进行交叉检验。线路检测按照附表 5 进行，将线路安装、检验时出现的问题和解决办法记录到附表 6 中。

设计程序

根据控制任务，要求先采用经验设计法，利用梯形图设计程序。按照控制功能逐步解决的方式，先尝试利用所学的知识和技能完成控制任务。遇到问题通过查阅资料、学习知识页内容，再次尝试完成。最后，尝试完成拓展页的拓展内容。

功能调试

总结任务实施过程中出现的问题及解决方法（包含分工、用时、工艺、收获、问题及解决办法、改进措施和调整内容等）。

____

____

任务十　带倒计时显示的十字路口交通信号灯控制		日期：	实施页
班级：	姓名：	学号：	

任务十　带倒计时显示的十字路口交通信号灯控制		日期：	拓展页
班级：	姓名：	学号：	

任务拓展

在完成基本控制任务的基础上尝试完成以下拓展任务，任务完成由指导教师在表 10-3 的完成情况处做记录。

表 10-3　任务拓展

序号	拓展任务描述	完成情况
1	在本任务的基础上设置强制功能，添加一个转换开关，用于正常工作和强制工作两个状态的切换，正常工作状态与本任务要求一致，强制状态下，按下开关 S1，南北方向显示绿灯、东西方向显示红灯；松开开关 S1，东西方向显示绿灯、南北方向显示红灯	
2	自行设置一个与本任务控制方式类似的任务，要求时间不是整十倍数显示，如倒计时从 55 和 25 倒计时显示	
3	在本任务的基础上设置昼夜控制，晚上（22:00—06:00）两个方向都是黄灯闪烁，白天（06:00—22:00）是红绿灯显示	

任务十 带倒计时显示的十字路口交通信号灯控制		日期：	评价页
班级：	姓名：	学号：	

检查验收

根据表 10-4 进行验收和评价，将验收过程中出现的问题和整改措施记录到附表 7 中。

表 10-4 验收标准及评分

序号	验收项目	验收标准	分值	评分
1	I/O 地址分配表	1. 地址分配不正确、不完整，每错一个或漏一个扣 1 分 2. 地址分配标注不清晰、不整洁、表述不正确，每个扣 1 分	10	
2	PLC 外部接线图	1. 接线图中绘制的图形符号或文字符号不正确，每处扣 1 分 2. 接线图绘制与分配表不一致，每处扣 1 分 3. 接线图绘制不规范、不美观，扣 4 分	10	
3	安装与检测	1. 电器元件选用与任务书要求不符，每处扣 1 分 2. 电路连接错误，但没有造成元器件损坏和短路，每处扣 1 分 3. 连接导线颜色不符合要求，每根或每处扣 1 分 4. 导线连接接头超过三根线或连接不牢固、不可靠，每处扣 1 分	15	
4	功能调试	未按要求实现起停控制，扣 5 分	5	
		LED 不能正确显示数字，每错显一个数字扣 1 分	10	
		LED 不能正确按要求实现顺序和逆序显示，每处扣 1 分	20	
5	任务拓展	每独立完成一个拓展任务得 10 分	30	
6	职业素养	1. 任务完成后，工位上工具、插线、元器件、资料、计算机、设备等摆放不规范、卫生不整洁，扣 5 分 2. 任务完成后，导线、压线端子等出现浪费（导线长度超过 20cm，废弃能用的压线端子、螺钉、螺母等器材数量超过两个），扣 5 分 3. 任务实施过程中，工具使用不规范、不正确，导致元器件出现滑丝、松动，扣 5 分 4. 任务实施过程中，不听从安排、大声喧哗、不尊敬教师，扣 10 分 5. 任务实施过程中，由于操作不当，导致元器件烧坏或损毁，除按原价赔偿外，扣 10 分 6. 任务实施过程中，由于连接错误，导致线路出现短路烧坏熔丝或造成跳闸的，成绩为 0 7. 任务实施过程中，由于操作不当导致核心器材（包括 PLC、触摸屏、直流电源等）损坏，除按原价赔偿外，成绩按 0 分计	职业素养不配分，违反从总分中扣除	
	合计		100	

任务十　带倒计时显示的十字路口交通信号灯控制		日期：	评价页
班级：	姓名：	学号：	

总结提高

各组根据任务完成情况回答下面的引导问题。

引导问题 4：在本次任务的实施中，你认为有哪些需要改进的地方？

引导问题 5：将自己设计的电气原理图与知识页中的电气原理图对比，有哪些不一样的地方？有什么问题？

引导问题 6：根据电气原理图进行线路的安装，是否一次安装正确？如果不是，哪儿出现了错误？

回答完引导问题，各组展示作品，介绍任务的完成过程并提交阐述材料，进行学生自评、学生组内互评、教师评价，完成考核评价表。考核评价表见附表 8。

任务十　带倒计时显示的十字路口交通信号灯控制		日期：	知识页
班级：	姓名：	学号：	

相关知识点

带倒计时显示的十字路口交通信号灯控制任务实施

有的实训装置的十字路口交通信号灯模块中包含两位七段 LED 数码管用于倒计时显示，有的设备不包含 LED 显示模块，我们可以使用交通信号灯控制模块和 LED 显示模块进行本任务的实训，图 10-2 所示为十字路口交通信号灯模拟控制模块和 LED 显示模块，也可以采用组态软件进行仿真。

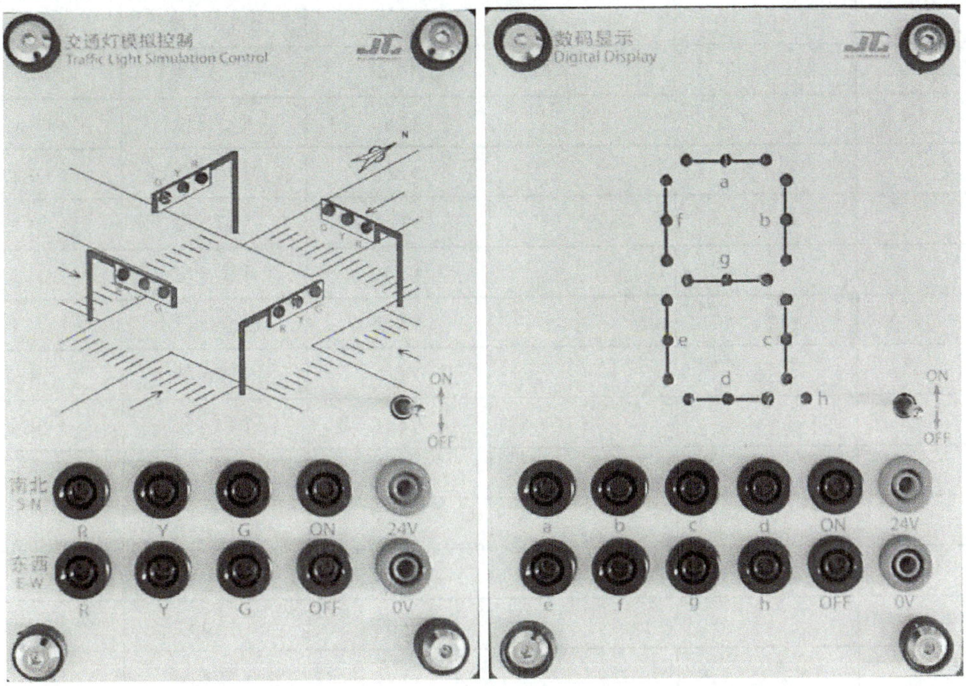

图 10-2　十字路口交通信号灯模拟控制模块和 LED 显示模块

1. 分析控制要求

在本任务中，起停控制与前面类似，在此不再赘述。在任务七中已经使用顺序功能图完成了简易十字路口交通信号灯的设计，本任务采用功能指令来实现交通信号灯的控制，并且在完成控制任务的基础上使程序更加简化和清晰明了。我们采用时间为主线的方式进行设计，将会用到传送指令、比较指令、转换指令中的 SEG 等指令。

2. 分配 I/O 地址

带倒计时显示的十字路口交通信号灯控制的 I/O 地址分配见表 10-5。

任务十　带倒计时显示的十字路口交通信号灯控制		日期：	知识页
班级：	姓名：	学号：	

表 10-5　I/O 地址分配

输入			输出		
信号	功能	对应地址	信号	功能	对应地址
SB1	起动	I0.0	HL1	南北 R（红）	Q0.0
SB2	停止	I0.1	HL2	南北 Y（黄）	Q0.1
			HL3	南北 G（绿）	Q0.2
			HL4	东西 R（红）	Q0.3
			HL5	东西 Y（黄）	Q0.4
			HL6	东西 G（绿）	Q0.5
			VLa1	个位 a 段	Q1.0
			VLb1	个位 b 段	Q1.1
			VLc1	个位 c 段	Q1.2
			VLd1	个位 d 段	Q1.3
			VLe1	个位 e 段	Q1.4
			VLf1	个位 f 段	Q1.5
			VLg1	个位 g 段	Q1.6
			VLa2	十位 a 段	Q2.0
			VLb2	十位 b 段	Q2.1
			VLc2	十位 c 段	Q2.2
			VLd2	十位 d 段	Q2.3
			VLe2	十位 e 段	Q2.4
			VLf2	十位 f 段	Q2.5
			VLg2	十位 g 段	Q2.6

3. 设计电气原理图

根据 PLC 的接线规则和地址分配表设计电气原理图，如图 10-3 所示。

4. 进行线路安装和检测

1）线路的安装方法和步骤请扫描二维码观看。

2）线路的检查和检测方法与任务三一致，参见任务三线路的检测方法。

带倒计时显示功能的十字路口交通信号灯控制线路的安装

任务十　带倒计时显示的十字路口交通信号灯控制		日期：	知识页
班级：	姓名：	学号：	

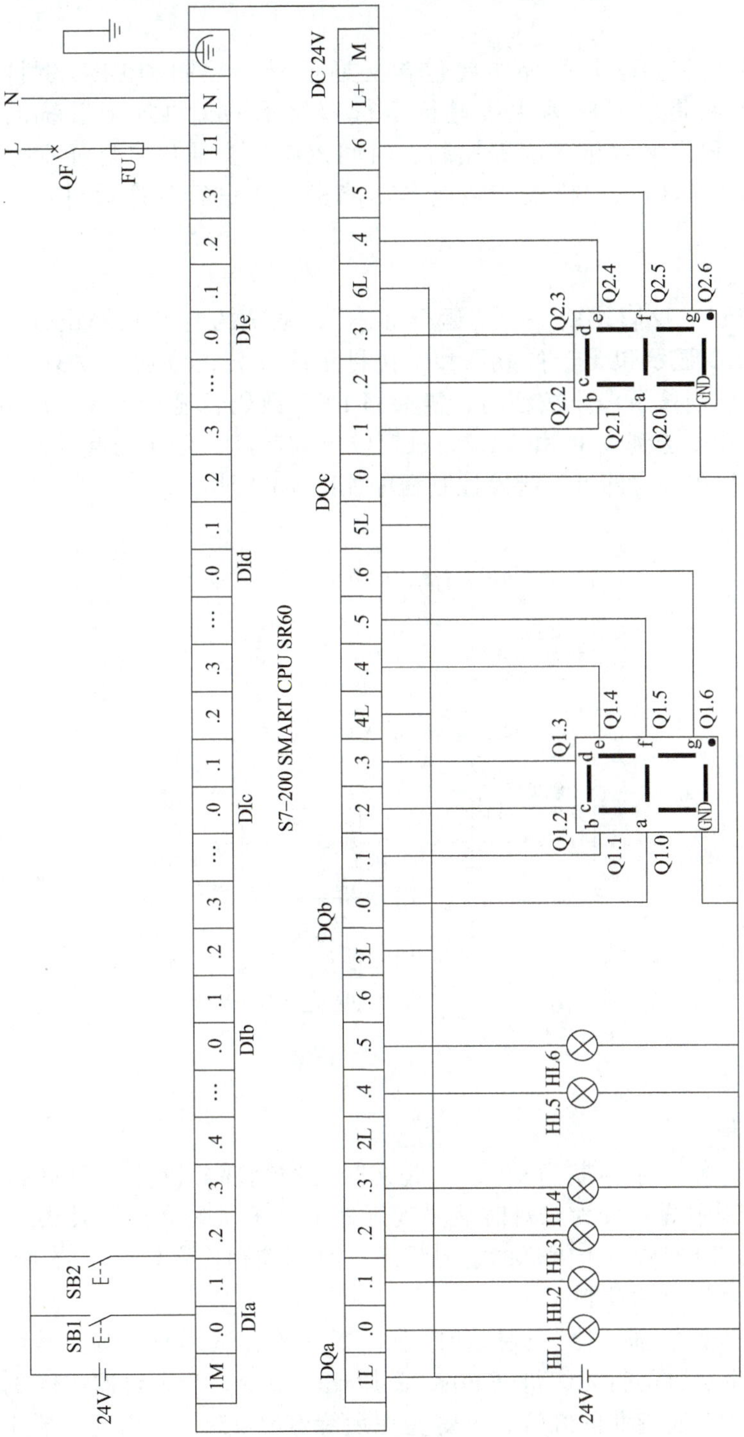

图 10-3　带倒计时显示的十字路口交通信号灯控制系统电气原理图

任务十　带倒计时显示的十字路口交通信号灯控制		日期：	知识页
班级：	姓名：	学号：	

5. 程序设计

根据任务的控制要求，程序主要包含交通信号灯控制和 LED 倒计时显示两部分，这两部分控制是以时间为主线进行运行和显示的，再加上系统的起停控制和 LED 显示程序，程序大致包含起停控制、时间控制、交通信号灯显示控制、LED 显示控制 4 部分，采用传送、比较、转换等功能指令来进行程序设计。下面分别进行介绍。

（1）起停控制

为了便于控制，我们设置一个“运行标志”，系统的起动和停止分别置位和复位“运行标志”。LED 显示包含个位显示和十位显示两部分，分别用 VB1 和 VB2 来存储需要显示的数据。当按下停止按钮时，需要将 LED 数码管显示清零，所以当按下停止按钮时，将数据 0 传送到 VB1 和 VB2。触摸屏上的起动、停止与起动按钮、停止按钮的功能一致，并联在旁边即可。起停控制程序如图 10-4 所示。

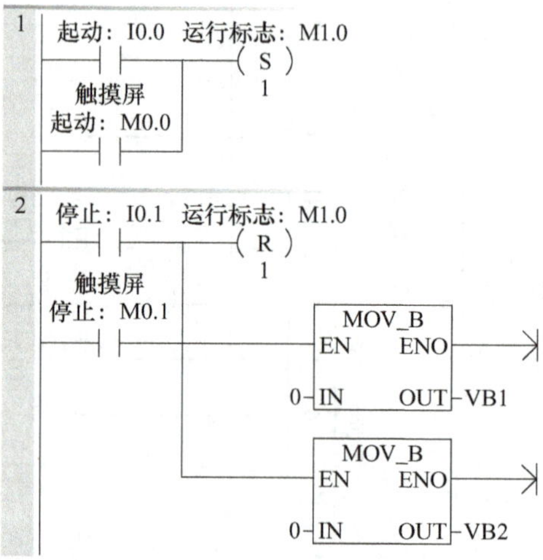

图 10-4　起停控制程序

（2）时间控制

交通信号灯工作一个周期为 90s，因此在时间控制部分设计一个 90s 的循环程序。在交通信号灯控制中绿灯变为红灯时需要闪烁 3 下，每次亮 0.5s、灭 0.5s，先灭后亮，所以可以用两个定时器做一个闪烁的定时程序。时间控制程序如图 10-5 所示。

（3）交通信号灯显示控制

为了使程序可读性强，便于调试和修改，本任务尝试以时间为主线设计程序，以南北方向为例，南北方向首先红灯亮 60s，就用比较指令，当定时器 T37 的时间大于 0s 小于等于 60s 时，接通南北的红灯；红灯亮完后绿灯亮 25s，即当定时器 T37 的时间大于 60s 小于等于 85s 时接通绿灯；然后使绿灯闪烁三下，闪烁一次亮 0.5s、灭 0.5s，先

任务十　带倒计时显示的十字路口交通信号灯控制		日期：	知识页
班级：	姓名：	学号：	

灭后亮，在时间控制中，T38 的常开触点可以实现此项功能，闪烁的工作时间是 T37 的时间大于 85s 小于等于 88s；绿灯闪烁完从大于 88s 到小于等于 90s 的时间是黄灯亮，思路清晰后，用比较指令即可实现交通信号灯控制，如图 10-6 所示。

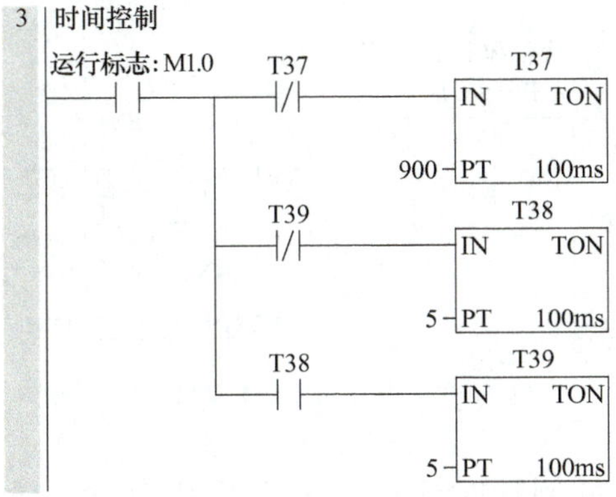

图 10-5　时间控制程序

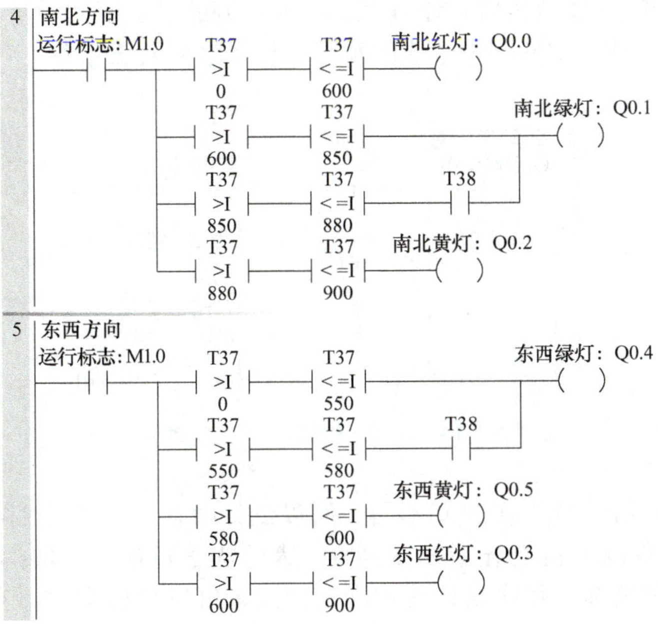

图 10-6　比较指令实现交通信号灯控制程序

（4）LED 显示控制

因时间大于 10s，所以需要采用两个 LED 数码管进行显示，一个是个位，一个是十位，个位占用输出 Q1.0 ~ Q1.7，即 QB1，十位占用输出 Q2.0 ~ Q2.7，即 QB2。

任务十 带倒计时显示的十字路口交通信号灯控制		日期：	知识页
班级：	姓名：	学号：	

前面已经说过，用数据存储器 VB1 来存储个位的数据，用数据存储器 VB2 来存储十位的数据，因此可以用转换指令中的 SEG 指令将个位和十位数据进行输出显示，如图 10-7 所示。

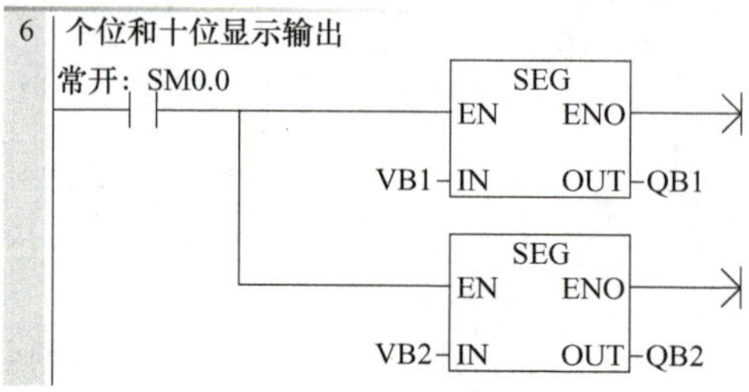

图 10-7 个位和十位 LED 数码管显示输出

LED 数码管显示从 59 倒计时到 00，然后再从 29 倒计时到 00，如此反复，所以个位的显示始终是从 9 到 0 反复显示，因此设计个位显示程序用一个传送指令赋初始值 9，再用整数运算指令中的递减指令将数据存储器 VB1 中的数据递减就可以实现了，图 10-8 所示为个位 LED 数码管控制程序，需要强调的是，赋初始值一个是起动时，一个是 VB1 里面的数从 0 跳变到下个值的瞬间，具体原理见任务九。

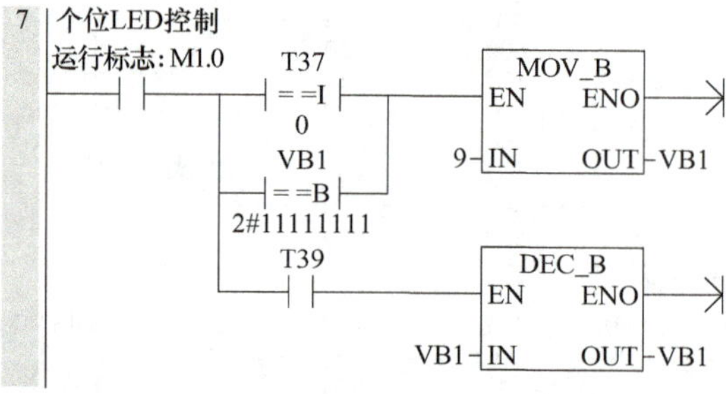

图 10-8 个位 LED 数码管控制程序

因两个路口的信号灯工作时间不同，所以倒计时显示有两个时间，先是 59 到 0，然后是 29 到 0，所以十位的显示从 5 到 0，然后从 2 到 0，每 10s 减 1，如果用递减指令需要区分两种情况，程序设计比较麻烦，读者可以自己尝试，在这里可以直接用比较指令中的等于指令和传送指令实现。在相对应的时间传送相应的数值，如刚开始（T37 为 0）传送 5，10s 后（T37 为 100）显示 4，10s 后（T37 为 200）显示 3，10s 后（T37 为 300）显示 2，10s 后（T37 为 400）显示 1，10s 后（T37 为 500）显示 0，10s 后（T37 为 600）显示 2，10s 后（T37 为 700）显示 1，10s 后（T37 为 800）显示 0。故十位 LED 数码管控制程序如图 10-9 所示。

任务十 带倒计时显示的十字路口交通信号灯控制		日期：	知识页
班级：	姓名：	学号：	

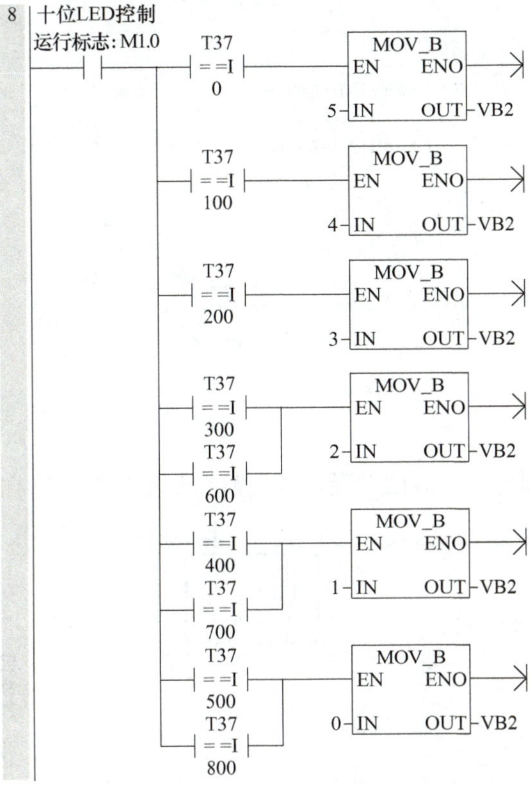

图 10-9 十位 LED 数码管控制程序

（5）密码保护

编写比较复杂的任务会费时费力，因此我们也要注意知识产权的保护，编写好的程序可以添加密码保护，密码保护的设置方法如下。

图 10-10 中的“项目”按钮是设置密码保护的快捷按钮。设置方法：单击“文件”菜单项，找到“项目”按钮，单击“项目”按钮，弹出“设置项目密码”对话框，勾选“对此项目设置密码保护”，输入密码，再次输入密码进行验证，最后单击“确定”按钮即可。密码设置方法如图 10-11 所示。此外在程序中设置密码为 123。

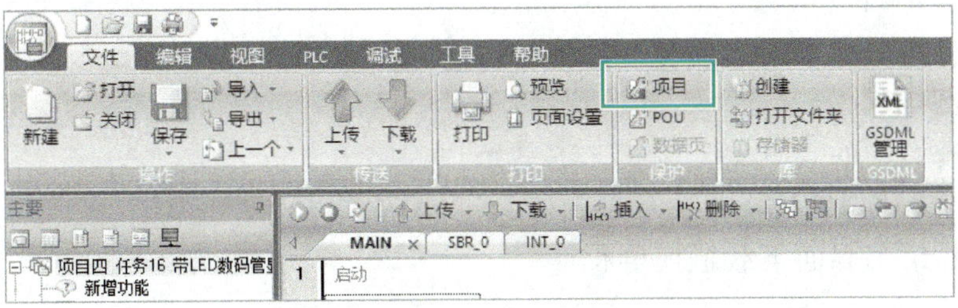

图 10-10 设置密码保护的按钮位置

任务十　带倒计时显示的十字路口交通信号灯控制		日期：	知识页
班级：	姓名：	学号：	

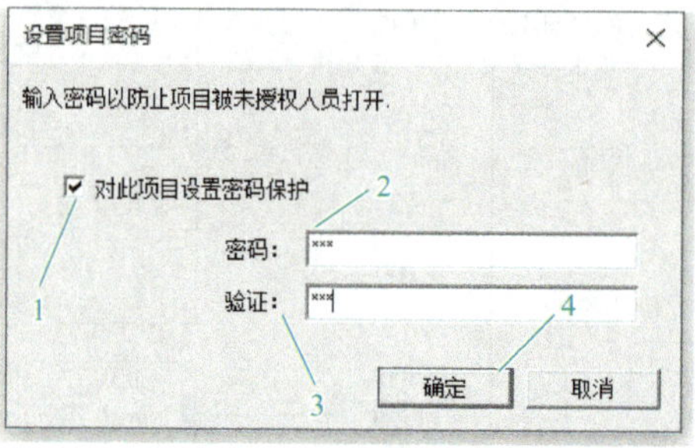

图 10-11　密码设置方法

6. 触摸屏组态

触摸屏的组态界面如图 10-12 所示。触摸屏的组态步骤请扫描二维码观看。

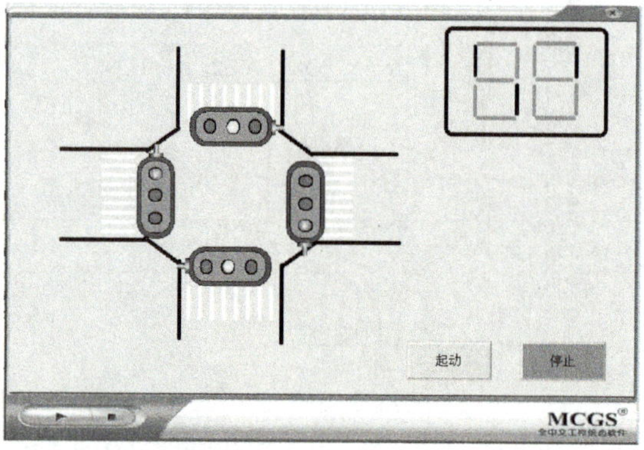

图 10-12　昆仑通态触摸屏带倒计时显示的十字路口交通信号灯组态界面

带倒计时显示的十字路口交通信号灯控制的触摸屏组态

7. 传输调试

（1）编译程序

单击工具栏中的“编译”按钮，编译用户程序，检查是否存在语法错误。

（2）保存项目

单击工具栏中的“保存项目”按钮，保存用户程序。

（3）下载项目

单击工具栏中的“下载”按钮，下载用户程序。

（4）下载触摸屏程序

在触摸屏组态界面下载触摸屏程序。

（5）调试

程序和组态界面下载完成后，按照表 10-6 进行调试。

任务十　带倒计时显示的十字路口交通信号灯控制		日期：	知识页
班级：	姓名：	学号：	

表 10-6　功能调试

操作步骤	操作内容	观察内容	观察结果	思考内容
1	单击工具栏中的“程序状态”监视按钮，监控程序	PLC 的指示灯状态和编程界面状态		
2	单击“RUN”按钮运行 PLC	“STOP”“RUN”指示灯的状态		
3	按下起动按钮 SB1 然后松开	I/O 指示灯的状态、交通信号灯的工作情况、触摸屏界面的运行情况		有没有办法暂停
4	两个周期后，按下停止按钮 SB2 然后松开			
5	按下触摸屏上的起动按钮			
6	运行两个周期后，按下触摸屏上的停止按钮			
7	通过编程软件停止 CPU 模块的运行	“STOP”“RUN”指示灯的状态		
8	调试完毕，关断电源开关 QF，整理设备和器材			

附　录

附表 1　任务分工表

<table>
<tr><td>班级</td><td></td><td>组号</td><td></td><td>任务</td><td></td></tr>
<tr><td>成员</td><td>姓名</td><td colspan="3">任务分工</td><td>备注</td></tr>
<tr><td>组长</td><td></td><td colspan="3"></td><td></td></tr>
<tr><td>组员</td><td></td><td colspan="3"></td><td></td></tr>
<tr><td>组员</td><td></td><td colspan="3"></td><td></td></tr>
<tr><td>组员</td><td></td><td colspan="3"></td><td></td></tr>
<tr><td></td><td></td><td colspan="3"></td><td></td></tr>
</table>

注：此表每个任务每组一张。

附表 2 任务备料单

班级		组号		任务		
类别	序号	名称	型号和规格	单位	数量	备注
设备						
器件						
材料						
工具						

注：此表每个任务每组一份。

附表 3　I/O 地址分配表

班级		组号		任务	
输入			输出		
信号	功能	对应地址	信号	功能	对应地址

注：此表每个任务每组一份。

附表 4 电气原理图

名称			
绘制		校对	
审核		日期	

注: 此表每个任务每组一份。

附表 5　线路安装检测表

<table>
<tr><td>班级</td><td colspan="2"></td><td>组号</td><td></td><td>任务</td><td></td></tr>
<tr><td>任务名称</td><td colspan="6"></td></tr>
<tr><td>检测类别</td><td>检测工具</td><td colspan="2">检测项目</td><td colspan="2">检测方法</td><td>检测结果</td></tr>
<tr><td rowspan="4">断电检测</td><td rowspan="4">万用表
欧姆档</td><td colspan="2">PLC 电源</td><td colspan="2">用万用表检测总电源到 PLC 电源的连接是否正常</td><td></td></tr>
<tr><td colspan="2">PLC 输入端</td><td colspan="2">使用万用表检测 M 端到每个输入端的输入信号是否能正常工作</td><td></td></tr>
<tr><td colspan="2">PLC 输出端</td><td colspan="2">使用万用表分别检测 L 端到电源、电源到负载、负载到输出端是否正常连接</td><td></td></tr>
<tr><td colspan="2">是否有短路</td><td colspan="2">使用万用表分别检测电源线、输入/输出线之间是否存在短路故障</td><td></td></tr>
<tr><td rowspan="4">通电检测</td><td rowspan="4">万用表
电压档</td><td colspan="2">总电源电压</td><td colspan="2">使用万用表交流电压档检测总电源电压，判断相线和中性线</td><td></td></tr>
<tr><td colspan="2">PLC 电源端进线电压</td><td colspan="2">使用万用表交流电压档检测 PLC 电源端进线电压是否符合要求</td><td></td></tr>
<tr><td colspan="2">直流稳压电源</td><td colspan="2">使用万用表直流电压档检测直流稳压电源是否正常</td><td></td></tr>
<tr><td colspan="2">输出端</td><td colspan="2">使用万用表交流电压或直流电压档检测 PLC 输出端负载电源是否符合要求</td><td></td></tr>
</table>

注：此表每个任务每组一份。

附表 6　任务实施记录表

班级		组号		任务	
任务	出现的问题			解决的办法	
I/O 地址分配					
电气原理图绘制					
线路安装					
线路自检与交验					
程序设计					
触摸屏组态					
任务调试					

注：此表每个任务每组一份。

附表 7 验收过程问题记录表

班级		组号		任务	
序号	验收问题记录		整改措施	整改所用时间	备注

注：此表每个任务每组一份。

附表 8 考核评价表

班级		组号		任务	

评价项目	评价内容	自评	互评	师评
职业素养	安全意识、责任意识、服从意识、节约意识			
	积极参加任务活动，按时完成工作页			
	团队合作、交流沟通能力			
	遵守劳动纪律、操作符合规范、严谨认真、精益求精			
	现场 8S 标准			
专业能力	专业资料检索能力			
	任务分析能力			
	绘图、识图能力			
	线路安装、检测能力			
	编程调试能力			
	总结反思能力			
	拓展提升能力			
创新能力	创新性思维和行动			

注：1. 在对应表格中填写相应成绩，A 为非常好，B 为好，C 为较好，D 为一般，E 为差。

2. 此表每个任务每组一份。

参考文献

[1] 林尔付 . 可编程序控制器及其应用（西门子）[M]. 2 版 . 北京：中国劳动社会保障出版社，2022.
[2] 西门子（中国）有限公司 . 西门子 S7–200 SMART PLC 系统手册 [Z]. 2012.
[3] 侍寿永，夏玉红 . 西门子 S7–200 SMART PLC 编程及应用教程 [M]. 2 版 . 北京：机械工业出版社，2021.